新编应用型系列技能丛书

计算机网络技术

主　编：张　伟　唐　明　杨华勇

副主编（按姓氏笔画排名）：

李校红　孟晓丽　杜晓春　王　京　安嘉黛

清华大学出版社

北　京

内 容 简 介

本书在论述计算机网络技术的基本概念、协议与体系结构及组网技术的基础上，较为全面地介绍了网络操作系统、路由与交换技术、Internet 接入技术、网络规划与设计、计算机网络安全与管理以及部分典型的计算机网络实验等相关内容。通过本书的学习，不但可以对计算机网络技术有一个较为深入、全面的了解，而且能够具备一定的网络配置与实践技能。

为便于学生在学习过程中更好地掌握所学知识，培养学生分析问题和解决问题的能力，在每章后都附有思考题供学生选做。

本书既可以作为高等院校计算机相关专业的教材和参考书，也可以作为从事计算机相关专业工作科研和工程技术人员的学习参考书。

图书在版编目（CIP）数据

计算机网络技术/张伟，唐明，杨华勇主编. —北京：清华大学出版社，2017（2023.8重印）
（新编应用型系列技能丛书）
ISBN 978-7-302-46336-8

Ⅰ．①计⋯　Ⅱ．①张⋯　②唐⋯　③杨⋯　Ⅲ．①计算机网络　Ⅳ．①TP393

中国版本图书馆 CIP 数据核字（2017）第 016486 号

责任编辑：苏明芳
封面设计：刘　超
版式设计：刘艳庆
责任校对：赵丽杰
责任印制：丛怀宇

出版发行：清华大学出版社
　　　　网　　址：http://www.tup.com.cn，http://www.wqbook.com
　　　　地　　址：北京清华大学学研大厦 A 座　　　　邮　　编：100084
　　　　社 总 机：010-83470000　　　　　　　　　　邮　　购：010-62786544
　　　　投稿与读者服务：010-62776969，c-service@tup.tsinghua.edu.cn
　　　　质量反馈：010-62772015，zhiliang@tup.tsinghua.edu.cn
印 装 者：三河市铭诚印务有限公司
经　　销：全国新华书店
开　　本：185mm×260mm　　　　印　　张：19　　　　字　　数：471 千字
版　　次：2017 年 2 月第 1 版　　　　　　　　　　印　　次：2023 年 8 月第 7 次印刷
定　　价：49.80 元

产品编号：054585-02

前 言

Foreword

　　本书是面向应用技术型普通高校计算机相关专业开设的"计算机网络技术"等相关课程而编写的一本浅显易懂、图文并茂，具有较强的实用性与指导性的教材，教材分为理论（第 1～10 章）和实验（第 11 章）两部分。本书的主编及部分编委所在单位西安培华学院是教育部学校规划建设发展中心应用型课程建设联盟成员之一，曾经承办了教育部学校规划建设发展中心课程建设研究院主办的第一期应用型课程建设研修班，主编张伟老师也曾在第五期全国应用型课程建设大讲堂说课比赛中以"计算机网络技术应用型课程设计与实施"为题荣获全国一等奖。本书的编写是在清华大学出版社的精心组织下，以西安培华学院为首并联合西安外事学院、西安欧亚学院等多所应用型本科高校的 8 名经验丰富的一线教师组成的编委团队，在此对各编委的努力付出表示衷心的感谢。

　　全书共分为 11 章，各章主要内容如下。

　　第 1 章为计算机网络概述，简述了计算机网络的定义、组成和分类，还介绍了计算机网络的拓扑结构和典型应用，以及网络的主要性能指标。第 2 章为计算机网络协议与体系结构，主要阐述了计算机网络协议的本质、OSI 七层参考模型、TCP/IP 参考模型等。第 3 章为局域网技术，主要阐述了局域网的定义、功能特点、协议标准、拓扑结构以及局域网相关硬件和软件。第 4 章为服务器与网络操作系统，主要介绍了服务器的特点与分类、选购，以及网络操作系统的相关知识。第 5 章为路由与交换技术，主要介绍了交换机的配置、路由器的配置、三层交换技术、静态路由和默认路由等。第 6 章为 Internet 接入技术，主要阐述了企业用户接入 Internet、家庭用户接入 Internet 和无线接入 Internet 这 3 种不同的接入方式。第 7 章为网络规划与设计，简述了综合布线系统的特点、构成和设计。第 8 章为计算机网络的应用，主要介绍了域名服务 DNS、DHCP 服务等常用服务。第 9 章为计算机网络管理与安全，主要讨论了计算机网络管理和计算机网络安全方面的问题。第 10 章为计算机网络新技术，主要简述了云计算、大数据、物联网、智慧城市等内容。第 11 章为计算机网络实验，主要阐述了局域网组装实验、Windows Server 2003 系统实验、Linux 网络操作系统实验以及路由和交换实验等。

　　本书第 1～2 章由西安欧亚学院李校红编写，第 3～5 章由西安欧亚学院杜晓春编写，第 6～8 章由西安外事学院孟晓丽编写，第 9～10 章由西安培华学院唐明编写，第 11 章由西安培华学院张伟编写，该书的审定、校对工作由西安培华学院王京、安嘉黛完成，全书由张伟、杨华勇审并定稿。

　　由于作者水平有限，书中难免有不足之处，恳请专家和读者指正。

编　者

目 录

Contents

第 **1** 章

计算机网络概述

1.1 计算机网络的发展

1.1.1 计算机网络的发展历程

目前，"三网融合"和"智慧城市"都离不开计算机网络技术的支撑，计算机网络从产生到发展大致可以分成 4 个阶段。

1. 面向终端的计算机网络

20 世纪 50 年代末到 20 世纪 60 年代初，由于价格昂贵，计算机数量极少。为了解决这一矛盾而产生了早期所谓的计算机网络，其形式是将一台计算机经过通信线路与若干台终端直接连接，目的是增加系统的计算能力和资源共享，典型应用是由一台计算机和全美范围内 2000 多个终端组成的飞机订票系统。终端是一台计算机的外部设备，包括显示器和键盘，无 CPU 和内存。由于远程终端较多，后在主机前增加了前端机（FEP）。当时，人们把计算机网络定义为"以传输信息为目的而连接起来，实现远程信息处理或进一步达到资源共享的系统"，但这样的通信系统已具备了网络的雏形。面向终端的计算机网络如图 1-1 所示。

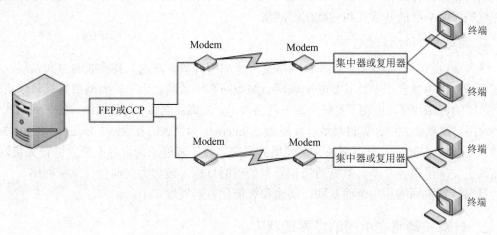

图 1-1 面向终端的计算机网络

2. 多主机互连的网络阶段（局域网）

20 世纪 60 年代中期到 20 世纪 70 年代中期，随着计算机应用技术的发展，一个单位

Note

或部门常拥有多个计算机系统并分部在广泛的区域，这些系统除了处理自己的业务外，还要与其他系统之间交换信息，于是出现了以多个主机通过通信线路互联起来为用户提供服务。多个主机互连的典型代表是美国国防部高级研究计划局协助开发的 ARPANET。ARPANET 于 1968 年开始组建，1969 年第一期工程投入使用。开始时只有 4 个节点，1971年扩充到 15 个节点。经过几年成功的运行后，已发展成为连接许多大学、研究所和公司的遍及美国领土的计算机网，并能通过卫星通信与相距较远的美国夏威夷州、英国的伦敦和北欧的挪威连接，使欧洲用户也能通过英国和挪威的节点入网。1975 年 7 月，APRANET移交给美国国防部通信局管理，到 1981 年已有 94 个节点，分布在 88 个不同的地点。

多主机互连的计算机网络如图 1-2 所示。

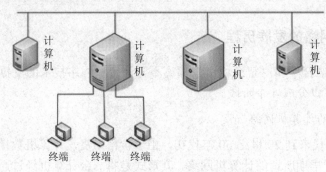

图 1-2　多主机互连的计算机网络

3. 计算机网络互联阶段（广域网、Internet）

20 世纪 70 年代末到 20 世纪 90 年代中期，由于第二代计算机网络没有统一的网络体系结构，造成不同制造厂家生产的计算机及网络互联起来十分困难。人们迫切需要一种开放性的标准化实用网络环境。这样便产生了两种国际通用的、重要的体系结构，即 TCP/IP体系结构和国际标准化组织的 OSI 体系结构。第三代计算机网络是具有统一的网络体系结构并遵循国际标准的开放式和标准化的网络。

4. 高速网络阶段

进入 20 世纪 90 年代后，计算机网络进一步向着开放、高速、高性能的方向发展，人们在全球范围内建立了不计其数的局域网、城域网和广域网。为了扩大网络规模，以实现更大范围的资源共享，出现了光纤及高速网络技术、多媒体网络、智能网络，整个网络就像一个对用户透明的大的计算机系统，发展为以 Internet 为代表的互联网。Internet 在 1983—1993 年的十年期间从一个小型的、实验型的研究项目，发展成为世界上最大的计算机网，从而真正实现了资源共享、数据通信和分布处理的目标，被称为第四代计算机网络。

目前计算机网络正向全面互联、高速和智能化方向发展。

1.1.2　计算机网络在中国的发展现状

我国 Internet 的发展以 1987 年通过中国学术网 CANET 向世界发出第一封 E-mail 为标志。经过几十年的发展，形成了四大主流网络体系，即中科院的科学技术网 CSTNET、国家教育部的教育和科研网 CERNET、原邮电部的 CHINANET 和原电子部的金桥网 CHINAGBN。

Internet 在中国的发展历程可以大略地划分为 3 个阶段：

第一阶段为 1987—1993 年，也是研究试验阶段。在此期间，以中科院高能物理所为首的一批科研院所与国外机构合作开展一些与 Internet 联网的科研课题，通过拨号方式使用 Internet 的 E-mail 电子邮件系统，并为国内一些重点院校和科研机构提供国际 Internet 电子邮件服务。1986 年，由北京计算机应用技术研究所（即当时的国家机械委计算机应用技术研究所）和德国卡尔斯鲁厄大学合作，启动了名为 CANET（Chinese Academic Network）的国际因特网项目。1987 年 9 月，在北京计算机应用技术研究所内正式建成我国第一个 Internet 电子邮件节点，连通了 Internet 的电子邮件系统。随后，在国家科委的支持下，CANET 开始向我国的科研、学术、教育界提供 Internet 电子邮件服务。1989 年，中国科学院高能物理所通过其国际合作伙伴——美国斯坦福加速器中心主机的转换，实现了国际电子邮件的转发。由于有了专线，通信能力大大提高，费用降低，促进了因特网在国内的应用和传播。1990 年，由电子部十五所、中国科学院、上海复旦大学、上海交通大学等单位和德国 GMD 合作，连通了 Internet 电子邮件系统；清华大学校园网 TUNET 也和加拿大 UBC 合作，实现了 MHS 系统。因而，国内科技教育工作者可以通过公用电话网或公用分组交换网使用 Internet 的电子邮件服务。1990 年 10 月，中国正式向国际因特网信息中心（InterNIC）登记注册了最高域名 cn，从而开通了使用自己域名的 Internet 电子邮件。继 CANET 之后，国内其他一些大学和研究所也相继开通了 Internet 电子邮件联结。

第二阶段为 1994—1996 年，同样是起步阶段。1994 年 1 月，美国国家科学基金会（NSF）接受我国正式接入 Internet 的要求。1994 年 3 月，我国开通并测试了 64Kb/s 专线，中国获准加入 Internet。同年 4 月初，中科院原副院长胡启恒院士在中美科技合作联委会上，代表中国政府向美国国家科学基金会正式提出要求连入 Internet，并得到认可。至此，中国终于打通了最后的关节，在 4 月 20 日，以 NCFC 工程连入 Internet 国际专线为标志，中国与 Internet 全面接触。同年 5 月，中国联网工作全部完成，中国政府对 Internet 进入中国表示认可，中国网络的域名也最终确定为 cn。此事被我国新闻界评为 1994 年中国十大科技新闻之一，被国家统计公报列为 1994 年中国重大科技成就之一。从 1994 年开始至今，中国实现了和 Internet 的 TCP/IP 连接，从而逐步开通了 Internet 的全功能服务；大型计算机网络项目正式启动，Internet 在我国进入了飞速发展时期。1995 年 1 月，中国电信分别在北京、上海设立的 64Kb/s 专线开通，并且通过电话网、DDN 专线以及 X.25 网等方式开始向社会提供 Internet 接入服务。3 月，中国科学院完成上海、合肥、武汉、南京 4 个分院的远程连接，开始了将 Internet 向全国扩展的第一步。4 月，中国科学院启动京外单位联网工程（俗称百所联网工程），命名为"中国科技网"（CSTNet）。其目标是把网络扩展到全国 24 个城市，实现国内各学术机构的计算机互连并和 Internet 相连。该网络逐步成为一个面向科技用户、科技管理部门及与科技有关的政府部门服务的全国性网络。1995 年 5 月，ChinaNET 全国骨干网开始筹建。7 月，CERNET 连入美国的 128Kb/s 国际专线开通。12 月，中科院百所联网工程完成。就在这个月，CERNET 一期工程提前一年完成并通过了国家计委组织的验收。1996 年 1 月，ChinaNET 全国骨干网建成并正式开通，全国范围的公用计算机互联网络开始提供服务。9 月 6 日，中国金桥信息网宣布开始提供 Internet 服务。1996 年 11 月，CERNET 开通 2M 国际信道，加上 12 月中国公众多媒体通信网（169 网）开始全面启动，广东视聆通、天府热线、上海热线作为首批站点正式开通。

第三阶段为 1997 年至今，是 Internet 在我国发展最为快速的阶段。1997 年 5 月 30 日，国务院信息化工作领导小组办公室发布《中国互联网络域名注册暂行管理办法》，授权中国科学院组建和管理中国互联网络信息中心（CNNIC），授权中国教育和科研计算机网网络中心与 CNNIC 签约并管理二级域名.edu.cn。1997 年 6 月 3 日，受国务院信息化工作领导小组办公室的委托，中国科学院在中国科学院计算机网络信息中心组建了中国互联网络信息中心，行使国家互联网络信息中心的职责。同日，宣布成立中国互联网络信息中心。国内 Internet 用户数自 1997 年以后基本保持每半年翻一番的增长速度。截至 2012 年 12 月底，我国网民规模达 5.64 亿，全年共计新增网民 5090 万人，互联网普及率为 42.1%，较 2011 年年底提升 3.8%。

1.2 计算机网络概述

1.2.1 计算机网络定义

在计算机网络发展的不同阶段，对计算机网络的定义有不同的侧重点。从整体上来说，计算机网络就是把分布在不同地理区域的计算机与专门的外部设备用通信线路互联成一个规模大、功能强的系统，从而使众多的计算机可以方便地互相传递信息，共享硬件、软件、数据信息等资源。简单来说，计算机网络就是由通信线路互相连接的许多自主工作的计算机构成的集合体。

由于 IT 业迅速发展，各种网络互联终端设备层出不穷，如计算机、打印机、WAP（Wireless Application Protocol）手机、PDA（Personal Digital Assistant）网络电话、家用电器等，在未来，一切电子设备都会连接到 Internet。

1.2.2 计算机网络的功能

计算机网络的功能主要体现在 4 个方面：资源共享、分布式处理、信息交换、提高可靠性。

1. 资源共享

资源共享是基于网络的资源分享，网络上的一些资源通过一些平台共享给大家。凡是入网用户均能享受网络中各个计算机系统的全部或部分软件、硬件资源。软件资源包括形式多样的数据，如数字信息、声音、图像等。硬件资源包括各种设备，如打印机、复印机、大容量磁盘、传真机、扫描仪等。资源共享提高了资源的利用率，在信息时代具有重要意义。

2. 分布式处理

分布式处理即将大型的综合性问题交给不同的计算机同时进行处理。用户可以根据需要合理选择网络资源，就近快速地进行处理。例如，一个大型 ICP 网络访问量相当大，为了支持更多的用户访问其网站，在全世界多个地方布置了相同内容的 WWW 服务器，通过一定技术使不同地域的用户看到放置在最近的服务器上的相同页面，这样可以实现各服务器的负荷均衡，并使得通信距离缩短，提高了系统的利用率及整个系统的处理能力。

3. 信息交换

信息交换是计算机网络最基本的功能，主要完成计算机网络中各个节点之间的系统通信。用户可以在网上传送电子邮件、发布新闻消息、进行远程医疗和远程教育等。

4. 提高可靠性

系统的可靠性对于军事、金融和工业过程控制等部门的应用特别重要。计算机通过网络中的冗余部件可大大提高可靠性，例如，在工作过程中，一台机器出了故障，可以使用网络中的另一台机器；网络中一条通信线路出了故障，可以取道另一条线路，从而提高了网络整体系统的可靠性。

1.3 计算机网络的组成

计算机网络首先是一个通信网络，各计算机之间通过通信媒体、通信设备进行数字通信。在此基础上，各计算机可以通过网络软件共享其他计算机上的硬件资源、软件资源。为了简化计算机网络的分析与设计，有利于网络的硬件和软件配置，按照计算机网络的系统功能，一个网络可分为资源子网和通信子网两大部分，如图1-3所示。

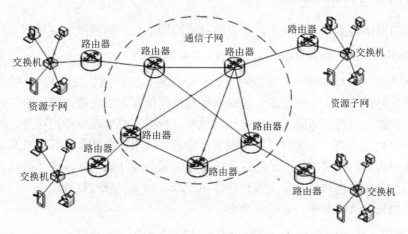

图 1-3　计算机网络组成

1.3.1 通信子网

通信子网是指网络中实现网络通信功能的设备及其软件的集合。通信设备、网络通信协议、通信控制软件等属于通信子网，是网络的内层，负责信息的传输，主要为用户提供数据的传输、转接、加工、变换等。通信子网的任务是在端节点之间传送报文，主要由转接节点和通信链路组成。通信子网主要包括中继器、集线器、网桥、路由器、网关等硬件设备。

1.3.2 资源子网

资源子网负责全网数据处理和向网络用户提供资源及网络服务，包括网络的数据处理资源和数据存储资源。资源子网是计算机网络中面向用户的部分，其主体是连入计算机网络内的所有主机、用户终端、软件和共享的数据资源。

在局域网中，资源子网主要由网络的服务器、工作站、共享的打印机和其他设备及相关软件所组成。资源子网的主体为网络资源设备，包括：

（1）用户计算机（也称工作站）。

（2）网络存储系统。

（3）网络打印机。

（4）独立运行的网络数据设备。

（5）网络终端。

（6）服务器。

（7）网络上运行的各种软件资源。

（8）数据资源等。

1.4 计算机网络的分类

1.4.1 按覆盖范围进行分类

按计算机网络覆盖范围的大小，可以将计算机网络分为局域网、城域网和广域网。

1. 局域网（Local Area Network，LAN）

局域网是在一个局部的地理范围内（如一个学校、工厂或机关内），一般是方圆几千米以内，将各种计算机、外部设备和数据库等互相连接起来组成的计算机通信网，可以通过数据通信网或专用数据电路，与远方的局域网、数据库或处理中心相连接，构成一个较大范围的信息处理系统。局域网可以实现文件管理、应用软件共享、打印机共享、扫描仪共享、工作组内的日程安排、电子邮件和传真通信服务等功能。局域网严格意义上是封闭型的，可以由办公室内几台甚至上万台计算机组成。决定局域网性能的主要技术要素为：网络拓扑，传输介质与介质访问控制方法。

2. 城域网（Metropolitan Area Network，MAN）

城域网位于骨干网与接入网的交会处，是通信网中最复杂的应用环境，各种业务和各种协议都在此汇聚、分流和进出骨干网。多种交换技术和业务网络并存的局面是城域网建设所面临的最主要问题。

总体来说，宽带城域网的建设应包括城域光传送网、宽带数据骨干网、宽带接入网和宽带城域网业务平台等几个层面。新一代的宽带城域网应以多业务的光传送网为开放的基础平台，在其上通过路由器、交换机等设备构建数据网络骨干层，通过各类网关、接入设备实现语音、数据、图像、多媒体、IP 业务接入和各种增值业务及智能业务，并与各运营商的长途骨干网互通，形成本地市综合业务网络，承担城域范围内集团用户、商用大楼、智能小区的业务接入和电路出租业务，具有覆盖面广、投资量大、接入技术多样化、接入方式灵活，强调业务功能和服务质量等特点。

3．广域网（Wide Area Network，WAN）

广域网又称远程网，其分布范围可达数百千米甚至更远，可覆盖一个地区、一个国家，乃至全世界。广域网可以分为公共传输网络、专用传输网络和无线传输网络。

（1）公共传输网络。一般是由政府电信部门组建、管理和控制，网络内的传输和交换装置可以提供（或租用）给任何部门和单位使用。公共传输网络大体可以分为两类：电路交换网络，主要包括公共交换电话网（PSTN）和综合业务数字网（ISDN）；分组交换网络，主要包括 X.25 分组交换网、帧中继和交换式多兆位数据服务（SMDS）。

（2）专用传输网络。由一个组织或团体自己建立、使用、控制和维护的私有通信网络。专用传输网络主要是数字数据网（DDN）。

（3）无线传输网络。主要是移动无线网，典型的无线传输网多采用 GSM 和 GPRS 等技术。

1.4.2　按通信方式进行分类

根据网络的通信方式可分为广播式传输网络和点到点传输网络。

1．广播式传输网络

广播式传输网络是指其数据在公用介质中传输，即所有联网的计算机都共享一个通信信道。当一台计算机在信道上发送数据信息时，网络中的每台计算机都会接收到这个数据信息，并且将自己的地址与接收到的信息目标地址进行匹配，如果相同，则处理接收到的数据，否则就丢弃。例如，无线网和总线型网络就采用这种传输方式。

2．点到点传输网络

点到点传输网络是指数据以点到点的方式在计算机或通信设备中进行传输。与广播式网络正好相反，在点对点式网络中，每条物理线路连接一对计算机，若两台计算机之间没有直接连接的线路，数据信息可能要通过一个或多个中间节点的接收、存储、转发，才能将数据信息从信息源发送到目的地。例如，星型网和环型网采用这种传输方式。

1.4.3　按其他方式进行分类

1．根据网络的交换方式分类

根据计算机网络的交换方式，可以将计算机网络分为电路交换网、报文交换网和分组交换网 3 种类型。

（1）电路交换网。电路交换方式是在用户开始通信前，先申请建立一条从发送端到接收端的物理信道，并且在双方通信期间始终占用该信道。

（2）报文交换网。报文交换方式是把要发送的数据及目的地址包含在一个完整的报文内，报文的长度不受限制。报文交换采用存储-转发原理，每个中间节点要为途经的报文选择适当的路径，使其能最终到达目的端。

（3）分组交换网。分组交换方式是在通信前，发送端先把要发送的数据划分为一个个等长的单位（即分组），这些分组逐个由各中间节点采用存储-转发方式进行传输，最终到达目的端。由于分组长度有限，可以比报文更加方便地在中间节点机的内存中进行存储处理，其转发速度大大提高。

2．根据网络的传输介质分类

根据网络的传输介质，可以将计算机网络分为有线网、光纤网和无线网 3 种类型。

（1）有线网。有线网是采用同轴电缆或双绞线连接的计算机网络。用同轴电缆连接的网络成本低，安装较为便利，但传输率和抗干扰能力一般，传输距离较短。用双绞线连接的网络价格便宜，安装方便，但其易受干扰，传输率也比较低，且传输距离比同轴电缆要短。

（2）光纤网。光纤网也是有线网的一种，但由于其特殊性而单独列出。光纤网是采用光导纤维作为传输介质的，光纤传输距离长，传输率高，抗干扰性强，不会受到电子监听设备的监听，是高安全性网络的理想选择，但其成本较高，且需要高水平的安装技术。

（3）无线网。无线网是用电磁波作为载体来传输数据的，目前无线网联网费用较高，还不太普及，但由于联网方式灵活方便，是一种很有前途的联网方式。

1.5　计算机网络的拓扑结构

1.5.1　计算机网络拓扑的定义

拓扑学（T）是一种研究与大小、距离无关的几何图形特性的方法。网络拓扑是由网络节点设备和通信介质构成的网络结构图，可以表示出网络服务器、工作站的网络配置和相互之间的连接，反映出网络中各个实体的结构关系。

1.5.2　拓扑结构的类型

计算机网络拓扑结构主要有总线型、星型、环型、树型、网状、蜂窝状。

1．总线型结构

总线型结构如图 1-4（a）所示，是将所有的入网计算机均接入到一条通信线路上，这条通信介质称为总线，为防止信号反射，一般在总线两端连有终结器匹配线路阻抗。

（1）优点：信道利用率较高，结构简单，价格相对便宜。

（2）缺点：同一时刻只能有两个网络节点相互通信，网络延伸距离有限，网络容纳节点数有限。在总线上只要有一个点出现连接问题，会影响整个网络的正常运行。目前在局域网中多采用此种结构。

2. 星型结构

星型结构如图 1-4（b）所示，是一种以中央节点（如交换机）为中心，把若干个外围节点连接起来的辐射式互连结构，中央节点对各设备间的通信和信息交换进行集中控制与管理。

（1）优点：结构简单、建网容易、控制相对简单。容易进行重新配置，只需移去、增加或改变集线器某个端口的连接，就可进行网络重新配置。由于星型网络上的所有数据都要通过中心设备，并在中心设备汇集，所以维护起来比较容易，受故障影响的设备少，能够较好地处理。

（2）缺点：属集中控制，主节点负载过重，可靠性低，通信线路利用率低。一个星型拓扑可以隐在另一个星型拓扑里而形成一个树型或层次型网络拓扑结构。相对其他网络拓扑来说，安装比较困难，比其他网络拓扑使用的电缆要多。

3. 环型结构

环型结构如图 1-4（c）所示，是将各台联网的计算机用通信线路连接成一个闭合的环。每一台设备只能和它的一个或两个相邻节点直接通信，如果需要与其他节点通信，信息必须依次经过两者之间的每一个设备。在环型结构的网络中，信息按固定方向流动，或顺时针方向，或逆时针方向。

（1）优点：一次通信信息在网中的最大传输延迟是固定的；每个网上节点只与其他两个节点由物理链路直接互连，因此，传输控制机制较为简单，实时性强。环型拓扑是一个点到点的环型结构。每台设备都直接连到环上，或通过一个接口设备和分支电缆连到环上，在初始安装时，环型拓扑网络比较简单，可以很容易找到电缆的故障点。

（2）缺点：随着网上节点的增加，重新配置的难度也增加，对环的最大长度和环上设备总数有限制。一个节点出现故障可能会终止全网运行，因此可靠性较差。为了克服可靠性差的问题，有的网络采用具有自愈功能的环结构，一旦一个节点不工作，则自动切换到另一环路工作。此时，网络需对全网进行拓扑和访问控制机制的调整，因此较为复杂。受故障影响的设备范围大，在单环系统上出现的任何错误都会影响网上的所有设备。

4. 树型结构

树型结构如图 1-4（d）所示，实际上是星型结构的一种变形，即通过级联交换机或集线器将多个星型拓扑结构连接在一起的网络结构。正常的树型结构要求任何两个终端之间不允许存在环路。

（1）优点：与星型结构相比，降低了通信线路的成本。

（2）缺点：与星型结构相比，增加了网络复杂性，网络中除最低层节点及其连线外，任一节点或连线的故障均影响其所在支路网络的正常工作。

5. 网状结构

网状结构如图1-4（e）所示，分为全连接网状和不完全连接网状两种形式。全连接网状结构中，每一个节点和网中其他节点均有链路连接。不完全连接网状结构中，两节点之间不一定有直接链路连接，二者之间的通信依靠其他节点转接。这种网络的优点是节点间路径多，碰撞和阻塞可大大减少，局部的故障不会影响整个网络的正常工作，可靠性高；网络扩充和主机入网比较灵活、简单。但这种网络关系复杂，建网不易，网络控制机制复杂。广域网中不完全连接网状结构较为常用。

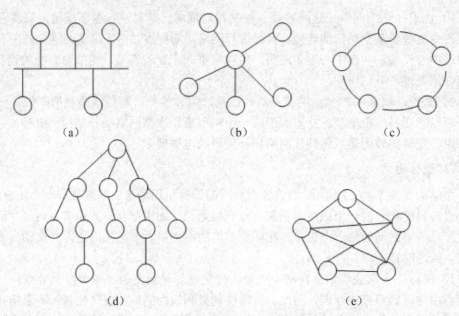

图1-4　网络拓扑结构

6. 蜂窝状结构

蜂窝状拓扑是无线局域网中常用的结构，以无线传输介质（微波、卫星、红外线等）点到点和多点传输为特征，是一种无线网，适用于城市网、校园网、企业网。

1.6　计算机网络的典型应用

在信息技术高速发展的今天，网络已经渗入到人类社会的各个角落，计算机网络的典型应用主要表现在以下几个方面。

1. 信息浏览（WWW）

WWW（World Wide Web）是环球信息网的缩写，中文名字为"万维网"，是建立在Internet基础上的应用技术。

WWW建立在客户机/服务器模型之上，以超文本标记语言与超文本传输协议（HTTP）

为基础，能够提供面向 Internet 服务的、一致的用户界面的信息浏览系统。其中，WWW 服务器采用超文本链路来链接信息页，这些信息页既可放置在同一主机上，也可放置在不同地理位置的主机上；本链路由统一资源定位器（URL）维持，WWW 客户端软件（即 WWW 浏览器）负责信息显示与向服务器发送请求。

Internet 采用超文本和超媒体的信息组织方式，将信息的链接扩展到整个 Internet 上，使用户不仅可以收发电子邮件、阅读电子新闻、下载免费软件、访问网上免费资源，还能进行网上聊天、参与 BBS、讨论组、网上购物等许多活动。因此，WWW 已经成为 Internet 上应用最广和最有前途的访问工具，并在商业范围内日益发挥着越来越重要的作用。

2. 即时通信

即时通信（Instant Messaging，IM）是一个终端联网即时进行通信的网络服务。即时通信不同于 E-mail 之处，在于它的交谈是即时的。即时通信是一个终端服务，允许两人或多人使用网络即时地传递文字信息、档案，进行语音与视频交流。即时通信按使用用途分为企业即时通信和网站即时通信；根据装载的对象又可分为手机即时通信和 PC 即时通信，手机即时通信代表是短信，PC 即时通信代表有网站、视频即时通信，如米聊、YY 语音、QQ、微信、百度 hi、新浪 UC、阿里旺旺、网易泡泡、网易 CC、盛大 ET、移动飞信、企业飞信等应用形式。

3. 电子邮件

电子邮件（Electronic mail，E-mail），又称电子信箱、电子邮政，标志为@，是一种用电子手段提供信息交换的通信方式，也是 Internet 中应用最广的服务。通过网络的电子邮件系统，用户可以用非常低廉的价格（不管发送到哪里，都只需负担电话费和网费即可），以非常快速的方式（几秒钟之内可以发送到世界上任何指定的目的地），与世界上任何一个角落的网络用户联系，这些电子邮件可以包含文字、图像、声音等内容。同时，用户可以得到大量免费的新闻、专题邮件，并实现轻松的信息搜索。

电子邮件地址的格式由 3 部分组成。第 1 部分 USER 代表用户信箱的账号，对于同一个邮件接收服务器来说，这个账号必须是唯一的；第 2 部分@是分隔符；第 3 部分是用户信箱的邮件接收服务器域名，用以标志其所在的位置。

另外还有诸如视频会议、网络游戏、网络电话、远程桌面、P2P 技术、网络多媒体、电子政府与电子商务等多种应用。

1.7 网络的主要性能指标

人们对于计算机网络性能常有这样的感性认识，如视频聊天时、看视频时感觉不是很顺畅，打开网页速度感觉比较慢。

计算机网络的性能一般指几个重要的性能指标。性能指标从不同的方面来度量计算机网络的性能。

1. 带宽

在计算机网络中，带宽用来表示网络的通信线路所能传送数据的能力，因此网络带宽表示在单位时间内从网络的某一点到另一点所能通过的"最高数据量"。这种意义的带宽的单位是"比特每秒"，即 b/s。例如，校园网常见带宽为 100Mb/s，家庭上网带宽为 4Mb/s、8Mb/s。

2. 吞吐量

吞吐量（throughput）表示在单位时间内通过某个网络（或信道、接口）的数据量。吞吐量进场是用于对现实世界中的网络的一种测量，以便知道究竟有多少数据量能够通过网络。显然，吞吐量受到网络的带宽或网络的额定速率的限制。例如，对于一个 100Mb/s 的以太网，其额定速率为 100Mb/s，那么这个数值也是该以太网的吞吐量的绝对上限值。因此，对 100Mb/s 的以太网，其典型的吞吐量可能只有 70Mb/s。

3. 时延

时延指数据（一个报文或者分组）从网络（或链路）的一端传送到另一端所需的时间。通俗地讲，就是数据从一台计算机传到另一台计算机所用的时间。

网络中延迟主要由发送时延、传播时延、处理时延、排队时延等组成。总之，网络中产生延迟的因素很多，既受网络设备的影响，也受传输介质、网络协议标准的影响；既受硬件制约，也受软件限制。延迟是不可能完全消除的。

4. 利用率

利用率有信道利用率和网络利用率。信道利用率指出某信道有百分之几的时间是被利用的。网络利用率则是全网络的信道利用率的加权平均值。信道利用率并非越高越好。这是因为，根据排队的理论，当某信道的利用率增大时，该信道引起的时延也迅速增加。

除了这些重要的性能指标外，还有一些非性能特征也对计算机网络的性能有很大的影响。

思 考 题

1．计算机网络从产生到发展分为哪 4 个阶段？Internet 在我国的发展历程经历了哪几个阶段？

2．如何定义计算机网络？

3．计算机网络的功能主要体现在哪几个方面？分别有哪些应用？

4．计算机网络按照通信方式该如何分类？按照覆盖范围又该如何分类？

5．计算机拓扑结构主要有几种类型？分别具有什么特点？

6．请结合自己的理解，谈谈计算机网络现阶段的典型应用。

7．用来度量计算机网络性能的指标分别有哪些？

第 **2** 章
计算机网络协议与体系结构

2.1 网络协议

2.1.1 协议的本质

就像人类说话要使用某种语言，网络上的计算机之间的通信也要用一种语言，这就是网络协议。网络协议是为计算机网络进行数据交换而建立的规则、标准或约定的集合。这些规则主要包括：用户数据与控制信息的结构和格式，需要发出的控制信息以及相应要完成的操作与响应，对事件实现顺序的详细说明 3 部分内容。网络协议主要由 3 个要素组成。

1. 语义

语义是解释控制信息每个部分的意义，规定了需要发出何种控制信息，以及完成的动作与做出什么样的响应。不同类型的协议元素规定了通信双方所要表达的不同含义。例如，在基本数据链路控制协议中，规定协议元素 SOH 的语义表示所传输报文的报头开始，而协议元素 ETX 的语义则表示正文结束。

2. 语法

语法是用户数据与控制信息的结构与格式，以及数据出现的顺序，即传输信息的数据结构形式（在最低层次上则表现为编码格式和信号电平），以便通信双方能正确地识别所传送的各种信息。

3. 时序

时序是对事件发生顺序的详细说明（也可称为"同步"），例如，在双方通信时，首先由源站发送一份数据报文，若目的站接收报文无差错，就应遵循协议规则，向源站发送一份应答报文，通知源站它已经正确地接收到源站发送的报文；若目的站发现传输中有差错，则发出一份报文，要求源站重发原报文。

人们形象地把这 3 个要素描述为：语义表示要做什么，语法表示要怎么做，时序表示做的顺序。

2.1.2 协议的功能和种类

网络协议是控制计算机在网络介质上进行信息交换的规则和约定。网络协议遍及 OSI 通信模型的各个层次，从人们非常熟悉的 TCP/IP、HTTP、FTP 协议，到 OSPF、IGP 等高级路由协议，都可以认为是网络协议，有上千种之多。

以用途划分的网络协议介绍如下。

（1）网际层协议：包括 IP、ICMP、ARP、RARP 协议。

（2）传输层协议：TCP、UDP 协议。

（3）应用层协议：FTP、Telnet、SMTP、HTTP、RIP、NFS、DNS 协议。

局域网协议定义了在多种局域网介质上的通信中常见的 3 个网络协议：NetBEUI、IPX/SPX、TCP/IP。

1. NetBEUI 协议

NetBEUI（NetBIOS Extended User Interface，用户扩展接口）由 IBM 于 1985 年开发完成，是一种体积小、效率高、速率快的通信协议。NetBEUI 也是微软最钟爱的一种通信协议，所以被称为微软所有产品中通信协议的"母语"。NetBEUI 是专门为由几台到百余台计算机所组成的单网段部门级小型局域网而设计的，不具有跨网段工作的功能，即 NetBEUI 不具备路由功能。如果一个服务器上安装了多个网卡，或要采用路由器等设备进行两个局域网的互联时，则不能使用 NetBEUI 通信协议。否则，与不同网卡（每一个网卡连接一个网段）相连的设备之间，以及不同的局域网之间无法进行通信。在 3 种通信协议中，NetBEUI 占用的内存最少，在网络中基本不需要任何配置。

2. IPX/SPX 及其兼容协议

IPX/SPX（Internetwork Packet Exchange/Sequences Packet Exchange，网际包交换/顺序包交换）是 Novell 公司的通信协议集。IPX/SPX 在设计一开始就考虑了多网段的问题，具有强大的路由功能，适合于大型网络使用。当用户端接入 NetWare 服务器时，IPX/SPX 及其兼容协议是最好的选择。但在非 Novell 网络环境中，一般不使用 IPX/SPX。尤其在 Windows NT 网络和由 Windows 95/98 组成的对等网中，无法直接使用 IPX/SPX 通信协议。

Windows NT 中提供了两个 IPX/SPX 的兼容协议：NWLink IPX/SPX 兼容协议和 NWLink NetBIOS，两者统称为 NWLink 通信协议。NWLink 通信协议是 Novell 公司 IPX/SPX 协议在微软网络中的实现，在继承了 IPX/SPX 协议优点的同时，更适应了微软的操作系统和网络环境。

3. TCP/IP 协议

TCP/IP（Transmission Control Protocol/Internet Protocol，传输控制协议/网际协议）是目前最常用的一种通信协议。TCP/IP 具有很强的灵活性，支持任意规模的网络，几乎可连接所有服务器和工作站。在使用 TCP/IP 协议时需要进行复杂的设置，每个节点至少需要一个 IP 地址、一个子网掩码、一个默认网关和一个主机名，对于一些初学者来说使用不太方便。不过，在 Windows NT 中提供了一个被称为动态主机配置协议（DHCP）的工具，可以自动为客户机分配联入网络时所需的信息，从而减轻了联网工作的负担，并避免了出错。当然，DHCP 所拥有的功能必须要有 DHCP 服务器才能实现。另外，同 IPX/SPX 及其兼容协议一样，TCP/IP 也是一种可路由的协议。

2.2　计算机网络体系结构

2.2.1　层次性体系结构的工作流程

当人们遇到一个复杂问题时，习惯采用将复杂问题分解为若干个小问题并逐一进行处理的方法，即层次化处理方法。层次化处理方法可以大大降低问题的处理难度，这正是网络研究中采用层次结构的直接动力。例如，对于邮政通信系统，这样一个涉及全国乃至世界各地区亿万人之间信件传送的复杂问题，解决方法是：将总体要实现的很多功能分配在不同的层次中；每个层次要完成的服务及服务实现的过程都有明确规定；不同地区的系统分成相同的层次；不同系统的同等层具有相同的功能；高层使用低层提供的服务时，并不需要知道低层服务的具体实现方法。下面用一个收发信件的过程来阐述层次性体系结构的工作流程。

人们平时写信时，都会有一个约定，即信件的格式和内容。一般必须采用双方都懂的语言文字和文体，开头是对方称谓，最后是落款等。这样，对方收到信后才能看懂信中的内容，知道是谁写的，什么时候写的等。写好之后，必须将信件用信封封装并交由邮局寄发。寄信人和邮局之间也要有约定，就是规定信封写法并贴邮票。邮局收到信后，首先进行信件的分拣和分类，然后交付有关运输部门进行运输，如航空信交付民航，平信交付铁路或公路运输部门等。这时，邮局和运输部门也有约定，如到站地点、时间、包裹形式等。信件送到目的地后进行相反的过程，最终将信件送到收信人手中。如图 2-1 所示为信件传送过程。

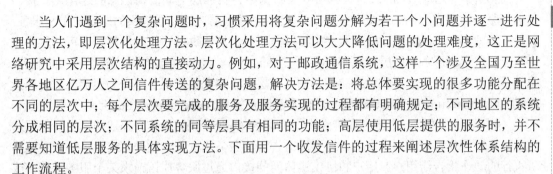

图 2-1　信件传送过程

邮政通信系统使用的层次化体系结构与计算机网络的体系结构有很多相似之处，其实质是对复杂问题采取"分而治之"的结构化处理方法。因此，层次是计算机网络体系结构中又一重要和基本的概念。

2.2.2　计算机网络体系结构的基本知识

计算机网络是一个涉及计算机技术、通信技术等多个领域的具有综合性技术的系统。为了完成计算机间的通信合作，人们把计算机互连的功能定义明确的层次，并规定了同层次进程通信的协议以及相邻层之间的接口与服务，这些同层进程间通信的协议以及相邻层接口统称为网络体系结构。

为了更好地理解网络体系结构，先介绍一些网络体系结构的基本知识。

（1）实体（Entity），是通信时能发送和接收信息的任何软硬件单元。每层的具体功能是由该层的实体完成的。在不同机器上同一层的实体互称为对等实体。

（2）接口（Interface），是指网络分层结构中各相邻层之间交换信息的连接点。接口也称为服务访问点（Service Access Point），定义了较低层向较高层提供的原始操作和服务。

（3）服务（Service），就是网络中各层向相邻上层提供的一组功能集合。每一层为相邻的上一层提供服务。N 层使用 N-1 层所提供的服务，向 N+1 层提供功能更强大的服务。服务是通过服务访问点提供给上层使用的。下层为上层提供的服务可分为两类：面向连接的服务（Connection Oriented Service）和无连接服务（Connectionless Service）。

（4）服务原语。一个服务通常是由一组原语（primitive）操作来描述的，用户进程通过这些原语操作可以访问该服务。这些原语告诉该服务执行某个动作，或者将某个对等体所执行的动作报告给用户。用户和协议实体间的接口通过服务原语请求某个服务过程，或者表示某个服务过程的完成情况。在同一开放系统中，N+1 实体向 N 实体请求服务时，用户和服务提供者之间要进行交互，交互信息称为服务原语。

图 2-2 用网络分层模型说明了它们之间的关系。

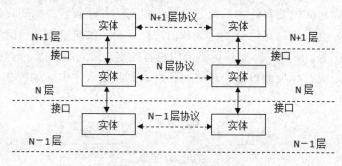

图 2-2　网络分层模型

2.3　OSI 七层参考模型

2.3.1　OSI 七层参考模型的层次划分与功能

OSI（Open System Interconnect，开放式系统互联）一般都称为 OSI 参考模型，是 ISO（国际标准化组织）在 1985 年研究的网络互联模型。ISO 发布的最著名的标准是 ISO/IEC 7498，又称为 X.200 协议。该体系结构标准定义了网络互联的七层框架，即 ISO 开放系统互联参考模型。

为了更好地使网络应用和普及，ISO 推出了 OSI 参考模型，其含义就是推荐所有公司使用这个规范来控制网络。这样所有公司都有相同的规范，就能互联了。提供各种网络服务功能的计算机网络系统是非常复杂的。根据分而治之的原则，ISO 将整个通信功能划分为 7 个层次，如图 2-3 所示。

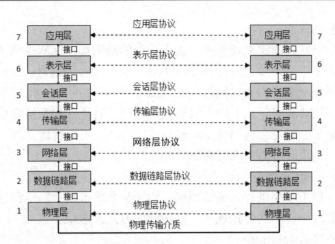

图 2-3　OSI 参考模型

1. OSI 参考模型的层次划分原则

OSI 模型将协议组织称为层次结构，每层都包含一个或几个协议功能，并且分别对上一层负责。具体来说，ISO 的 OSI 模型符合分而治之的原则，将整个通信功能划分为 7 个层次，每一层都对整个网络提供服务，因此是整个网络的一个有机组成部分，不同的层次定义了不同的功能，划分的原则如下：

（1）网络中各节点都有相同的层次。

（2）不同节点的相同层次都有相同的功能。

（3）同一节点内各相邻层次之间通过层间接口，并按照接口协议进行通信。

（4）每一层直接使用下面一层提供的服务，间接地使用下面所有层的协议。

（5）每一层都向上一层提供服务。

（6）不同节点之间按同等层的同层协议的规定，实现对等层之间的通信。

网络中还有其他体系结构的模型，其分层数目虽然各不相同，如分为 4 层、5 层或 6 层，但目的都是类似的，即都能够让各种计算机在共同的网络环境中运行，并实现彼此之间的数据通信和交换。

2. OSI 参考模型的各层功能

（1）应用层（Application Layer）

应用层为 OSI 中的最高层，为特定类型的网络应用提供了访问 OSI 环境的手段。应用层确定进程之间通信的性质，以满足用户的需要，不仅要提供应用进程所需要的信息交换和远程操作，还要作为应用进程的用户代理来完成一些为进行信息交换所必需的功能，包括文件传送访问和管理（FTAM）、虚拟终端（VT）、事务处理（TP）、远程数据库访问（RDA）、制造报文规范（MMS）、目录服务（DS）等协议，例如，用户通过 Word 程序来获得字处理及文件传输服务。

（2）表示层（Presentation Layer）

表示层主要用于处理两个通信系统中交换信息的表示方式，为上层用户解决用户信息的语法问题，包括数据格式交换、数据加密与解密、数据压缩与恢复等功能。

（3）会话层（Session Layer）

会话层在两个节点之间建立端连接，为端系统的应用程序之间提供了对话控制机制。此服务包括建立连接以及是以全双工还是以半双工的方式进行设置。

一个会话可能是一个用户通过网络登录到服务器，或在两台主机之间传递文件。因此，简单地说，会话层的功能就是在不同主机的应用进程之间建立和维持联系。会话在开始时可以进行身份的验证、确定会话的通信方式、建立会话。当会话建立后，其任务就是管理和维持会话。会话结束时，负责断开会话。

（4）传输层（Transport Layer）

传输层负责主机中两个进程之间的通信，即在两个端系统（源站和目的站）的会话层之间建立一条可靠或不可靠的传输连接，以透明的方式传送报文。

（5）网络层（Network Layer）

网络层通过寻址来建立两个节点之间的连接，为源端的传输层送来的分组选择合适的路由和交换节点，正确无误地按照地址传送给目的端的传输层，包括通过互联网络来路由和中继数据。

（6）数据链路层（Data Link Layer）

数据链路层将数据分帧，并处理流控制。屏蔽物理层，为网络层提供一个数据链路的连接，在一条有可能出差错的物理连接上，进行几乎无差错的数据传输。本层指定拓扑结构并提供硬件寻址。

（7）物理层（Physical Layer）

物理层处于 OSI 参考模型的最底层，主要功能是利用物理传输介质为数据链路层提供物理连接，以便透明地传送比特流。

数据发送时，从第 7 层传到第 1 层，接收数据则相反。上 3 层总称应用层，用来控制软件方面。下 4 层总称为数据流层，用来管理硬件。数据在发送至数据流层时将被拆分。在传输层的数据叫作段，网络层的叫作包，数据链路层的叫作帧，物理层的叫作比特流，这样的叫法称为 PDU（协议数据单元）。

2.3.2　OSI 参考模型节点间的数据流

在 OSI 环境中，主机与主机之间通信时，实际的数据流是如何传递的呢？这是理解网络中主机通信的关键内容。在网络中，OSI 七层模型位于主机上，而网络设备通常只涉及下面的 1～3 层。因此，根据设计准则，OSI 模型工作时，主机之间通信有两种情况：第一，没有中间设备的主机间的通信；第二，有中间设备的主机间的通信。与主机间的通信类似，当两个网络设备通信时，每一个设备的同一层同另一个设备的对等层次进行通信。

OSI 环境中主机节点之间传输的数据流介绍如下。

1．OSI 参考模型主机节点间通信的数据流

不同的主机之间在没有中间节点设备的情况下通信时，同等层次通过附加到每一层的信息头进行通信。

（1）发送节点：在发送方节点内的上层和下层之间传输数据时，每经过一层都对数

据附加一个信息头部，即封装，而该层的功能正是通过这个控制头（附加的各种控制信息）来实现的。由于每一层都对发送的数据附加消息，因此，发送的数据越来越大，直到构成数据的二进制位流在物理介质上传输。

（2）接收节点：在接收方节点内，这 7 层的功能又依次发挥作用，并将各自的控制头去掉，即拆封，同时完成各层相应的功能，如路由、检错、传输等。在 OSI 参考模型中，当主机 A 系统作为发送节点，主机 B 系统作为接收节点时，发送节点和接收节点中数据传输的数据流如图 2-4 所示。

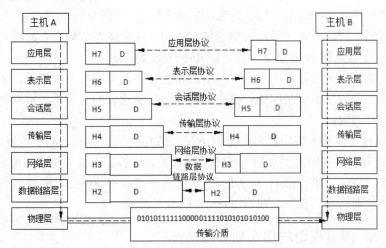

图 2-4 OSI 环境中主机节点之间传输的数据流

其中，D 表示数据，H 表示第几层信息头。

例如，H7 表示第 7 层信息头；H6 表示第 6 层信息头，依此类推，H2 即第 2 层信息头。

2. OSI 参考模型含有中间节点的通信数据流

不同的主机之间在有中间节点（网络互联设备）的情况下通信时，主机之间进行数据通信的实际传输的数据流如图 2-5 所示。

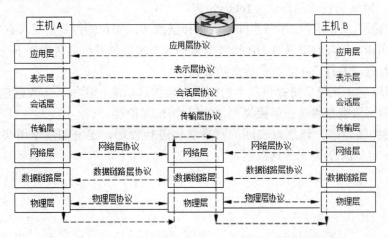

图 2-5 OSI 环境中含有中间节点的主机之间传输的数据流

2.4 TCP/IP 参考模型

2.4.1 TCP/IP 参考模型的基本知识

TCP/IP 参考模型是 ARPANET 和其后继的因特网使用的参考模型。ARPANET 是由美国国防部 DoD（U.S. Department of Defense）赞助开发的研究网络，逐渐地通过租用的电话线联结了数百所大学和政府部门。当无线网络和卫星出现以后，现有的协议在和它们相连时出现了问题，所以需要一种新的参考体系结构。这个体系结构在它的两个主要协议出现以后，被称为 TCP/IP 参考模型（TCP/IP Reference Model）。

由于国防部担心一些珍贵的主机、路由器和互联网关可能会突然崩溃，所以网络必须实现的另一目标是网络不受子网硬件损失的影响，已经建立的会话不会被取消，而且整个体系结构必须相当灵活。

TCP/IP 是目前世界上应用最为广泛的协议，它的流行与 Internet 的迅猛发展密切相关。TCP/IP 最初是为互联网的原型 ARPANET 所设计的，目的是提供一整套方便实用、能应用于多种网络上的协议，事实证明 TCP/IP 做到了这一点，它使网络互联变得容易起来，并且使越来越多的网络加入其中，成为 Internet 的事实标准。

2.4.2 TCP/IP 四层模型的层次划分与功能

TCP/IP 是一组协议的代名词，它还包括许多协议，组成了 TCP/IP 协议簇。TCP/IP 协议簇分为 4 层，IP 位于协议簇的第 2 层（对应 OSI 的第 3 层），TCP 位于协议簇的第 3 层（对应 OSI 的第 4 层）。

TCP/IP 通信协议采用了 4 层的层级结构，每一层都呼叫它的下一层所提供的网络来完成自己的需求。这 4 层分别为：

（1）应用层。应用程序间沟通的层，如简单电子邮件传输协议（SMTP）、文件传输协议（FTP）、网络远程访问协议（Telnet）等。

（2）传输层。此层提供了节点间的数据传送服务，如传输控制协议（TCP）、用户数据报协议（UDP）等，TCP 和 UDP 给数据包加入传输数据并将其传输到下一层中，这一层负责传送数据，并且确定数据已被送达并接收。

（3）网络层。此层负责提供基本的数据封包传送功能，让每一个数据包都能够到达目的主机（但不检查是否被正确接收），如网际协议（IP）。

（4）网络接口层。该层对实际的网络媒体进行管理，定义如何使用实际网络（如 Ethernet、Serial Line 等）来传送数据。

2.5 网络的标准化组织与参考模型

2.5.1 网络相关的三个著名标准化组织

1. 国际标准化组织（International Organization for Standardization，ISO）

国际标准化组织是一个全球性的非政府组织，也是国际标准化领域中一个十分重要的组织。1946 年，来自 25 个国家的代表在伦敦召开会议，决定成立一个新的国际组织，以促进国际合作和工业标准的统一。于是，ISO 这一组织于 1947 年 2 月 23 日正式成立，总部设在瑞士的日内瓦。ISO 于 1951 年发布了第一个标准——工业长度测量用标准参考温度。ISO 的任务是促进全球范围内的标准化及其有关活动，以利于国际产品与服务的交流，以及在知识、科学、技术和经济活动中发展国际的相互合作，显示了强大的生命力，并吸引了越来越多的国家参与其活动。

2. 国际电信联盟（International Telecommunication Union，ITU）

国际电信联盟是联合国专门机构之一，主管信息通信技术事务，由无线电通信、标准化和发展三大核心部门组成，其成员包括 191 个成员国和 700 多个部门成员及部门准成员，其前身为根据 1865 年签订的《国际电报公约》成立的国际电报联盟和 1906 年由德国、英国、法国、美国和日本等 27 个国家在柏林签订的《国际无线电公约》。1932 年，70 多个国家的代表在马德里开会，决定把两个公约合并为《国际电信公约》并将国际电报联盟改名为国际电信联盟。1934 年 1 月 1 日新公约生效，该联盟正式成立。1947 年，国际电信联盟成为联合国的一个专门机构，总部从瑞士的伯尔尼迁到日内瓦。

国际电信联盟的宗旨是：维护和扩大会员国之间的合作，以改进和合理使用各种电信；促进提供对发展中国家的援助；促进技术设施的发展及其最有效的运营，以提高电信业务的效率；扩大技术设施的用途并尽量使之为公众普遍利用；促进电信业务的使用，为和平联系提供方便。ITU 成员由各国电信主管部门组成，同时也欢迎经过主管部门批准、ITU 认可的私营电信机构、工业和科学组织、金融机构、开发机构和从事电信的实体参与电联活动。

3. 电气和电子工程师协会（Institute of Electrical and Electronics Engineers，IEEE）

电气和电子工程师学会，是一个建立于 1963 年 1 月 1 日的国际性电子技术与电子工程师协会，亦是世界上最大的专业技术组织之一，拥有来自 175 个国家的 36 万会员。IEEE 定位在"科学和教育，并直接面向电子电气工程、通信、计算机工程、计算机科学理论和原理研究的组织，以及相关工程分支的艺术和科学"。为了实现这一目标，IEEE 承担着多个科学期刊和会议组织者的角色。它也是一个广泛的工业标准开发者，主要领域包括电能、能源、生物技术和保健、信息技术、信息安全、通信、消费电子、运输、航天技术和纳米技术。在教育领域，IEEE 积极发展和参与，例如，在高等院校推行电子工程课程的学校授权体制。

IEEE 制定了全世界电子和电气以及计算机科学领域 30%的文献，还制定了超过 900

个现行工业标准。每年 IEEE 还发起或者合作举办超过 300 次国际技术会议。IEEE 由 37 个协会组成,还组织了相关的专门技术领域人员,每年本地组织有规律地召开超过 300 次会议。IEEE 出版大量的同级评审期刊,是主要的国际标准机构。

IEEE 大多数成员是电子工程师、计算机工程师和计算机科学家,不过因为组织广泛的兴趣也吸引了其他学科(机械工程、土木工程、生物、物理和数学)的优秀人才。

2.5.2 OSI 与 TCP/IP 体系结构的对比

以下是 OSI 参考模型和 TCP/IP 参考模型的对比。

1. 相似点

(1) OSI 和 TCP/IP 均采用了层次结构设计思想,层的功能大体相似,都存在网络层、传输层和应用层。

(2) 两者都可以解决异构网的互联,实现世界上不同厂家生产的计算机之间的通信。

(3) 两者均是基于协议数据单元的包交换网络。

(4) 两个模型传输层以上的各层都是传输服务的用户,并且是面向应用的用户。

尽管 ISO/OSI 模型和 TCP/IP 模型基本类似,但也有许多不同之处。接下来将讨论两种模型的差异。

2. 不同点

(1) 两种模型的层数不同。ISO/OSI 模型有 7 层,而 TCP/IP 模型只有 4 层。两者都有网络层、传输层和应用层,但其他层是不同的。

(2) 有关服务类型方面不同。ISO/OSI 模型的网络层提供面向连接和无连接两种服务,而传输层只提供面向连接服务。TCP/IP 模型在网络层只提供无连接服务,但在传输层却提供两种服务。

(3) 对异构网络互联的考虑情况不同。TCP/IP 一开始就考虑到多种异构网的互联问题,并将网际协议 IP 作为 TCP/IP 的重要组成部分,但 ISO 和 CCITT(ITU 的前身)最初只考虑到全世界都使用一种统一的标准公用数据网将各种不同的系统互连在一起。

(4) 对网络管理的考虑情况不同。TCP/IP 较早就有较好的网络管理功能,而 OSI 到后来才开始考虑这个问题。

OSI 参考模型的主要问题是定义复杂、实现困难,有些同样的功能(如流量控制与差错控制等)在多层重复出现,效率低下等。而 TCP/IP 体系结构的缺陷是网络接口层本身并不是实际的一层,每层的功能定义与其实现方法没能区分开来,使 TCP/IP 体系结构不适合于其他非 TCP/IP 协议簇等。

2.6 IP 协议

1. IP 协议概述

TCP/IP 协议栈的网络层位于网络接口层和传输层之间,其主要协议包括 IP、ARP、

RARP、ICP、IGMP 等。

（1）IP 协议是 TCP/IP 网络层的核心协议，规定了数据的封装方式和网络节点的标识方法，用于网络上数据的端到端的传递。

（2）ARP 协议负责将 IP 地址解析成物理地址。在实际进行通信时，物理网络所识别的是物理地址，IP 地址是不能被物理网络所识别的。对于以太网而言，当 IP 数据包通过以太网发送时，以太网设备是以 MAC 地址传输数据的，ARP 协议就是用来将 IP 地址解析成 MAC 地址。

（3）RARP 协议就是将局域网中某个主机的物理地址转换为 IP 地址，例如，局域网中有一台主机只知道物理地址而不知道 IP 地址，那么可以通过 RARP 协议发出征求自身 IP 地址的广播请求，然后由 RARP 服务器负责回答。RARP 协议广泛用于获取无盘工作站的 IP 地址。

（4）ICMP 协议定义了网络层控制和传递消息的功能，可以报告 IP 数据包传递过程中发生的错误、失败等信息，提供网络诊断功能。ping 和 tracert 两个使用极其广泛的测试工具就是 ICMP 消息的应用。

（5）IGMP 协议是因特网协议家族中的一个组播协议，用于 IP 主机向任意一个直接相邻的路由器报告其组成员情况，规定了处于不同网段的主机如何进行多播通信，前提条件是路由器本身要支持多播。

2．IP 地址

Internet 是全世界范围的计算机连为一体而构成的通信网络的总称。连接到 Internet 上的设备必须有一个全球唯一的 IP 地址。IP 地址与链路类型、设备硬件无关，而是由管理员分配指定的，因此也称为逻辑地址。根据 TCP/IP 协议规定，IP 地址（IPv4）是由 32 位（4B）二进制数组成，而且在 Internet 范围内是唯一的。为了方便记忆，Internet 管理委员会采用了一种"点分十进制"方法表示 IP 地址，即将 IP 地址分为 4 个字节，且每个字节用十进制表示，并用点号"."隔开，例如 192.168.5.123，其二进制和十进制表示如表 2-1 所示。

表 2-1　二进制和十进制表示 IP 地址

二进制 IP	11000000	10101000	00000101	01111011
十进制 IP	192	168	5	123

由于因特网上的每个接口必须有一个唯一的 IP 地址，因此必须要有一个管理机构为接入因特网的接口分配 IP 地址。这个管理机构就是国际互联网络信息中心（Internet Information Center，InterNIC），InterNIC 只分配网络地址，主机地址的分配由系统管理员来负责。

IP 地址分为网络号和主机号两部分，其格式可表示为网络号+主机号。IP 地址的这种结构使得在 Internet 上的寻址很方便，即先按 IP 地址中的网络号找到网络，再按主机号找到主机。这一点类似于日常使用的电话号码。例如，在号码 029-×××××××中，029 表示西安的区号，而×××××××是具体的电话号码，代表一部特定的电话机。即 029-×××××××可以唯一标识西安市的一部固定电话机。

2.6.1　IP 地址的分类

1．IP 地址分类概述

如果把整个 Internet 看作单一的网络，IP 地址就是给每个连在 Internet 的主机分配一个在全世界范围内唯一的标识符。Internet 管理委员会定义了 A、B、C、D、E 五类地址。每类地址的网络号和主机号在 32 位地址中占用的位数各不相同，因而可以容纳的主机数量也有很大的区别。

IP 地址的分类如图 2-6 所示。

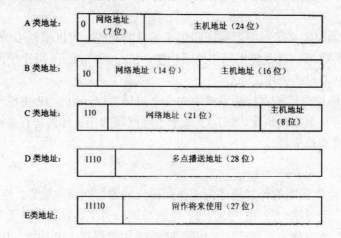

图 2-6　IP 地址分类

（1）A 类地址。A 类地址的网络地址由第 1 个字节表示，最高 1 位为 0，网络号取值范围为 1～126（127 留作他用）。A 类地址的主机地址为后面 3 个字节，共 24 位。A 类地址范围为 1.0.0.0～126.255.255.255，每个 A 类网络允许有 2^{24}-2 台主机。

（2）B 类地址。B 类地址的网络地址由前 2 个字节表示，最高 2 位为 10，网络号取值范围为 128～191。B 类地址的主机地址为后面 2 个字节，共 16 位。B 类地址范围为 128.0.0.0～191.255.255.255，每个 B 类网络允许有 2^{16}-2 台主机。

（3）C 类地址。C 类地址的网络地址由前 3 个字节表示，最高 3 位为 110，网络号取值范围为 192～223。C 类地址的主机地址为后面 1 个字节，共 8 位。C 类地址范围为 192.0.0.0～223.255.255.255，每个 C 类网络允许有 2^{8}-2 台主机。

（4）D 类地址。D 类地址通常为组播地址，最高 4 位为 1110。

（5）E 类地址。E 类地址最高 5 位为 11110，供研究用。

2．特殊用途的 IP 地址

IP 地址用于唯一地标识一台网络设备，但是有些特殊的 IP 地址被用于其他用途，如表 2-2 所示。

表 2-2　特殊用途的 IP 地址

网　络　号	主　机　号	地址类型	用　　途
Any	全 0	网络地址	代表一个网段
Any	全 1	广播地址	特定网段的所有节点
127	Any	回环地址	回环测试
全 0		所有网络	路由器用于指定默认路由
全 1		广播地址	本网段所有节点

（1）网络地址。主机地址全为 0 的 IP 地址称为网络地址，用来标识一个网段，一般不能用作一台主机的有效 IP 地址。例如，1.0.0.0、192.168.1.0。

（2）广播地址。主机地址全为 1 的网络地址称为广播地址。用来标识一个网络内的所有主机，例如，192.168.1.255 是网络 192.168.1.0 内的广播地址，一个发往 192.168.1.255 的 IP 包将会被该网段内的所有主机接收。

（3）回环地址。网络号为 127 的 IP 地址是一个保留地址，用于网络软件测试以及本地机进程间通信，叫作回环地址（Loopback Address）。例如，127.0.0.1 通常表示"本机"。

（4）私有地址。IP 地址在全世界范围内唯一，但是如 192.168.0.1 这样的地址在许多地方都能看到，并不唯一，这是因为 Internet 管理委员会规定了一些地址段为私有地址，私有地址可以在组网局部范围内使用，但不能在 Internet 上使用，Internet 没有这些地址的路由，有这些地址的计算机要上网必须转换成为合法的 IP 地址，也称为公网地址。下面是 A、B、C 类网络地址中的私有地址段。

A 类网络私有地址段：10.0.0.0～10.255.255.255。

B 类网络私有地址段：172.16.0.0～172.131.255.255。

C 类网络私有地址段：192.168.0.0～192.168.255.255。

2.6.2　IP 子网划分

Internet 组织机构定义了 5 类 IP 地址，主机号能用的只有 A、B、C 这 3 类地址。这种自然分类的 IP 地址随着 Internet 爆炸式增长带来日趋严重的问题：IP 地址资源越来越少。20 世纪 80 年代中期，IETF 在 RFC 950 中提出了解决方法，这种方法叫子网划分，即允许将一个自然分类的网络分解为多个子网。子网划分是通过借用 IP 地址的若干位主机号来充当子网地址，从而将原网络划分为若干子网而实现的。于是两级的 IP 地址就变为三级的 IP 地址，包括网络地址、子网地址和主机地址。

1.　子网掩码

RFC 950 定义了子网掩码的使用方法，子网掩码是一个 32 位的二进制数，其对应网络地址的所有位都为 1，对应于主机地址的所有位都为 0。有两种方式可以表示子网掩码。

（1）点分十进制表示法：与 IP 地址类似，将二进制的子网掩码转换为点分十进制形式。例如，A 类默认子网掩码 11111111 00000000 00000000 00000000 可以表示为 255.0.0.0。

（2）斜线（位数）表示法：在 IP 地址后面加上一个斜线 "/"，然后写上子网掩码 1 的个数。例如，B 类地址 172.16.1.2，默认子网掩码 11111111 11111111 00000000 00000000，则可表示为 172.16.1.2/16。

事实上，所有的网络都必须有一个掩码，如果一个网络没有划分子网，那么该网络使用默认掩码。

（1）A 类网络的默认子网掩码是 255.0.0.0 或者/8。

（2）B 类网络的默认子网掩码是 255.255.0.0 或者/16。

（3）C 类网络的默认子网掩码是 255.255.255.0 或者/24。

将子网掩码和 IP 地址按位进行逻辑与运算，得到 IP 地址的网络地址，剩下的部分就是主机地址，从而区分出任意 IP 地址中的网络地址和主机地址。

2．子网划分

（1）根据 IP 地址和子网掩码计算网络号和主机号

IP 地址分为网络号和主机号两部分，子网划分就是从 IP 地址的主机号部分借用若干位作为子网号，如图 2-7 所示。于是两级的 IP 地址就变成了三级的 IP 地址，包含了网络号、子网号和主机号。IP 协议规定，子网掩码中的“1”对应 IP 地址中的网络号（网络号和子网号），子网掩码中的“0”对应 IP 地址中的主机号。将 IP 地址和其子网掩码相结合，就可以判断出 IP 地址中哪些位表示网络号和子网号，哪些位表示主机号。

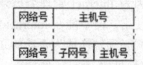

图 2-7　IP 子网划分

例如，有一个 C 类地址为 192.168.1.13，按其 IP 地址类型，子网掩码为 255.255.255.192，则该地址的网络号和主机号可按如下方法得到：

第 1 步，将 IP 地址 192.168.1.13 转换为二进制 11000000 10101000 00000001 00001101。

第 2 步，将子网掩码 255.255.255.192 转换为二进制 11111111 11111111 11111111 11000000。

第 3 步，将以上两个二进制数进行逻辑与（AND）运算，得出的结果即为网络部分。即把 11000000 10101000 00000001 00001101 与 11111111 11111111 11111111 11000000 进行“与”运算后得到 11000000 10101000 00000001 00000000，转换成点分十进制形成 192.168.1.0，就是 IP 地址的网络号，或者称为“网络地址”。

第 4 步，将子网掩码的二进制值取反后，再与 IP 地址进行与（AND）运算，得到的结果即为主机部分。如将 00000000 00000000 00000000 00111111（子网掩码的取反）与 11000000 10101000 00000001 00001101 进行与运算，得到 00000000 00000000 00000000 00001101，即 0.0.0.13，这就是这个 IP 地址主机号（可简化为 13）。

上述步骤的图解过程如图 2-8 所示。

（2）根据子网数确定子网掩码和可用地址数

如果要将一个网络划分成多个子网，如何确定这些子网的子网掩码和 IP 地址中的网络号和主机号呢？子网划分的步骤如下：

第 1 步，将要划分的子网数目转换为 2 的 m 次方。如要分 8 个子网，$8=2^3$。如果子网数目不是 2 的 m 次方，则按取较大整数为原则，如要划分为 6 个，即同样要考虑 2^3。

192.168.1.13	11000000	10101000	00000001	00	001101	IP 地址
			AND			
255.255.255.192	11111111	11111111	11111111	11	000000	子网掩码
192.168.1.0	11000000	10101000	00000001	00	000000	网络号
192.168.1.13	11000000	10101000	00000001	00	001101	IP 地址
0.0.0.63	11000000	10101000	00000001	00	001101	反掩码
0.0.0.13	00000000	00000000	00000000	00	111111	主机号

图 2-8　IP 子网划分

第 2 步，将第 1 步确定的幂 m 按高序占用主机地址 m 位后，转换为十进制。例如，m 为 3 表示主机位中有 3 位被用划为"网络标识号"，因网络标识号应全为 1，所以子网掩码对应的字节段为 11100000。转换成十进制后为 224，这就是最终确定的子网掩码。如果是 C 类网，则子网掩码为 255.255.255.224；如果是 B 类网，则子网掩码为 255.255.224.0；如果是 A 类网，则子网掩码为 255.224.0.0。

在这里，子网个数与占用主机地址位数有如下等式成立：$2^m \geqslant n$。其中，m 表示占用主机地址的位数；n 表示划分的子网个数。根据这些原则，将一个 C 类网络分成 4 个子网。

为了说明问题，再举一例。若使用的网络号为 192.9.200.0，则该 C 类网内的主机 IP 地址就是 192.9.200.1～192.9.200.254，现将网络划分为 4 个子网，按照以上步骤：$4=2^2$，则表示要占用主机地址的 2 个高序位，即为 11000000，转换为十进制为 192。这样就可确定该子网掩码为 192.9.200.192。4 个子网的 IP 地址的划分是根据被网络号占用的两位排列进行的，这 4 个 IP 地址范围分别为：

① 第 1 个子网的 IP 地址是从 11000000 00001001 11001000 00000001 到 11000000 00001001 11001000 00111110，注意它们的最后 8 位中被网络号占用的两位都为 00，对应的十进制 IP 地址范围为 192.9.200.1～192.9.200.62。而这个子网的子网掩码（或网络地址）为 11000000 00001001 11001000 00000000，即 192.9.200.0。

② 第 2 个子网的 IP 地址是从 11000000 00001001 11001000 01000001 到 11000000 00001001 11001000 01111110，注意此时被网络号所占用的两位主机号为 01。对应的十进制 IP 地址范围为 192.9.200.65～192.9.200.126。对应这个子网的子网掩码（或网络地址）为 11000000 00001001 11001000 01000000，即 192.9.200.64。

③ 第 3 个子网的 IP 地址是从 11000000 00001001 11001000 10000001 到 11000000 00001001 11001000 10111110，注意此时被网络号所占用的两位主机号为 10。对应的十进制 IP 地址范围为 192.9.200.129～192.9.200.190。对应这个子网的子网掩码（或网络地址）

为 11000000 00001001 11001000 10000000，即 192.9.200.128。

④ 第 4 个子网的 IP 地址是从 11000000 00001001 11001000 11000001 到 11000000 00001001 11001000 11111110，注意此时被网络号所占用的两位主机号为 11。对应的十进制 IP 地址范围为 192.9.200.193～192.9.200.254。对应这个子网的子网掩码（或网络地址）为 11000000 00001001 11001000 11000000，即 192.9.200.192。

在此列出 A、B、C 这 3 类网络子网数目与子网掩码的转换表，分别如表 2-3～表 2-5 所示，以供参考。

表 2-3 A 类网络划分子网数与对应的子网掩码

子 网 数 目	占用主机号位数	子 网 掩 码	子网中可容纳的主机数
2	1	255.128.0.0	8388606
4	2	255.192.0.0	4194302
8	3	255.224.0.0	2097150
16	4	255.240.0.0	1048574
32	5	255.248.0.0	524286
64	6	255.252.0.0	262142
128	7	255.254.0.0	131070
256	8	255.255.0.0	65534

表 2-4 B 类网络划分子网数与对应的子网掩码

子 网 数 目	占用主机号位数	子 网 掩 码	子网中可容纳的主机数
2	1	255.255.128.0	32766
4	2	255.255.192.0	16382
8	3	255.255.224.0	8190
16	4	255.255.240.0	4094
32	5	255.255.248.0	2046
64	6	255.255.252.0	1022
128	7	255.255.254.0	510
256	8	255.255.255.0	254

表 2-5 C 类网络划分子网数与对应的子网掩码

子 网 数 目	占用主机号位数	子 网 掩 码	子网中可容纳的主机数
2	1	255.255.255.128	126
4	2	255.255.255.192	62
8	3	255.255.255.224	30
16	4	255.255.255.240	14
32	5	255.255.255.248	6
64	6	255.255.255.252	2

2.6.3 IPv6

1. IPv6 概述

IPv6（Internet Protocol Version 6），是 IETF（Internet Engineering Task Force，互联网

Note

工程任务组）设计的用于替代现行 IP 协议（IPv4）的下一代 IP 协议。

IPv6 的提出最初是因为随着互联网的迅速发展，IPv4 定义的有限 IP 地址空间将被耗尽，地址空间的不足必将妨碍互联网的进一步发展。为了扩大地址空间，拟通过 IPv6 重新定义地址空间。IPv6 采用 128 位地址长度，几乎可以不受限制地提供地址。按保守方法估算，IPv6 在整个地球的每平方米面积上可分配 1000 多个 IP 地址。IPv6 的设计过程除了解决地址短缺问题以外，还考虑了在 IPv4 中未解决的其他问题，例如，端到端 IP 连接、服务质量（Quality of Service，QoS）、安全性、多播、移动性、即插即用等。

IPv6 特点主要有：

（1）IPv6 地址长度为 128 位，地址空间增大了 2^{96} 倍。

（2）灵活的 IP 报文头部格式。使用一系列固定格式的扩展头部取代了 IPv4 中可变长度的选项字段。IPv6 中选项部分的出现方式也有所变化，使路由器可以简单地浏览选项而不做任何处理，加快了报文处理速度。

（3）IPv6 简化了报文头部格式，报文头部字段只有 8 个，加快了报文转发，提高了吞吐量。

（4）提高安全性。身份认证和隐私权是 IPv6 的关键特性。

（5）支持更多的服务类型。

（6）允许协议继续演变，增加新的功能，使之适应未来技术的发展。

IPv6 的一个重要的普及应用是网络实名制下的互联网身份证（Virtual Identity Electronic Identification，VIEID）。目前基于 IPv4 的网络之所以难以实现网络实名制，一个重要原因就是 IP 地址资源的共用。因为 IP 资源不够，所以不同的人在不同的时间段共用一个 IP 地址，IP 地址和上网用户无法实现一一对应。

在 IPv4 下，现在根据 IP 查找用户也比较麻烦，这需要电信局保留一段时间内的用户上网日志才能实现。而通常因为网络数据量很大，运营商只能保留三个月左右的上网日志，比如查找两年前通过某个 IP 发帖子的用户就不能实现。

IPv6 的出现可以从技术上解决实名制这个问题，因为到那时 IP 地址空间资源将不再紧张，运营商有足够多的 IP 地址。运营商在受理入网申请时，可以直接给一个用户分配一个固定 IP 地址，这样就实现了实名制，也就是一个真实用户和一个 IP 地址的一一对应。

当一个上网用户的 IP 固定之后，任何时间做的任何事情都和一个唯一 IP 绑定，用户在网络上做的任何事情在任何时间段内都有据可查。

2．IPv6 地址

在 IPv4 中，地址是用 192.168.1.1 这种点分十进制方式来表示的，但在 IPv6 中，地址共有 128 位，如果用十进制表示就太长了。所以，IPv6 采用冒号十六进制表示法来表示地址。

IPv6 的 128 位地址被分成 8 段，每 16 位为一段，每段被转换为一个 4 位十六进制数，并用冒号隔开。

下面是一个二进制的 128 位 IPv6 地址。

0100000000000001 0000010100010000 0000000000000000 0000000000000000
0000000000000001 0000000000000000 0000000000000000 0100001011111111

将每段转换为十六进制数，并用冒号隔开，就形成 IPv6 地址：4001:0510:0000:0000:0001:0000:0000:45FF。

（1）压缩规则

为了尽量缩短地址的书写长度，IPv6 地址可以采用压缩方式来表示。在压缩时，有以下几个规则：

① 每段中的前导 0 可以去掉，但保证每段至少有一个数字。例如，4001:0510:0000:0000:0001:0000:0000:45FF 可以压缩为 4001:510:0:0:1:0:0:45FF。

② 一个或多个连续的段内各位全为 0 时，可用::（双冒号）压缩表示，但一个 IPv6 地址中只允许有一个双冒号（::），例如，4001:0510:0000:0000:0001:0000:0000:45FF 可以压缩为 4001:510::1:0:0:45FF。再如，FF01:0:0:0:0:0:0:101 可以压缩为 FF01::101。

（2）IPv6 相关概念

IPv6 取消了 IPv4 的网络号、主机号和子网掩码的概念，代之以前缀、接口标识符、前缀长度；IPv6 也不再有 IPv4 地址中 A 类、B 类、C 类等地址分类的概念。

① 前缀：前缀的作用与 IPv4 地址中的网络号部分类似，用于标识这个地址属于哪个网络。

② 接口标识符：与 IPv4 地址中的主机部分类似，用于标识这个地址在网络中的具体位置。

③ 前缀长度：作用类似于 IPv4 地址中的子网掩码，用于确定地址中哪一部分是前缀，哪一部分是接口标识符。

3．IPv6 地址分类

IPv6 定义以下地址类型：IPv6 地址类型是由前缀来指定的，主要地址类型与格式前缀的对应关系如表 2-6 所示。

表 2-6　地址类型与格式前缀的对应关系

地 址 类 型		格式前缀（二进制）	IPv6 前缀标识
单播地址	未指定地址	00...0（128bit）	::/128
	环回地址	00...1（128bit）	::1/128
	链路本地地址	1111111010000000	FE80::/10
	站点本地地址	1111111011000000	FEC0::/10
	全球单播地址	0010000000000000	2000::/3
组播地址		1111111100000000	FF00::/8
任播地址		从单播地址空间中进行分配，使用单播地址的格式	

（1）单播地址（Unicast）

单播地址是用于单个接口的标识符。发送到此地址的数据包被传递给标识的接口。IPv6 单播地址根据其作用范围的不同，又可分为链路本地地址、站点本地地址、全球单播地址等；还包括一些特殊地址，如未指定地址和环回地址。

① 未指定地址：单播地址::/128 称为未指定地址，不能分配给任何节点，也不能作为 IPv6 报文中的目的地址。

② 环回地址：单播地址::1/128 称为环回地址，不能分配给任何物理接口。其作用与 IPv4 中的环回地址 127.0.0.1 相同，作为诊断测试用。

③ 链路本地地址：前缀标识 FE80::/10 称为链路本地地址。链路本地地址用在链路上的各节点之间，用于自动地址配置、邻居发现或未提供路由器的情况。链路本地地址主要用于启动时以及系统尚未获取较大范围的地址之时。

④ 站点本地地址：前缀标识 FEC0::/10 称为站点本地地址，用于不需要全局前缀的站点内的寻址。

⑤ 全球单播地址。前缀标识 2000::/3 称为全球单播地址，主要是用在自动隧道上，这类节点既支持 IPv4 也支持 IPv6，兼容的地址通过设备以隧道方式传送报文。

（2）任播地址（Anycast）

任播，也叫泛播，是一组接口的标识符（通常属于不同的节点）。发送到此地址的数据包被传递给该地址标识的所有接口（根据路由走最近的路线）。任播地址类型代替 IPv4 广播地址。

通常，节点始终具有链路本地地址。可以具有站点本地地址和一个或多个全局地址。

（3）组播地址（Multicast）

IPv6 中的组播在功能上与 IPv4 中的组播类似，表现为一组接口对流量保持敏感。

组播分组前 8bit 设置为 FF。接下来的 4bit 是地址生存期：0 是永久的，而 1 是临时的。再接下来的 4bit 说明了组播地址范围（分组可以达到多远）：1 为节点，2 为链路，5 为站点，8 为组织，而 E 是全局（整个因特网）。

思 考 题

1. 简述局域网的定义。
2. 简述局域网的主要功能和特点。
3. 简述局域网由哪些网络硬件组成。
4. 概述光纤的工作原理。
5. 集线器的主要功能是什么？主要工作在 OSI 模型的哪一层？
6. 简述路由器和交换机的主要区别，路由器转发数据包的工作原理。
7. 在局域网技术中网关的主要作用是什么？

第3章

局域网技术

局域网（Local Area Networks，LAN）是在一个局部的地理范围（如一个办公室、一栋大楼、一个学校、一个公司等）内，将多台计算机、工作站、通信设备等互相连接起来组成的计算机通信网，可以实现文件、打印机等多种资源的共享。

3.1 局域网概述

局域网由网络硬件（包括网络服务器、网络工作站、网络打印机、网卡、网络互联设备等）和网络传输介质，以及网络软件所组成。

3.1.1 局域网定义

从功能性来说，局域网可以看成是一组在物理位置上相隔不远，相互间可以通信、共享网络设备和其他网络资源而连接在一起的计算机系统，强调局域网的功能与服务。

从技术性来说，局域网又可以看成是在一定范围内，多台计算机通过通信线路与通信设备连接在一起，通过操作系统、局域网管理软件等进行监控和管理的网络系统，强调局域网的构成。

3.1.2 局域网的功能与特点

局域网最主要的功能是资源共享，包括软件资源与硬件资源的共享。其中，软件资源共享包括了文件共享、应用软件共享、数据库共享、电子邮件等；而硬件资源共享则包括打印机共享、扫描仪共享等。

局域网由于其地理范围的局限性，通常拥有较高的传输速率，拓扑结构也受到一定的限制，概括来说，局域网的特点有：

（1）覆盖的地理范围小，如一个公司、一个学校等。

（2）拓扑结构简单，常用的有总线型拓扑、环型拓扑等。

（3）延迟时间短，传输速率高。

（4）误码率低，安全性较高。

（5）封闭式网络，管理维护容易，灵活性高。

（6）支持多种传输介质。

（7）是分组广播式网络。

决定局域网的主要技术要素有：网络拓扑结构、传输介质、介质访问控制技术等。因此，采用不同的网络拓扑结构或者选用不同的传输介质的局域网，其网络特性也不尽相同。

3.1.3　局域网协议标准

局域网中常用的 3 种通信协议分别是 TCP/IP 协议、NetBEUI 协议和 IPX/SPX 协议。其中最重要的是作为互联网基础协议的 TCP/IP 协议，任何和互联网有关的操作都离不开此协议。TCP/IP 尽管是目前最流行的网络协议，但在局域网中的通信效率并不高，使用 TCP/IP 在浏览"网上邻居"中的计算机时，经常会出现不能正常浏览的现象。此时 NetBEUI 协议就能解决这个问题。

在安装 Windows 2000 或 Windows 95/98 时，系统会自动安装 NetBEUI 通信协议。在安装 NetWare 时，系统会自动安装 IPX/SPX 通信协议。这 3 种协议中，NetBEUI 和 IPX/SPX 在安装后不需要进行设置就可以直接使用，但 TCP/IP 要经过必要的设置。

3.1.4　局域网的拓扑结构

局域网所覆盖的地理范围一般情况下只有几千米，因此拓扑结构相对简单，局域网常见的拓扑结构有总线型、环型、星型和树型拓扑。

1.　总线型

总线型拓扑结构的网络是将各个节点设备用一根总线连接起来，如图 3-1 所示。网络中所有的节点工作站都是通过总线进行信息传输的。总线型的传输介质可以是同轴电缆、双绞线，也可以是光纤。在总线型拓扑结构中，总线的负载是有限的，由传输介质本身的物理特性所决定。所以，总线型拓扑结构的网络中工作站节点的个数是有限制的，如果工作站节点的个数超出总线负载，就需要延长总线的长度，并加入相当数量的附加转接部件，使总线负载达到容量要求。总线型拓扑结构网络简单、灵活，可扩充性能好。所以，进行节点设备的插入与拆卸非常方便。另外，总线型拓扑结构的网络可靠性高、网络节点间响应速度快、共享资源能力强、设备投入量少、成本低、安装使用方便，当某个工作站节点出现故障时，对整个网络系统影响小。因此，总线型拓扑结构的网络是局域网中使用最普遍的一种网络。但是由于所有的工作站通信均通过一条共用的总线，所以实时性较差。

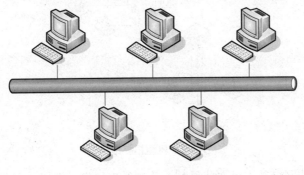

图 3-1　总线型拓扑结构

Note

2．环型

在环型拓扑结构中，通过点到点的通信线路连接成一个闭合的环状网络，形式上如图 3-2 所示。在这种拓扑结构中，数据将沿着一个方向传输。这种结构的传输延迟时间比较确定，但是网络节点的加入、退出以及网络的日常维护与管理都相对比较复杂。

3．星型

星型拓扑结构的网络中的其他节点都与其中心节点相连接，如图 3-3 所示。这种结构便于集中控制，所有端用户之间的通信必须经过中心设备，因此这种结构的网络易于维护。另外，端用户设备出现故障时也不会影响其他端用户。这种网络的延迟时间比较短，传输误差较低，但是一旦中心设备出现问题，整个网络将会陷入瘫痪。对此，中心设备通常采用双机热备份，从而提高网络可靠性。

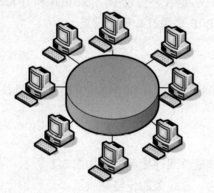

图 3-2　环型拓扑结构

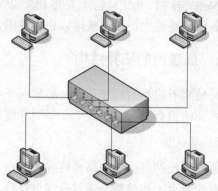

图 3-3　星型拓扑结构

4．树型

树型拓扑结构中的各个节点形成了一个层次化的结构，如图 3-4 所示，此结构可以包含分支，每个分支又可包含多个结点。在树型拓扑中，从一个站发出的传输信息要传播到物理介质的全长，并被所有其他站点接收。

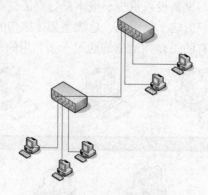

图 3-4　树型拓扑结构

树型拓扑结构的网络节点呈树状排列，整体看来就像一棵树，因此被称为树型。与星型拓扑相比，树型拓扑有许多相似的优点，但其扩展性比星型拓扑要好一些。

3.2　局域网硬件

　　局域网由网络硬件（包括网络服务器、网络工作站、网卡、网络互联设备等）和网络传输介质，以及网络软件所组成。

3.2.1　服务器和工作站

　　服务器是网络环境下为客户提供某种服务的专用计算机，或者说是指那些具有较高计算能力，能够提供给多个用户使用的计算机，如图 3-5 所示。服务器与主机不同，主机是通过终端给用户使用的，服务器是通过网络给客户端用户使用的。根据不同的计算能力，服务器又分为工作组级服务器、部门级服务器和企业级服务器。

　　工作站是一种高档的微型计算机，通常配有高分辨率的大屏幕显示器及容量很大的内存储器和外部存储器，并且具有较强的信息处理功能和高性能的图形、图像处理功能以及联网功能。

图 3-5　网络服务器

　　工作站根据软、硬件平台的不同，一般分为基于 RISC（精简指令系统）架构的 UNIX 系统工作站和基于 Windows、Intel 的 PC 工作站。另外，根据体积和便携性，工作站还可分为台式工作站和移动工作站。台式工作站类似于普通台式计算机，体积较大，性能较强，适合专业用户使用；移动工作站可以看成是一台高性能的笔记本电脑，但其硬件配置和整体性能比普通笔记本电脑要高很多。

3.2.2　网卡

　　网络接口卡（Network Interface Card，NIC）也叫作网卡（Network Adapter），是连接计算机与网络的硬件部件。

　　1. 网卡概述

　　网卡是工作在数据链路层的网络组件，也是局域网中连接计算机和传输介质的接口，不仅能实现与局域网传输介质之间的物理连接和电信号匹配，还涉及帧的发送与接收、帧的封装与拆封、介质访问控制、数据的编码与解码以及数据缓存的功能等。

　　网卡的主要工作原理是整理计算机发往网线上的数据，并将数据分解为适当大小的数据包之后向网络中转发出去。对于网卡而言，每块网卡都有一个唯一的网络节点地址，即 MAC 地址，是网卡生产厂家在生产时烧入 ROM（只读存储芯片）中的，称为 MAC 地址（也可称为物理地址、硬件地址、实际地址等）。MAC 地址由 48 位二进制数组成，使用 12 个十六进制数字来表示，例如，00-30-C8-EF-5D-6A。

按照总线接口类型的不同，可以将网卡分为 ISA 接口网卡（见图 3-6）、PCI 接口网卡（见图 3-7）以及在服务器上使用的 PCI-X 总线接口类型的网卡，笔记本电脑所使用的网卡是 PCMCIA 接口类型的。

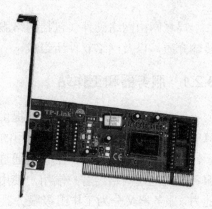

图 3-6　ISA 接口网卡

图 3-7　PCI 接口网卡

2. 网卡的安装过程

（1）安装网卡硬件

网卡的安装非常简单，只需要将其插到主板上相应的插槽中即可。目前，大部分公司都将网卡集成到了主板上，因此，用户一般情况下是不需要自行安装网卡的。

（2）安装网卡驱动

网卡驱动就是 CPU 控制和使用网卡的程序。网卡驱动可以使用第三方软件安装，也可以通过网站下载入口直接下载驱动包安装。现在的系统基本上集成了网卡驱动，所以一般情况下也不需要自行安装网卡驱动。

但是如果需要手动安装网卡驱动，则必须要有相应的驱动程序软件。一般可以通过使用计算机附带的驱动盘进行安装，或者直接在互联网上下载相应的驱动软件进行安装。此时只需要双击驱动程序软件，进行安装操作即可。在弹出的安装界面单击"安装"按钮开始安装网卡驱动程序，安装完成后重新启动计算机即可生效。

（3）设置网卡属性

网卡属性设置其实就是对本地连接属性进行设置，其步骤为：配置 IP 地址；配置子网掩码；配置默认网关；配置 DNS。

在设置完本地连接的属性后，需检查网卡是否工作正常，此时可以通过 ping 命令查看。

3.2.3　传输介质

网络传输介质是指在网络中传输信息的载体，常用的传输介质分为有线传输介质和无线传输介质两大类。其中，有线传输介质是指在两个通信设备之间实现的物理连接部分，主要有双绞线、光纤和同轴电缆。

（1）双绞线

双绞线可以说是网络综合布线中最常用的传输介质，是由两条相互绝缘的导线按照一定的规格互相缠绕在一起而制成的一种通用配线，由一对相互绝缘的金属导线绞合而成，如图 3-8 所示。采用这种方式，不仅可以抵御一部分来自外界的电磁波干扰，也可以降低多对绞线之间的相互干扰。

双绞线按照屏蔽层的有无可以分为屏蔽双绞线（Shielded Twisted Pair，STP）和非屏蔽双绞线（Unshielded Twisted Pair，UTP），屏蔽双绞线在双绞线与外层绝缘封套之间有一个金属屏蔽层，可减少辐射，防止信息被窃听，也可阻止外部电磁干扰的进入，使屏蔽双绞线比同类的非屏蔽双绞线具有更高的传输速率，因此价格也更昂贵。在日常生活中，使用最多的是非屏蔽双绞线。

图 3-8　双绞线

另外，按照线径粗细来分，可以把双绞线分成多种类型，如表 3-1 所示。目前，常用的有三类、五类、超五类和六类双绞线。

表 3-1　双绞线的材料等级

类　别	最大传输速度	应　用
一类	2Mb/s	模拟和数字语音（电话）通信以及低速的数据传输
二类	4Mb/s	语音、ISDN 和不超过的 4Mb/s 的局域网数据传输
三类	16Mb/s	超过 16Mb/s 的局域网数据传输
四类	20Mb/s	不超过 20Mb/s 的局域网数据传输
五类	100Mb/s	100Mb/s 距离 100m 的局域网数据传输
超五类	1000Mb/s	1000Mb/s 的局域网数据传输
六类	2.4Gb/s	1000Mb/s 以上的局域网数据传输

国际上常用的制作双绞线的标准包括 EIA/TIA 568A 和 EIA/TIA 568B 两种（EIA：Electronic Industries Alliance，美国电子工业协会；TIA：Telecommunication Industry Association，美国通信工业协会），它们所规定的线序分别如表 3-2 和表 3-3 所示。

表 3-2　EIA/TIA 568A 标准线序

序　号	1	2	3	4	5	6	7	8
颜　色	绿白	绿	橙白	蓝	蓝白	橙	棕白	棕

表 3-3　EIA/TIA 568B 标准线序

序　号	1	2	3	4	5	6	7	8
颜　色	橙白	橙	绿白	蓝	蓝白	绿	棕白	棕

常用的直通线就是双绞线的两头分别采用了 EIA/TIA 568B 标准进行排序；而如果一头采用 EIA/TIA 568A 标准，另一头采用 EIA/TIA 568B 标准，则称为交叉线。平行线一般用在不同属性的设备上，如 PC 机和交换机之间；交叉线一般用在相同属性的设备上，如两台 PC 之间。

双绞线传输设备价格便宜，使用起来也很简单，无须专业知识，也无太多操作，一次安装，长期稳定工作，给工程应用带来极大的方便。

（2）光纤

光纤是光导纤维的简写，是一种由玻璃或塑料制成的纤维，可作为光传导工具，也是一种常用的传输介质。多数光纤在使用前必须由几层保护结构包覆，包覆后的缆线被称为光缆。

光纤通过光线的全反射来传输数据。微细的光纤被封装在塑料保护套中，如图 3-9 所示，使得它能够弯曲而不至于断裂。通常，光纤一端的发射装置使用发光二极管（Light Emitting Diode，LED）或一束激光将光脉冲传送至光纤，光纤另一端的接收装置使用光敏元件检测脉冲，如图 3-10 所示。

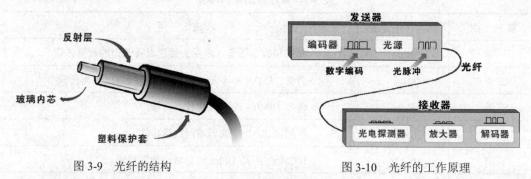

图 3-9　光纤的结构　　　　　　　　　　　　图 3-10　光纤的工作原理

光纤可以分为单模光纤（Single Mode Fiber，SMF）和多模光纤（Multi Mode Fiber，MMF），如图 3-11 所示，其中，只能传输一个传播模式的光纤通常简称为单模光纤；将光纤按工作波长以及传播模式可能为多个模式的光纤称为多模光纤。目前，在有线电视和光通信中，单模光纤是应用最广泛的光纤。

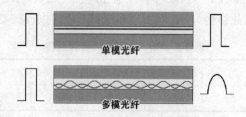

图 3-11　单模光纤和多模光纤

光纤的传输速率很高，传输距离长，同时，由于其通过光信号传输，不受电磁干扰的影响，使其误码率较低，但是光纤的价格昂贵，非专业人士一般也无法独立安装。

（3）同轴电缆

同轴电缆是指有两个同心导体，而导体和屏蔽层又共用同一轴心的电缆。最常见的同轴电缆由绝缘材料隔离的铜线导体组成，在里层绝缘材料的外部是另一层环型导体及其绝缘体，然后整个电缆再由护套包住。一般来说，同轴电缆由里到外分为 4 层：中心铜线（单股的实心线或多股绞合线）、塑料绝缘体、网状导电层和电线外皮，如图 3-12 所示。

铜芯或铜线束
绝缘层
铜丝网或铝箔屏蔽层
外层

图 3-12　同轴电缆

　　同轴电缆从用途上分可分为宽带同轴电缆和基带同轴电缆。宽带同轴电缆用于传输模拟信号，基带同轴电缆用于传输数字信号。基带同轴电缆又可以分为细同轴电缆和粗同轴电缆。

　　宽带同轴电缆和基带同轴电缆的阻抗也有所不同，分别是 75Ω 和 50Ω。75Ω 同轴电缆常用于 CATV 网，故称为 CATV 电缆，传输带宽可达 1GHz，目前常用 CATV 电缆的传输带宽为 750MHz。50Ω 同轴电缆主要用于基带信号传输，传输带宽为 1MHz～20MHz，总线型以太网就是使用 50Ω 同轴电缆，在以太网中，50Ω 细同轴电缆的最大传输距离为 185m，粗同轴电缆可达 1000m。

　　同轴电缆体积大，成本较高，在现在的局域网环境中，基本已被基于双绞线的以太网物理层规范所取代。

3.2.4　其他网络硬件设备

　　不论是局域网、城域网还是广域网，在物理上通常都是由网卡、集线器、交换机、路由器、网线、RJ45 接头等网络连接设备和传输介质组成的。网络设备又包括中继器、集线器、网桥、交换机、路由器、网关等设备。

1. 中继器

　　中继器（Repeater）是最简单的互连设备，工作在 OSI 参考模型的物理层，用于扩展局域网网段的长度，延伸信号传输的范围，可加大线缆的传输距离，如图 3-13 所示。中继器可以连接不同类型的线缆。

　　中继器的工作就是转发比特信息，将收到的比特信息进行再生和还原后传给每个与之相连的网段。中继器是一个没有鉴别能力的设备，会再生所收到的比特信息，包括错误信息，而且再生后传给每个与之相连的网段而不管目的计算机是否在该网段上。但是，中继器的转发速度很快且时延很小。通常在一个网络中，最多可以分为 5 个网段，用 4 个中继器连接，其中只允许在 3 个网段连接计算机或设备，其他 2 个网段只能用于延长传输距离。这种规定又被称为"5-4-3"规则。

图 3-13　中继器

2. 集线器

集线器（Hub）可以看成是一个拥有多个端口的中继器，主要功能也是对接收到的信号进行再生、放大，以扩大网络的传输距离。同时，集线器把所有节点集中在以它为中心的节点上，如图 3-14 所示。集线器也工作于 OSI 参考模型第一层，即物理层，属于局域网中的基础设备。

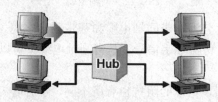

图 3-14　集线器

从集线器的工作方式可以看出，它在网络中只起到信号放大和重发作用，其目的是扩大网络的传输范围，而不具备信号的定向传送能力，是一个标准的共享式设备。由集线器组成的网络是共享式网络，同时集线器也只能够在半双工下工作。随着技术的发展和需求的变化，许多集线器在功能上进行了拓宽，不再受这种工作机制的影响。

3. 网桥

网桥（Bridge）工作在 OSI 参考模型的第二层，即数据链路层，可以用来连接具有不同物理层的网络，如连接使用同轴电缆和 UTP 的网络。网桥是一种数据帧存储转发设备，通过缓存、过滤、学习、转发和扩散等功能来完成操作。

- □　缓存：网桥首先会对收到的数据帧进行缓存并处理。
- □　过滤：判断接收的帧的目标地址是否位于发送这个帧的网段中，如果目标地址属于其他网段，则将此帧转发到相应的端口；如果目标地址位于本网段，网桥就不把帧转发到网桥上的其他端口，这就相当于进行了数据帧的过滤。
- □　转发：如果帧的目标地址位于另一个网络，网桥就将该帧发往相应的网段。
- □　学习：网桥有很强的地址学习功能。每当帧经过网桥时，网桥首先在网桥表中查找帧的源 MAC 地址，如果该地址不在网桥表中，则将有该 MAC 地址及其所对应的网桥端口信息加入，从而更新原网桥表记录，进行地址学习。
- □　扩散：如果在表中找不到目标地址，则按扩散的办法将该数据帧转发给与该网桥连接的除发送该数据帧的网段外的所有网段。

4. 交换机

交换机（Switch）是一种更先进的网桥，也工作在数据链路层，除了具备网桥的所有功能外，还通过在节点或虚电路间创建临时逻辑连接，使得整个网络的带宽得到最大化的利用。通过交换机连接的网段内的每个节点，都可以使用网络上的全部带宽来进行通信，而不是各个节点共享带宽。用交换机连接的网络是交换式网络。

交换机拥有一条高带宽的背部总线和内部交换矩阵。交换机的所有端口都挂接在这条背部总线上，控制电路收到数据帧以后，处理端口会查找内存中的地址对照表以确定目的 MAC 地址（网卡的硬件地址）的网卡挂接在哪个端口上，通过内部交换矩阵迅速将数据帧传送到目的端口。目的 MAC 地址若不存在，则会广播到所有的端口，接收端口回应后交换机会学习新的 MAC 地址，并将其添加到内部的 MAC 地址表中，这就是交换机的 MAC 地址学习功能。

此外，交换机还拥有更强的缓存能力，且智能化程度更高，具有支持划分虚拟局域网（VLAN）的能力。通过交换机的过滤和转发，可以有效减少冲突域，但不能分割广播域。

5. 路由器

路由器（Router）工作在 OSI 参考模型的第三层，即网络层。路由器可以用来连接物理层和数据链路层结构不同的网络。

之前介绍的网桥和交换机是通过 MAC 地址转发数据帧的，而路由器则是通过数据包中的网络层地址（如 IP 地址）来转发数据包。因此，在用路由器连接的网络上，源节点不需要知道目的节点的 MAC 地址也能够找到它。

路由器通过在相邻的路由器节点之间进行路由选择功能，选择最佳的路径来传送数据包。与网桥和交换机类似，路由器的内存中也存有一个表，即路由表（Routing Table），其中记录的是数据包地址（网络层地址）和物理端口号的对应关系。路由器根据路由表来转发数据包。如果包中的目标地址与源地址在同一个网段内，路由器就不转发该数据包；如果目标地址在另一个网段，路由器就把数据包转发到与目标网段相对应的物理端口上。

路由器可以分割广播域，隔离广播风暴。

6. 网关

网关（Gateway）可以看成是最复杂的网络互联设备，工作在网络层以上层次，仅用于两个高层协议不同的网络互联，也就是用来连接具有采用不同的寻址机制、不兼容的协议、不同结构和不同数据格式的网络。

网关又被称为网间连接器、协议转换器，既可以用于广域网互联，也可以用于局域网互联，可以是充当转换任务的计算机系统或设备。在使用不同的通信协议、数据格式或语言，甚至体系结构完全不同的两种系统之间，网关也可以看成是一个翻译器。与网桥只是简单地传达信息不同，网关对收到的信息要重新打包，以适应目的系统的需求。

3.3　局域网软件

局域网软件很多，包括网络协议软件、网络系统软件、网络管理软件和网络应用软件等。在局域网环境中，用于支持数据通信和各种网络活动的软件可以称为网络协议软件，而网络系统软件，即网络操作系统软件将会在第 4 章中介绍。

思 考 题

Note

1. 网络协议主要包括哪几个方面？由哪些要素组成？

2. OSI 模型的 7 个层次分别是什么？是按照什么原则划分的？

3. 概述 OSI 模型各个层次的功能。

4. 简述在 OSI 环境中，主机与主机之间通信时，实际的数据流是如何传递的。

5. OSI 参考模型和 TCP/IP 参考模型相比较，有哪些相似点和不同点？

6. 怎样理解连接到 Internet 上设备的 IP 地址的唯一性？

7. 如果要将一个网络划分成多个子网，如何确定这些子网的子网掩码和 IP 地址中的网络号和主机号？请举例说明。

8. IPv6 在互联网应用中解决了实名制的问题，简述其是如何实现该功能的。

第 **4** 章
服务器与网络操作系统

在第 3 章中已经介绍过服务器的概念，而运行在服务器上的网络操作系统又称为服务器操作系统。本章具体来学习一下服务器与网络操作系统。

4.1　服务器概述

服务器首先是一种计算机，只不过是能提供各种共享服务（如硬盘空间、数据库、文件、打印等）的高性能计算机。其高性能主要体现在高速度的运算能力、长时间的可靠运行、强大的外部数据吞吐能力等方面。

4.1.1　服务器的特点和分类

服务器是网络环境中的高性能计算机，监听网络上的其他计算机，也就是客户端提交的服务请求，并提供相应的服务。为此，服务器必须具有承担服务并且保障服务的能力，主要体现在高速度的运算能力、长时间的可靠运行、强大的外部数据吞吐能力等方面。

服务器的构成与计算机基本相似，有处理器、硬盘、内存、系统总线等，是针对具体的网络应用特别制定的，因而服务器与计算机在处理能力、稳定性、可靠性、安全性、可扩展性、可管理性等方面存在很大差异。

按照功能来说，服务器可以分为文件服务器、数据库服务器和应用程序服务器等。

目前，服务器最为普遍的划分方法是按照应用层次划分，也被称为按服务器档次划分，或者说是按照网络规模划分，这种划分方式主要根据服务器在网络中应用的层次（或服务器档次）来进行划分。要注意的是这里所指的服务器档次并不是按服务器 CPU 主频高低来划分，而是依据整个服务器的综合性能，特别是所采用的一些服务器专用技术来衡量的。按这种划分方法，服务器可分为入门级服务器、工作组级服务器、部门级服务器、企业级服务器、视频服务器等。

4.1.2　服务器的选购

服务器市场产品繁多、功能和性能定位不一，由于厂商的服务器技术水平有所差别，在服务器可靠性、稳定性和可服务性上也存在某些程度上的不同，价格差距也很大。因此在服务器选购时必须在充分调研了企业对服务器应用需求的前提下，以企业需求为先导，结合服务器产品的特点选择适合企业的服务器。

4.2 网络操作系统

网络操作系统是向网络中的计算机提供服务的特殊的操作系统,在计算机操作系统下工作,使计算机操作系统增加了网络操作所需要的能力。

网络操作系统负责管理整个网络资源和方便网络用户的软件的集合。由于网络操作系统是运行在服务器之上的,所以也称它为服务器操作系统。网络操作系统与运行在工作站上的单用户操作系统(如 Windows 7、Windows XP 等)或多用户操作系统是有很大不同的。一般情况下,网络操作系统是以使网络相关特性最佳为目的,如共享数据文件、软件应用、共享硬盘、共享打印机等。

下面以 Windows Server 2003 为例,对网络操作系统进行介绍。

4.2.1 Windows Server 2003

Windows Server 2003 是微软公司在 Windows 2000 Server 基础上,2003 年 4 月推出的网络操作系统,是目前广泛使用的 Windows 类网络操作系统之一,也是一个比较全面、完整、可靠的网络操作系统,适合大、中、小型网络。

Windows Server 2003 有多个版本,包括标准版、企业版、数据中心版和 Web 版,分别介绍如下。

(1)Windows Server 2003 标准版。是构建低级服务器的网络操作系统,可迅速、方便地提供企业网络解决方案,适合小型企业和部门应用。

(2)Windows Server 2003 企业版。是为满足各种规模的企业的一般用途而设计的,它是各种应用程序、Web 服务和基础结构的理想平台,可以用于构建大型商业系统、数据库、电子商务 Web 站点以及文件和打印服务器,提供了高度的可靠性和优异的性能。

(3)Windows Server 2003 数据中心版。用于构建数据库、企业资源规划软件、大容量实时事务处理器。

(4)Windows Server 2003 Web 版。是一种经济且高效的 Web 服务器操作系统,主要用于生成和发布 Web 应用程序、Web 页面以及基于 XML 的 Web 服务。

各版本间的比较如表 4-1 所示。

表 4-1 Windows Server 2003 各版本比较

项　　目	Windows Server 2003 标准版	Windows Server 2003 企业版	Windows Server 2003 数据中心版	Windows Server 2003 Web 版
CPU	4	8	32/64	2
内存	4GB	32GB/64GB	64GB/512GB	2GB
是否可以生成域控制器	是	是	是	否
群集支持	不支持	8 节点	8 节点	不支持

项　目	Windows Server 2003 标准版	Windows Server 2003 企业版	Windows Server 2003 数据中心版	Windows Server 2003 Web 版
64位计算支持	不支持	支持	支持	不支持
适用范围	小型商业环境	中/大型企业	功能更强大	Web 服务

在具体使用时需要选择合适的版本。中小型企业可以选择 Web 版和标准版，大、中型企业可以选择企业版，数据中心等单位可以选择数据中心版。

同时，在安装 Windows Server 2003 网络操作系统时还必须注意以下几个方面。

❑　计算机硬件配置。

❑　硬件兼容性。

❑　选择磁盘分区。

❑　做好数据备份。

❑　断开相关服务和网络。

❑　检查引导扇区的病毒。

❑　选择文件系统 FAT、FAT32、NTFS 等。

当 Windows Server 2003 网络操作系统安装完毕后，将会出现 Windows Server 2003 的登录界面，如图 4-1 所示。

图 4-1　Windows Server 2003 登录界面

4.2.2　网络操作系统的使用与比较

目前局域网中主要存在的网络操作系统有 Windows 类、NetWare 类、UNIX 类和 Linux 类等。

1. Windows 类

微软公司的 Windows 系统不仅在个人操作系统中占有绝对优势，在网络操作系统中也具有非常强劲的竞争力。Windows 类操作系统配置在整个局域网配置中是最常见的，但由于它对服务器的硬件要求较高，且稳定性能不是很好，所以该网络操作系统一般只用于中低档服务器，高端服务器通常采用 UNIX、Linux 或 Solaris 等非 Windows 操作系统。在局域网中，微软的网络操作系统主要有 Windows NT 4.0 Server、Windows 2000 Server、

Windows Server 2003 以及 Windows Server 2008 等，工作站系统可以采用任意 Windows 或非 Windows 操作系统，包括个人操作系统，如 Windows 9x/ME/XP/7 等。

2. NetWare 类

NetWare 类网络操作系统对网络硬件的要求较低，因而受到一些设备比较落后的中、小型企业，特别是学校的青睐。因为 NetWare 类网络操作系统兼容 DOS 命令，其应用环境与 DOS 相似，经过长时间的发展，具有相当丰富的应用软件支持，技术完善、可靠。NetWare 服务器对无盘工作站和游戏的支持较好，常用于教学网和游戏厅。

3. UNIX 类

UNIX 类网络系统支持网络文件系统服务，提供数据等应用，功能强大，由 AT&T 和 SCO 公司推出。这种网络操作系统稳定和安全性能非常好，但由于多数是以命令方式来进行操作的，对于初级用户而言不容易掌握。UNIX 本是针对小型机主机环境开发的操作系统，是一种集中式分时多用户体系结构。因其体系结构不够合理，UNIX 的市场占有率呈下降趋势。

4. Linux 类

Linux 类网络操作系统最大的特点就是源代码开放，可以免费得到许多应用程序。目前也有中文版本的 Linux，如 Red Hat（红帽子）、红旗 Linux 等，在国内得到了用户充分的肯定，主要体现在其安全性和稳定性方面。Linux 与 UNIX 有许多类似之处，但目前这类操作系统仍主要应用于中、高档服务器中。

总的来说，对特定环境的支持使得每一个操作系统都有适合于自己的工作场合。因此，对于不同的网络应用，需要有目的地选择合适的网络操作系统。

思 考 题

1．怎么理解网络环境中的服务器？简述服务器的特点和分类。

2．在安装 Windows Server 2003 网络操作系统时要注意哪些方面？

3．局域网中主要存在的网络操作系统有 Windows 类、NetWare 类、UNIX 类和 Linux 类，这几种操作系统各有什么特点？适用于什么情况？

第 **5** 章
路由与交换技术

路由器与交换机是网络互联中最重要的两个设备，其基本概念已经在第 3 章中做了介绍，下面就来具体学习一下路由器与交换机的相关技术。

5.1　交换机的配置

在局域网中，我们常用的交换机可以分为不可管理交换机和可管理式交换机两种。前者不具备可管理性，没有 CPU 或集中管理芯片，只是并行程度、吞吐能力等优于集线器；后者除了具有不可管理交换机的全部功能外，还带有 CPU 或集中管理芯片，可以支持 VLAN 及 SNMP 管理，又称为智能型交换机。

不可管理交换机直接连接就可以使用了，不需要进行复杂的配置；可管理式交换机则必须进行相应的配置后才可以使用。

5.1.1　认识交换机

交换机（Switch）是一种用于电信号转发的网络设备，可以为接入交换机的任意两个网络节点提供独享的电信号通路。最常见的交换机是以太网交换机，如图 5-1 所示。

图 5-1　以太网交换机

从广义上来看，网络交换机分为两种：广域网交换机和局域网交换机。广域网交换机主要应用于电信领域，提供通信用的基础平台；而局域网交换机则应用于局域网络，用于连接终端设备，如 PC 机及网络打印机等。

从传输介质和传输速度上可分为以太网交换机、快速以太网交换机、千兆以太网交换机、FDDI 交换机、ATM 交换机和令牌环交换机等。

从规模应用上又可分为企业级交换机、部门级交换机和工作组级交换机等。各厂商划分的尺度并不是完全一致的，一般来讲，企业级交换机都是机架式，部门级交换机可以是机架式（插槽数较少），也可以是固定配置式，而工作组级交换机为固定配置式（功能较为简单）。另一方面，从应用的规模来看，作为骨干交换机时，支持 500 个信息点以上大型企业应用的交换机为企业级交换机，支持 300 个信息点以下中型企业的交换机为部门级交换机，支持 100 个信息点以内的交换机为工作组级交换机。本章主要介绍以太网交换机。

以太网的最初形态就是在一段同轴电缆上连接多台计算机，所有计算机都共享这段电缆。所以当某台计算机占有电缆时，其他计算机都只能等待。这种传统的共享以太网极大地受到计算机数量的影响。为了解决上述问题，可以做到的是减少冲突域内的主机数量，这就是以太网交换机采用的有效措施。以太网交换机在数据链路层进行数据转发时需要确认数据帧应该发送到哪一端口，而不是简单地向所有端口转发，这就是交换机 MAC 地址表的功能。

以太网交换机包含很多重要的硬件组成部分：业务接口、主板、CPU、内存、Flash、电源系统。以太网交换机的软件主要包括引导程序和核心操作系统两部分。

5.1.2　交换机配置基础

以太网交换机的配置方式很多，如本地 Console 口配置，Telnet 远程登录配置，FTP、TFTP 配置等。其中最为常用的配置方式就是 Console 口配置和 Telnet 远程登录配置。

1. Console 口配置方法

（1）用标准 Console 线缆的水晶头一端插在交换机的 Console 口上，另一端的接口插在 PC 机的 Console 口上。

（2）启动超级终端，在 Windows 操作系统中选择"开始"→"程序"→"附件"→"通讯"→"超级终端"命令，如图 5-2 所示。

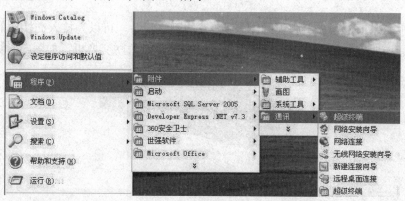

图 5-2　启动超级终端

（3）根据提示输入连接名称后单击"确定"按钮，如图 5-3 所示。在选择连接时选择对应的串口（COM1 或 COM2 口），配置串口参数。串口的配置参数如图 5-4 所示。

2. Telnet 远程登录配置方法

为了实现 Telnet 配置，用一根网线的一端连接交换机的以太网口，另一端连接到 PC 机的网卡接口上。通过 Telnet 命令进行远程登录以后，其他的配置方式与 Console 口配置方式相同。

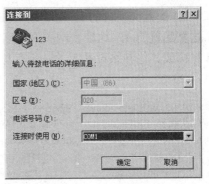

图 5-3　新建连接　　　　　　　　　　图 5-4　选择对应的串口

5.1.3　交换机端口配置

在进行交换机的具体配置时，需要根据交换机的配置命令行模式来进行，交换机的配置模式可以分为用户模式、特权模式和全局模式，全局模式又可以分为几种子模式，如表 5-1 所示。

表 5-1　交换机配置命令模式

工 作 模 式		提 示 符	自 动 方 式
用户模式		Switch>	开机自动进入
特权模式		Switch#	Switch>enable
全局模式		Switch(config)#	Switch#configure terminal
子模式	VLAN 模式	Switch(config-vlan)#	Switch(config) #vlan 100
	接口模式	Switch(config-if)#	Switch(config)#interface fa0/1
	线程模式	Switch(config-line)#	Switch(config)#line console 0

交换机的基本配置如下：

（1）配置 enable 口令和主机名

在交换机中可以配置使能口令（enable password）和使能密码（enable secret），一般情况下只需配置一个即可，当两者同时配置时，后者生效。这两者的区别是使能口令以明文形式显示，使能密码以密文形式显示。

```
Switch>                                //用户模式提示符
Switch >enable                         //进入特权模式
Switch#                                //特权模式提示符
Switch#config terminal                 //进入全局配置模式
Switch(config)#                        //配置模式提示符
Switch(config)#enable password cisco   //设置特权模式口令字为 cisco
Switch(config)#enable secret cisco1    //设置特权模式密钥为 cisco1
Switch(config)#hostname C2950          //设置主机名为 C2950
C2950(config)#end                      //退回到特权模式
C2950#
```

（2）配置交换机的 IP 地址、默认网关、域名和域名服务器

这里配置的 IP 地址、网关、域名等信息是用来管理交换机的，和连接在该交换机上的计算机或其他网络设备无关。所有与交换机连接的主机都应该配置自身的域名、网关等信息。

```
C2950(config)#ip address 192.168.1.1 255.255.255.0      //设置交换机 IP 地址
C2950(config)#ip default-gateway 192.168.1.254          //设置默认网关
C2950(config)#ip domain-name cisco.com                  //设置域名
C2950(config)#ip name-server 200.0.0.1                  //设置域名服务器
C2950(config)#end
```

（3）配置交换机的端口属性

交换机默认的端口属性支持网络环境下的正常工作，一般情况下不需要对其端口进行配置。在某些情况下需要对端口属性进行配置时，配置的对象主要有速率、双工和端口描述等信息。

```
C2950(config)#interface fastethernet0/1                 //进入端口 0/1 的配置模式
C2950(config-if)#speed ?                                //查看 speed 命令的子命令
    10    Force 10 Mb/s operation                       //显示结果
    100   Force 100 Mb/s operation
    auto Enable AUTO speed configuration
C2950(config-if)#speed 100                              //设置端口速率为 100Mb/s
C2950(config-if)#duplex ?                               //查看 duplex 命令的子命令
    auto Enable AUTO duplex configuration
    full Force full duplex operation
    half Force half-duplex operation
C2950(config-if)#duplex full                            //设置端口为全双工
C2950(config-if)#description TO_PC1                     //设置端口描述信息为 TO_PC1
C2950(config-if)#^Z                                     //返回到特权模式
C2950#show interface fastethernet0/1                    //查看端口 0/1 的配置结果
C2950#show interface fastethernet0/1 status            //查看端口 0/1 的状态
```

（4）配置和查看 MAC 地址表

有关 MAC 地址表的配置有超时时间、永久地址和限制性地址 3 个参数。交换机学习到的动态 MAC 地址的时间默认为 300s，可以通过命令来修改这个值。配置的静态 MAC 地址永久存在于 MAC 地址表中，不会超时失效。限制性静态（restricted static）地址是在永久地址的基础上限制了源端口，其安全性更高。

```
C2950(config)#mac-address-table ?                                    //查看 mac-address-table 的子命令
    aging-time    Aging time of dynamic addresses
    permanent     Configure a permanent address
    restricted    Configure a restricted static address
C2950(config)#mac-address-table aging-time 100                       //设置超时时间为 100s
C2950(config)#mac-address-table permanent 0000.0c01.bbcc f0/3        //加入永久地址
C2950(config)#mac-address-table restricted static 0000.0c02.bbcc f0/6 f0/7   //加入静态地址
C2950(config)#end
C2950#show mac-address-table                                         //查看 MAC 地址表
```

Number of permanent address: 1
Number of restricted static address: 1
Number of dynamic addresses: 0

Address	Dest Interface	Type	Source Interface List
0000.0C01.BBCC	FastEthernet 0/3	Permanent	All
0000.0C02.BBCC	FastEthernet 0/6	Static	F0/7

可以看到永久地址有一个，配置在 f0/3 端口上；限制性地址有一个，配置目标端口为 f0/6，源端口为 f0/7。如果交换机上连接有其他计算机，则每个连接的端口会产生动态 MAC 地址表项。可以用 clear 命令清除 MAC 地址表的表项，例如，下面的命令可以清除限制性地址。

```
C2950#clear mac-address-table restricted static
```

（5）命令的缩写形式

在使用配置命令时可以使用缩写形式，缩写的程度以不引起命令混淆为准，例如，Switch>enable，因为在 Switch>模式下以 en 开头的命令只有 enable 一个，所以该命令可以缩写为 en，ena，enab，enabl 等。Switch# 模式下以 con 开头的命令只有 configure，所以 configure 可以缩写为 con，conf，confi 等。因此 Switch# configure terminal 就可以缩写为 Switch# con t。

5.1.4　交换机的工作机制

前面已经介绍过交换机的工作机制，可以看成如下几个步骤：

（1）交换机根据收到数据帧中的源 MAC 地址建立该地址同交换机端口的映射，并将其写入 MAC 地址表中。

（2）交换机将数据帧中的目的 MAC 地址同已建立的 MAC 地址表进行比较，以决定由哪个端口进行转发。

（3）如果数据帧中的目的 MAC 地址不在 MAC 地址表中，则向所有端口转发。这一过程称为泛洪（flood）。

（4）广播帧和组播帧向所有的端口转发。

5.2　路由器的配置

路由器是网络互联的核心设备，下面介绍路由器的基础知识。

5.2.1　路由器基础知识

路由器是连接因特网中各局域网、广域网的设备，如图 5-5 所示，会根据信道的情况自动选择和设定路由，以最佳路径，按前后顺序发送信号。路由器是互联网络的枢纽。目前路由器已经广泛应用于各行各业，各种不同档次的产品已成为实现各种骨干网内部连接、骨干网间互联和骨干网与互联网互联互通业务的主力军。

图 5-5　路由器

从功能、性能和应用方面划分，路由器可分为以下 3 类：

（1）骨干路由器

骨干路由器是实现主干网络互联的关键设备，通常采用模块化结构，通过热备份、双电源、双数据通路等冗余技术提高可靠性，并且采用缓存技术和专用集成电路（ASIC）加快路由表的查找，使得背板交换能力达到几十 Gb/s，被称为线速路由器。

（2）企业级路由器

企业级路由器连接许多终端系统，提供通信分类、优先级控制、用户认证、多协议路由和快速自愈等功能，可以实现数据、语音、视频、网络管理和安全应用（VPN、入侵检测、URL 过滤等）等增值服务，对这类路由器的要求是实现高密度的 LAN 端口，同时支持多种业务。

（3）接入级路由器

接入级路由器也叫边缘路由器，主要用于连接小型企业的客户群，提供 1～2 个广域网端口卡（WIC），实现简单的信息传输功能，一般采用低档路由器即可。

路由器不仅能实现局域网之间的连接，还能实现局域网与广域网、广域网与广域网之间的相互连接。路由器与广域网连接的端口称为 WAN 端口，路由器与局域网连接的端口称为 LAN 端口。

5.2.2　路由器配置基础

路由器也可以采用类似交换机的本地 Console 口、Telnet 远程登录等多种方式进行配置。路由器的配置模式也分为用户模式、特权模式和全局模式。

用户模式仅允许基本的监测命令，在这种模式下不能改变路由器的配置。router>的命令提示符表示用户正处在用户模式下。用户模式一般只能允许用户显示路由器的信息而不能改变任何路由器的设置，要想使用所有的命令，就必须进入特权模式，在特权模式下，还可以进入到全局模式和其他特殊的配置模式，这些特殊模式都是全局模式的一个子集。

特权模式可以使用所有的配置命令，在用户模式下访问特权模式一般都需要一个密码，router#的命令提示符是指用户正处在特权模式下。当第一次启动成功后，路由器会出现用户模式提示符 router>。如果想进入特权模式，需要输入 enable 命令（第一次启动路由器时不需要密码）。这时，路由器的命令提示符变为 router#。

在进入特权模式后，可以在特权命令提示符下输入 configure terminal 命令来进入全局配置模式。在全局命令提示符下输入 interface 端口类型+端口号就可以进入相应的端口。

路由器的基本配置如下：

（1）进入特权模式

```
router > enable
router #
```

（2）进入全局配置模式

```
router > enable
router #configure terminal
router (config)#
```

（3）重命名

```
router > enable
router #configure terminal
router(config)#hostname routerA
routerA (config)#
```

（4）配置使能口令

```
router > enable
router #configure terminal
router(config)#hostname routerA
routerA (config)# enable password cisco
```

（5）配置使能密码

```
router > enable
router #configure terminal
router(config)#hostname routerA
routerA (config)# enable secret ciscolab
```

（6）进入路由器某一端口

```
router > enable
router #configure terminal
router(config)#hostname routerA
routerA (config)# interface fastethernet 0/1
routerA (config-if)#
```

（7）设置端口 IP 地址信息

```
router > enable
router #configure terminal
router(config)#hostname routerA
routerA(config)# interface fastethernet 0/1（以 1 端口为例）
routerA (config-if)#ip address 192.168.1.1 255.255.255.0（配置交换机端口 IP 和子网掩码）
routerA (config-if)#no shut（启动此接口）
routerA (config-if)#exit
```

（8）查看命令

```
router > enable
router # show version（查看系统中的所有版本信息）
show controllers serial + 编号（查看串口类型）
show ip route（查看路由器的路由表）
```

5.3 虚拟局域网

交换机的另一应用就是可以划分虚拟局域网（Virtual Local Area Network，VLAN）。很多企业在发展初期，人员较少，网络规模也较小，因此对网络的要求也不高，而且为了节约成本，很多企业网都采用了通过路由器实现分段的简单结构。在这样的网络下，局域网就是一个广播域，其中的每一台设备发出的数据包都成为一种广播数据包，可以被该段上的所有设备收到，而无论这些设备是否需要。网络中将传播过多的广播信息，严重影响了网络运行的速度，甚至会造成网络瘫痪，这就形成了所谓的"广播风暴"。随着企业规模的不断扩大，对局域网性能的要求也越来越高。另外，为了方便企业内部管理，经常要将不同部门的计算机划分开来，每个部门内部的计算机可以相互访问，而不同部门间的计算机则不能相互访问，这样，可以使企业重要部门之间的信息得到保护，防止非法入侵，增强网络的安全性。要解决这些新问题，需要更灵活地配置局域网，使企业网络内地理位置复杂的计算机设备的互连和管理不再受地理环境和位置的制约，因此就产生了虚拟局域网技术。

5.3.1 虚拟局域网概述

通过使用 VLAN，能够把原来一个物理的局域网划分成很多个逻辑意义上的子网，而不必考虑每台设备所处的具体物理位置，每一个 VLAN 都可以对应于一个逻辑单位，如部门、车间和项目组等。另外，交换机划分 VLAN 后，每一个 VLAN 都是一个独立的广播域，相同 VLAN 内的主机仍然以传统交换方式通信，感觉不到 VLAN 的存在，但不同 VLAN 中的主机不可以直接通信，必须通过路由器转发数据包。这样，通过划分 VLAN，可以把数据交换限制在各个虚拟网的范围内，从而减少整个网络范围内广播包的传输，提高网络的传输效率；同时各虚拟网之间必须通过路由器转发，起到了隔离端口的作用，增强了网络的安全性。由于 VLAN 可以充分利用网络资源，因而显著降低了设备成本。

总的来说，把物理网络划分成 VLAN 的优点如下。

（1）控制网络流量：一个 VLAN 内部的通信（包括广播通信）不会转发到其他 VLAN 中去，从而有助于控制广播风暴，减小冲突域，提高网络带宽的利用率。

（2）提高网络的安全性：可以通过配置 VLAN 之间的路由来提供广播过滤、安全和流量控制等功能。不同 VLAN 之间的通信受到限制，这样就提高了企业网络的安全性。

（3）灵活的网络管理：VLAN 机制使得工作组的划分可以突破地理位置的限制，而根据管理功能来划分。基于工作流的分组模式简化了网络规划和重组的管理功能。如果根据 MAC 地址划分 VLAN，用户可以在任何地方接入交换网络，实现移动办公。如果更改用户所属的 VLAN，则不必更换端口和连线，只需改变软件配置即可。

在划分成 VLAN 的交换网络中，交换机端口之间的连接分为两种：接入链路连接（Access-Link Connection）和中继连接（Trunk Connection），它们对应的口也可以称为 Access 访问口和 Trunk 中继口。接入链路只能连接具有标准以太网卡的设备，只能解释 IEEE 802.3 和 Ethernet II 格式的帧，也只能传送属于单个 VLAN 的数据包。任何连接到接入链路的设备都属于同一广播域，这意味着，如果有 10 个用户连接到一个集线器，而集线器被插入到交换机的接入链路端口，则这 10 个用户都属于该端口规定的 VLAN。

与接入链路连接不同，中继连接能够传送多个 VLAN 的数据包。为了支持中继连接，应该修改原来的以太网数据包，在其中加入 VLAN 标记，以区分属于不同 VLAN 的广播域。例如，VLAN1 中的设备发出一个广播包，这个广播包在交换网络中传送，所有的交换机都必须识别 VLAN1 的标识符，以便把该数据包转发到属于 VLAN1 的端口去。

中继链路是在一条物理连接上生成多个逻辑连接，每个逻辑连接属于一个 VLAN。在进入中继端口时，交换机在数据包中加入 VLAN 标记。这样，在中继链路另一端的交换机就不仅根据目标地址进行转发，而且要根据数据包所属的 VLAN 进行转发决策。图 5-6 中用不同的颜色表示不同 VLAN 的帧，这些帧共享一条中继链路。

图 5-6　接入链路和中继链路

为了与接入链路设备兼容，在数据包进入接入链路连接的设备时，交换机要删除 VLAN 标记，恢复原来的帧结构。添加和删除 VLAN 标记的过程是由交换机中的专用硬件（ASIC）自动实现的，处理速度比线速度快，不会引入太大的延迟。从用户的角度看，数据源产生标准的以太帧，目标接收的也是标准的以太帧，VLAN 标记对用户是透明的。

通常的 PC 机网卡不支持中继连接，不能识别带有 VLAN 标记的帧，但是也有的网卡支持中继连接。如果一个服务器要接受多个 VLAN 的访问，并直接连接在交换机上，则应该在服务器中插入支持中继连接的网卡，这种配置比通过路由器转发效率高。

5.3.2　虚拟局域网的基本配置

在交换机进行虚拟局域网（VLAN）的配置时通常采用如下几种方式：

1. 基于端口的 VLAN

基于端口的 VLAN 是根据以太网交换机的端口来划分的。通过软件将交换机的端口分别设置到相应的 VLAN 中去，处于同一个 VLAN 中的交换机端口所连接的设备属于同一个广播域，可以互相访问；处于不同 VLAN 中的交换机端口所连接的设备属于不同的广播域，不能直接互访。这样通过 VLAN 的划分分解了广播域，隔离了广播风暴。

❑ 优点：定义 VLAN 成员时非常简单，只需指定交换机的端口属于哪一个 VLAN 即可，和与端口相连的设备无关。

❑ 缺点：如果某用户离开了原来的端口，到了一个新的交换机端口，就必须重新定义新端口属于哪个 VLAN。

2. 基于 MAC 地址的 VLAN

基于 MAC 地址的 VLAN 是根据连接在交换机上主机的 MAC 地址来划分的。根据每台主机的 MAC 地址来设置相应的 VLAN，将不同的主机划分到相应的 VLAN 中去。这样，每台主机属于哪个 VLAN 只和其 MAC 地址有关，与所连接的交换机端口或者 IP 地址都没有关系。

❑ 优点：当用户改变物理位置（改变接入端口）时，不用重新配置。

❑ 缺点：当主机数量较多时，针对每台主机进行 VLAN 配置会使配置量增大。当用户 MAC 地址变化时（如笔记本电脑用户更换网络接口卡），常会迫使交换机更改原有配置。另外，用 MAC 地址来确定 VLAN 比较耗费时间，因此，这种方法现在很少使用。

3. 基于协议的 VLAN

基于协议的 VLAN 是根据网络中主机使用的网络协议（如 IP 协议和 IPX 协议）来划分的。由于目前大部分主机都使用 IP 协议，所以很难将广播域划分得更小，因此，这种划分方法在实际中应用得非常少。

目前，基于端口划分 VLAN 是使用最普遍的一种方法，也是目前所有交换机都支持的一种 VLAN 划分方法。下面通过两个具体的例子来了解虚拟局域网是如何配置的。

首先看一下同一个交换机划分不同 VLAN 的情况。如图 5-7 所示，某公司的人事处和财务处位于公司行政楼的同一层上，人事处的计算机和财务处的计算机都连接在同一个交换机上。公司已经为行政楼分配了固定的 IP 地址段，为了保证两个部门的相对独立，就需要划分对应的 VLAN，使交换机某些端口属于人事处，某些端口属于财务处，这样就能保证这两个部门之间的数据互不干扰，也不影响各自的通信效率。

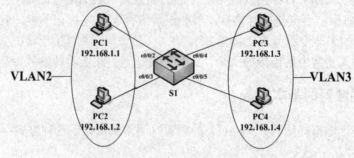

图 5-7　同一个交换机划分不同 VLAN

将 4 台 PC 机按图 5-7 所示分别连接到一台交换机相应的端口，将 PC1～PC4 的 IP 地址分别设置为 192.168.1.1～192.168.1.4，对交换机进行配置，配置命令如下：

```
switch>
switch>en
switch#conf t
switch(Config)#vlan 2                              //对交换机创建 vlan2
switch(Config-Vlan2)#exit
switch(Config)#vlan 3                              //对交换机创建 vlan3
switch(Config-Vlan3)#exit
switch(Config)#exit
switch#show vlan                                   //查看创建 vlan 后交换机的 vlan 状态信息
VLAN Name          Type       Media      Ports
---- ------------ ---------- --------- ----------------------------------------------------
1    default      Static     ENET      Ethernet0/0/1        Ethernet0/0/2
                                        Ethernet0/0/3        Ethernet0/0/4
                                        Ethernet0/0/5        Ethernet0/0/6
                                        Ethernet0/0/7        Ethernet0/0/8
                                        Ethernet0/0/9        Ethernet0/0/10
                                        Ethernet0/0/11       Ethernet0/0/12
                                        Ethernet0/0/13       Ethernet0/0/14
                                        Ethernet0/0/15       Ethernet0/0/16
                                        Ethernet0/0/17       Ethernet0/0/18
                                        Ethernet0/0/19       Ethernet0/0/20
                                        Ethernet0/0/21       Ethernet0/0/22
                                        Ethernet0/0/23       Ethernet0/0/24
                                        Ethernet0/1/1
2    VLAN0002     Static     ENET                          //表示已创建 vlan2、vlan3，此时
3    VLAN0003     Static     ENET                          //还未有端口放入新建的 vlan 中

switch(Config)#interface e0/0/2                    //选择交换机的 e0/0/2 端口
switch(Config-Ethernet0/0/2)#switchport access vlan 2   //将端口放入 vlan2
Set the port Ethernet0/0/2 access vlan 2 successfully
switch(Config-Ethernet0/0/2)#exit
switch(Config)#inter e0/0/3
switch(Config-Ethernet0/0/3)#switchport access vlan 2
Set the port Ethernet0/0/3 access vlan 2 successfully
switch(Config-Ethernet0/0/3)#exit
switch(Config)#inter e0/0/4
switch(Config-Ethernet0/0/4)#switch access vlan 3
Set the port Ethernet0/0/4 access vlan 3 successfully
switch(Config-Ethernet0/0/4)#exit
switch(Config)#inter e0/0/5
switch(Config-Ethernet0/0/5)#switch access vlan 3
Set the port Ethernet0/0/5 access vlan 3 successfully
switch(Config-Ethernet0/0/5)#exit
switch(Config)#exit
switch#show vlan                                   //查看将端口放入相应 vlan 后交换机的 vlan 状态信息

VLAN Name          Type       Media      Ports
---- ------------ ---------- --------- ----------------------------------------------------
1    default      Static     ENET      Ethernet0/0/1        Ethernet0/0/6
```

				Ethernet0/0/7	Ethernet0/0/8
				Ethernet0/0/9	Ethernet0/0/10
				Ethernet0/0/11	Ethernet0/0/12
				Ethernet0/0/13	Ethernet0/0/14
				Ethernet0/0/15	Ethernet0/0/16
				Ethernet0/0/17	Ethernet0/0/18
				Ethernet0/0/19	Ethernet0/0/20
				Ethernet0/0/21	Ethernet0/0/22
				Ethernet0/0/23	Ethernet0/0/24
				Ethernet0/1/1	
2	VLAN0002	Static	ENET	Ethernet0/0/2	Ethernet0/0/3
3	VLAN0003	Static	ENET	Ethernet0/0/4	Ethernet0/0/5

此时，PC1 和 PC2 可以相互 ping 通，PC3 和 PC4 可以相互 ping 通，PC1 和 PC3、PC4 和 PC2 都不能相互 ping 通。

下面来介绍一下跨交换机的 VLAN 划分情况。如图 5-8 所示，教学楼有两层，分别是一年级、二年级，每个楼层都有一台交换机满足老师上网需求；每个年级都有语文教研组和数学教研组；两个年级的语文教研组的计算机可以互相访问；两个年级的数学教研组的计算机也可以互相访问；语文教研组和数学教研组之间不可以自由访问。此时就可以采用这种跨交换机的 VLAN 划分方法来实现这个目标。

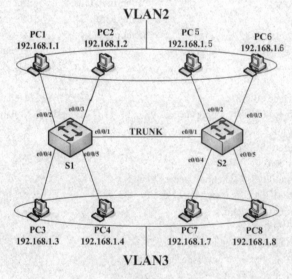

图 5-8　跨交换机的 VLAN 划分

将 8 台 PC 机按图 5-8 所示分别连接到两台交换机相应的端口，将 PC1～PC8 的 IP 地址分别设置为 192.168.1.1～192.168.1.8，并分别对两台交换机进行配置，使得 PC1、PC2、PC5、PC6 同属 VLAN2，PC3、PC4、PC7、PC8 同属 VLAN3，分别对两台交换机进行配置，第一台交换机的配置命令如下：

```
switch>
switch>en
switch#conf t
```

```
switch(Config)#hostname s1                    //为方便配置，将第一台交换机改名为 s1
s1(Config)#vlan 2
s1(Config-Vlan2)#exit
s1(Config)#vlan 3
s1(Config-Vlan3)#exit
s1(Config)#exit
s1#conf t
s1(Config)#inter e0/0/2
s1(Config-Ethernet0/0/2)#switch access vlan 2
Set the port Ethernet0/0/2 access vlan 2 successfully
s1(Config-Ethernet0/0/2)#exit
s1(Config)#inter e0/0/3
s1(Config-Ethernet0/0/3)#switch access vlan 2
Set the port Ethernet0/0/3 access vlan 2 successfully
s1(Config-Ethernet0/0/3)#exit
s1(Config)#inter e0/0/4
s1(Config-Ethernet0/0/4)#switch access vlan 3
Set the port Ethernet0/0/4 access vlan 3 successfully
s1(Config-Ethernet0/0/4)#exit
s1(Config)#inter e0/0/5
s1(Config-Ethernet0/0/5)#switch access vlan 3
Set the port Ethernet0/0/5 access vlan 3 successfully
s1(Config-Ethernet0/0/5)#exit
s1(Config)#inter e0/0/1
s1(Config-Ethernet0/0/1)#switch mode trunk          //配置 s1 的 e0/0/1 端口为 trunk 口
Set the port Ethernet0/0/1 mode TRUNK successfully
s1(Config-Ethernet0/0/1)#exit
s1(Config)#exit
s1#show vlan
```

VLAN	Name	Type	Media	Ports	
1	default	Static	ENET	Ethernet0/0/1(T)	Ethernet0/0/6
				Ethernet0/0/7	Ethernet0/0/8
				Ethernet0/0/9	Ethernet0/0/10
				Ethernet0/0/11	Ethernet0/0/12
				Ethernet0/0/13	Ethernet0/0/14
				Ethernet0/0/15	Ethernet0/0/16
				Ethernet0/0/17	Ethernet0/0/18
				Ethernet0/0/19	Ethernet0/0/20
				Ethernet0/0/21	Ethernet0/0/22
				Ethernet0/0/23	Ethernet0/0/24
				Ethernet0/1/1	
2	VLAN0002	Static	ENET	Ethernet0/0/1(T)	Ethernet0/0/2
				Ethernet0/0/3	
3	VLAN0003	Static	ENET	Ethernet0/0/1(T)	Ethernet0/0/4
				Ethernet0/0/5	

Note

第二台交换机的配置命令如下：

```
switch>
switch>en
switch#conf t
switch(Config)#hostname s2                          //将第二台交换机改名为 s2
s2(Config)#vlan 2
s2(Config-Vlan2)#exit
s2(Config)#vlan 3
s2(Config-Vlan3)#exit
s2(Config)#inter e0/0/2
s2(Config-Ethernet0/0/2)#switch access vlan 2
Set the port Ethernet0/0/2 access vlan 2 successfully
s2(Config-Ethernet0/0/2)#exit
s2(Config)#inter e0/0/3
s2(Config-Ethernet0/0/3)#switch access vlan 2
Set the port Ethernet0/0/3 access vlan 2 successfully
s2(Config-Ethernet0/0/3)#exit
s2(Config)#inter e0/0/4
s2(Config-Ethernet0/0/4)#switch access vlan 3
Set the port Ethernet0/0/4 access vlan 3 successfully
s2(Config-Ethernet0/0/4)#exit
s2(Config)#inter e0/0/5
s2(Config-Ethernet0/0/5)#switch access vlan 3
Set the port Ethernet0/0/5 access vlan 3 successfully
s2(Config-Ethernet0/0/5)#exit
s2(Config)#inter e0/0/1
s2(Config-Ethernet0/0/1)#switch mode trunk          //将 s2 的 e0/0/1 端口设置为 trunk 口
Set the port Ethernet0/0/1 mode TRUNK successfully
s2(Config-Ethernet0/0/1)#exit
s2(Config)#exit
s2#show vlan
```

VLAN	Name	Type	Media	Ports	
1	default	Static	ENET	Ethernet0/0/1(T)	Ethernet0/0/6
				Ethernet0/0/7	Ethernet0/0/8
				Ethernet0/0/9	Ethernet0/0/10
				Ethernet0/0/11	Ethernet0/0/12
				Ethernet0/0/13	Ethernet0/0/14
				Ethernet0/0/15	Ethernet0/0/16
				Ethernet0/0/17	Ethernet0/0/18
				Ethernet0/0/19	Ethernet0/0/20
				Ethernet0/0/21	Ethernet0/0/22
				Ethernet0/0/23	Ethernet0/0/24
				Ethernet0/1/1	
2	VLAN0002	Static	ENET	Ethernet0/0/1(T)	Ethernet0/0/2

| 3 | VLAN0003 | Static | ENET | Ethernet0/0/3
Ethernet0/0/1(T)
Ethernet0/0/5 | Ethernet0/0/4 |

此时，不管 PC 机在哪个交换机上，属于同一个 VLAN 的 PC 可以相互 ping 通，不属于同一个 VLAN 的 PC 不能相互 ping 通。

5.3.3 虚拟局域网中数据的转发

交换机通过 MAC 地址表进行数据转发，而引入 VLAN 后，交换机在 MAC 地址表中增加了 VLAN 信息，也就是说交换机对每个 VLAN 都维护一个本 VLAN 的 MAC 地址表，在数据转发时先在同一 VLAN 的 MAC 地址表中，根据数据帧中的目的 MAC 地址进行查找，若有匹配项，就进行转发；若无匹配项，就向此 VLAN 网关或其他网段（不同的 VLAN）进行路由表的查询。

1. 同一 VLAN 不同交换机间的数据转发

VLAN 的主机之间可以自由进行通信，当 VLAN 内的成员分布在多台交换机上时，使用 Trunk 进行通信。

2. 不同 VLAN 间的数据转发

若要实现不同 VLAN 间的通信，就必须为 VLAN 设置路由或通过三层交换机来实现。

（1）使用单臂路由实现不同 VLAN 之间的数据转发

对于没有路由功能的二层交换机，若要实现 VLAN 间的相互通信，就要借助外部的路由器（单臂路由）来为 VLAN 指定默认路由，此时路由器的快速以太网接口与交换机的快速以太网端口应以汇聚链路的方式相连，并在路由器的快速以太网接口上为每一个 VLAN 创建一个对应的逻辑子接口，并设置逻辑子接口的 IP 地址，该 IP 地址以后就成为该 VLAN 的默认网关（路由）。由于这些逻辑子接口是直接连接在路由器上的，一旦每个逻辑子接口设置了 IP 地址，路由器就会自动在路由表中为各 VLAN 添加路由，从而实现 VLAN 间的路由转发，如图 5-9 所示。

如果路由器的两个或多个接口分别连接不同的二层交换机，每台二层交换机都划分了多个 VLAN，则在路由器的每个接口上定义单臂路由，使所有二层交换机不同的 VLAN 之间相互通信。路由器的不同接口所连接的不同交换机的 VLAN 必须不同，否则同一子网在路由器的不同的接口上，这是不允许的，因为路由器的接口必须连接不同的网络，路由器的功能就是实现不同网络之间的数据转发。

（2）使用三层交换机实现不同 VLAN 之间的数据转发

由于路由器的接口较少，这种方式连接的下级二层交换机数量有限，从而网络数量也有限，因此实际应用中多采用三层交换机取代路由器，完成多个网络之间的数据转发，如图 5-10 所示。

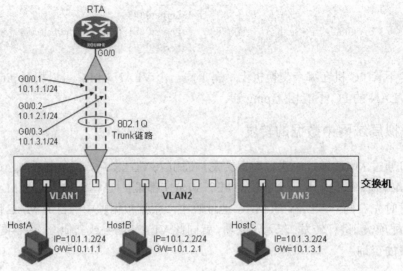

图 5-9　单臂路由

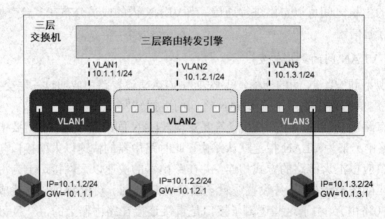

图 5-10　三层交换机实现不同 VLAN 间数据的转发

5.3.4　三层交换技术

　　三层交换技术（也称多层交换技术，或 IP 交换技术）是相对于传统交换概念提出的。众所周知，传统的交换技术是在 OSI 参考模型中的第二层，即数据链路层进行操作的，而三层交换技术在 OSI 参考模型中的第三层——网络层中实现了分组的高速转发。

　　简单地说，三层交换技术就是"二层交换技术+三层转发技术"。三层交换技术的出现，解决了局域网中网段划分之后网段中的子网必须依赖路由器进行管理的局面，解决了传统路由器低速、复杂所造成的网络瓶颈问题。一个具有三层交换功能的设备，是一个带有第三层路由功能的第二层交换机，它是两者的有机结合，而不是简单地把路由器设备的硬件及软件叠加在局域网交换机上。

　　在今天的网络建设中，三层交换机已成为人们的首选。它以其高效的性能、优良的性价比得到用户的认可和赞许。目前，三层交换机在企业网或校园网建设、智能社区接入等许多场合中得到了大量的应用，市场的需求和技术的更新推动这种应用向纵深发展。

5.3.5 虚拟局域网的综合配置

下面通过一个例子来学习虚拟局域网的综合配置。

如图 5-11 所示，用一台路由器的一个以太网接口与三层交换机相连，在三层交换机上连接了不同的子网，使各个子网能够访问路由器所连接的外网。

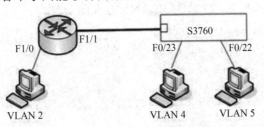

图 5-11 路由器连接的多层结构

说明：VLAN1 为交换机默认 VLAN。

在图 5-11 中，在路由器端口 F1/1 上连接一台三层交换机，在三层交换机上划分两个不同的虚拟局域网 VLAN4 和 VLAN5，代表不同的局域网内网的各个子网。其中，VLAN4 为 192.168.4.0/24 网段，网关为 192.168.4.254，其计算机的 IP 地址为 192.168.4.4。VLAN5 为 192.168.5.0/24 网段，网关为 192.168.5.254，其计算机的 IP 地址为 192.168.5.5。在路由器另一端口 F1/0 上连接了另一台 PC 机，IP 地址为 192.168.0.2，所属 VLAN 为 VLAN2，代表外部的网络。

由上例可知，定义三层交换机上的 F0/23 端口可以有以下 3 种情况：

（1）当该端口设置为属于 VLAN1 的 Access 口时，路由器的 F1/1 与 VLAN1 在同一网段，在三层交换机上设置默认路由到下一跳的地址（F1/1 的端口地址），并定义每一个 VLAN 的交换机虚拟接口（Switch Virtual Interface，SVI），使各子网可以通过三层交换机互相访问。

（2）当该端口设置为 Trunk 口时，能使所有 VLAN 数据通过，因而无论是 VLAN4，还是 VLAN5，都会将自己的数据包发给此 Trunk 口，从而增加了路由器处理这些仅需内部交换的数据包的负担。但是如果内网之间相互访问很少，大多是访问外网，且即使内网相互访问也要受到限制时，就可以通过路由器来转发各子网间的数据，并定义访问控制列表（目前有些三层交换机不支持子网间的访问控制），此时是把三层交换机当二层交换机使用。

（3）当该端口设置为三层口时将三层交换机当作一台路由器使用，三层交换机与路由器之间通过三层路由协议互相进行路由学习，从而实现全网互通。三层交换机内的子网通过二层转发或 SVI 三层路由实现互通，而外部网络则通过路由表进行转发。

下面给出配置的参考步骤：

1. 路由器的主要配置

```
R1(config)# interface FastEthernet 1/0
R1 (config-if)# ip address 192.168.0.254 255.255.255.0
R1 (config)# interface FastEthernet 1/1
R1 (config-if)# ip address 192.168.1.1 255.255.255.0
```

定义两条静态路由：

```
R1 (config)# ip route 192.168.4.0 255.255.255.0 192.168.1.2
R1 (config)# ip route 192.168.5.0 255.255.255.0 192.168.1.2
```

2. 三层交换机中 F0/23 口的配置（分 3 种情况）

（1）设置三层交换机 F0/23 口为 VLAN1 的 Access 端口：

```
S1(config)# interface F0/23
S1 (config-if)# switchport mode access
S1 (config-if)# switchport access vlan 1
S1 (config)# interface VLAN 1
S1 (config-if)# ip address 192.168.1.2 255.255.255.0
```

（2）设置三层交换机 F0/23 口为 Trunk 端口：

```
S1 (config)# interface F0/23
S1 (config-if)# switchport mode trunk
S1 (config)# interface VLAN 1
S1 (config-if)# ip address 192.168.1.2 255.255.255.0
```

（3）设置三层交换机 F0/23 口为三层路由端口：

```
S1 (config)# interface F0/23
S1 (config-if)# no switchport
S1 (config-if)# ip address 192.168.1.2 255.255.255.0
```

3. 三层交换机中其他配置

```
S1 (config)# interface VLAN 4
S1 (config-if)# ip address 192.168.4.254 255.255.255.0
S1 (config)# interface VLAN 5
S1 (config-if)# ip address 192.168.5.254 255.255.255.0
```

定义一条静态路由：

```
S1 (config)# ip route    192.168.0.0 255.255.255.0    192.168.1.1
```

或定义一条默认路由：

```
S1 (config)# ip route    0.0.0.0    0.0.0.0    192.168.1.1
```

此时，在各计算机上使不同 VLAN 中的计算机都能相互 ping 通并且在路由器上也能 ping 通其余各计算机。

5.4　静态路由和默认路由

路由器中的路由表项分为直连路由、静态路由和动态路由。

Note

其中，静态路由是在路由器中设置固定的路由表，即指定固定的传输路径，除非网络管理干预，否则将不会自动更改。所以当网络的拓扑结构或链路的状态发生变化时，需要手动修改路由表中相关的静态路由信息。静态路由信息在默认情况下是私有的，不会传递给其他路由器。当然，网络管理员也可以通过对路由器进行设置使之成为共享的。通过配置静态路由，可以人为地指定对某一网络访问时所要经过的路径。在网络结构比较简单，并且到达某一网络只有唯一路径时，均采用静态路由。静态路由的效率最高，系统性能占用最少。对于企业网络而言，往往只有一条连接至 Internet 的链路，因此，最适合使用静态路由。

静态路由协议的优点是显而易见的，由于是人工手动设置的，所以具有设置简单、传输效率高、性能可靠等优点，在所有的路由协议中优先级是最高的，当静态路由协议与其他路由协议发生冲突时，会自动以静态路由为准。静态路由一般适用于路由器数量比较少的小型网络，在这样的环境中，网络管理员易于清楚地了解网络的拓扑结构，便于设置正确的路由信息。

默认路由是一种特殊的路由，可以通过静态路由配置。简单地说，默认路由就是在没有找到匹配的路由表入口项时才使用的路由。即只有当没有合适的路由时，默认路由才被使用。在路由表中，默认路由以到网络 0.0.0.0（掩码为 0.0.0.0）的路由形式出现。如果报文的目的地址不能与路由表的任何入口项相匹配，那么该报文将选取默认路由。如果没有默认路由且报文的目的地不在路由表中，那么该报文被丢弃的同时，将向源端返回一个 ICMP 报文报告该目的地址或网络不可达。某些动态路由协议也可以生成默认路由，如 OSPF。

5.4.1　IP 路由原理

当 IP 子网中的一台主机发送 IP 数据包给同一 IP 子网的另一台主机时，直接把 IP 数据包发送到网络上，对方就能收到。而要发送给不同 IP 子网上的主机时，则要选择一个能到达目的子网的路由器，把 IP 数据包转发给该路由器，由路由器负责把 IP 数据包发送到目的地。如果没有找到这样的路由器，主机就把 IP 数据包发送到一个称为"默认网关"的路由器上。"默认网关"是每台主机上的一个配置参数，如图 5-12 所示。一般情况下，默认网关是接在同一个网络上的某个路由器端口的 IP 地址。

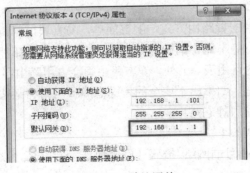

图 5-12　默认网关

路由器转发 IP 数据包时，只根据 IP 数据包的目的 IP 地址的网络号部分来选择合适的端口，把 IP 数据包转发出去。同主机一样，路由器也要判断端口所连接的是否为目的子网，如果是，就直接把 IP 数据包通过端口发送到网络上，否则需要选择下一个路由器来传送 IP 数据包。路由器也有默认网关，用来传送不知道该向何处发送的 IP 数据包。这样，通过路由器把知道如何传送的 IP 数据包正确地转发出去，把不知道如何发送的 IP 数据包发送给默认网关路由器，按照这样的方法将数据包一级接着一级地进行传送，最终将 IP 数据包发送到目的地，无法发送到目的地的 IP 数据包则被网络丢弃。

Internet 可以看成是成千上万个 IP 子网通过路由器互连起来的国际性网络。这种网络称为以路由器为基础的网络，形成了以路由器为节点的"网间网"。在网间网中，路由器不仅负责对 IP 数据包的转发，还要负责与别的路由器进行联络，共同确定网间网的路由选择和维护路由表。

IP 路由包括两项基本内容：寻址和转发。寻址就是判定到达目的地的最佳路径，由路由选择算法来实现。由于涉及不同的路由选择协议和路由选择算法，因此寻址要相对复杂一些。为了判定最佳路径，路由选择算法必须启动并维护包含路由信息的路由表，其中，路由信息因所用的路由选择算法不同而不同。路由选择算法将收集到的不同信息填入路由表中，根据路由表可将目的网络与下一跳的关系告诉路由器。路由器间互通信息进行路由更新，更新维护路由表，使之正确反映网络的拓扑变化，并由路由器根据量度来决定最佳路径。这就是路由选择协议，例如，路由信息协议（RIP）、开放式最短路径优先协议（OSPF）和边界网关协议（BGP）等。

转发就是 IP 数据包沿着已经选择的最佳路径进行传送。路由器首先在路由表中查找，判明是否知道如何将分组发送到下一个站点（路由器或主机），如果路由器不知道如何发送 IP 数据包，通常将该数据包丢弃，否则就根据路由表的相应表项将 IP 数据包发送到下一个站点。如果目的网络直接与路由器相连，路由器就把分组直接发送到相应的端口上，这就是路由转发协议。

路由转发协议和路由选择协议是相互配合又相互独立的概念，前者使用后者维护的路由表，同时后者要利用前者提供的功能来发布路由协议数据包。一般情况下提到的路由协议，都是指路由选择协议。

5.4.2 静态路由

静态路由是最原始的配置路由方式，配置简单，易管理，但是耗时，一般用于小型企业或者中等偏小型企业。静态路由的缺点是不能动态反映网络拓扑，当网络拓扑发生变化时，管理员必须手工改变路由表。另外，静态路由不会占用路由器太多的 CPU 和 RAM 资源，也不占用线路的带宽。如果出于安全的考虑想隐藏网络的某些部分，或者管理员想控制数据转发路径，也会使用静态路由。

静态路由的配置方式如下：

（1）使用"ip router 目的网络 掩码 {网关地址 接口}"命令

例如：

```
ip router 192.168.1.0 255.255.255.0 s0/0
```

该配置命令的含义是：当 IP 包的目的网段为 192.168.1.0 时，路由器就将这个数据包从接口 s0/0 中转发出去。

（2）输入命令

```
ip router 192.168.1.0 255.255.255.0 192.168.2.0
```

Note

该配置命令的含义是：当 IP 包的目的网段为 192.168.1.0 时，路由器就将这个数据包转发到 192.168.2.0 网段上。

在配置静态路由时，如果链路是点到点的链路（例如，PPP 封装的链路），采用网关地址和接口都是可以的（1 和 2 配置方式均可）；但是如果链路是多路访问的链路（例如以太网），则只能采用网关地址（第 2 种配置方式）。

静态路由的具体配置方法如图 5-13 所示，主机 A 的 IP 地址为 192.168.101.2/24，默认网关地址为 192.168.101.1；主机 B 的 IP 地址为 192.168.100.2/24，默认网关地址为 192.168.100.1；路由器 R1 的主机名为 router1，以太网端口地址为 192.168.101.1/24，串口地址为 192.168.1.1/24；路由器 R2 的主机名为 router2，以太网端口地址为 192.168.100.1/24，串口地址为 192.168.1.2/24。用 DCE 电缆连接 R1 路由器，串行链路的数据速率为 64Kb/s。要求配置路由器为静态路由，使得所有设备可以 ping 通。

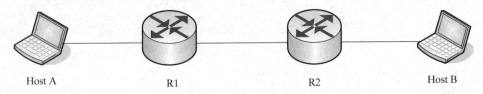

图 5-13　静态路由的配置

部分参考配置命令如下。

路由器 R1 上的配置命令：

```
hostname router1
interface Ethernet0
ip address 192.168.101.1 255.255.255.0
no shut
interface Serier0
ip address 192.168.1.1 255.255.255.0
clock rate 64000
no shut
ip route 192.168.100.0 255.255.255.0 192.168.1.2
```

路由器 R2 上的配置命令：

```
hostname router2
interface Ethernet0
ip address 192.168.100.1 255.255.255.0
no shut
interface Serier0
ip address 192.168.1.2 255.255.255.0
```

```
no shut
ip route 192.168.101.0 255.255.255.0 192.168.1.1
```

思 考 题

1．从广义上讲交换机分为哪两种？分别应用于哪些领域？

2．如何解决传统的共享以太网极大地受到计算机数量的影响的问题？

3．简述交换机的基本配置过程。

4．交换机的工作机制分为哪几个步骤？

5．简述路由器的基本配置过程。

6．请结合自己的理解，谈谈把物理网络划分成 VLAN 具有什么优势。

7．在交换机进行虚拟局域网（VLAN）的配置过程中通常采用哪些方式？简述其分别具有什么优势和不足。

8．简述 IP 路由工作原理。

9．在什么情况下应采用静态路由配置方式？静态路由有什么不足之处？

第6章

Internet 接入技术

随着通信、计算机、图像处理等技术的进步，电信网、有线电视网和计算机网都在向宽带高速的方向发展，各网络所能提供的业务类型也越来越多，网络功能也越来越接近，三网的专业性界限已逐渐消失，"三网合一"已是大势所趋。为了满足用户的需求，各网络服务商（ISP）根据自身网络发展的状况，推出了各种不同的接入 Internet 的方式。

网络接入技术通常是指一个 PC 机或局域网与 Internet 相互连接的技术，或者是两个远程局域网之间的相互连接技术。

6.1　企业用户接入 Internet

企业级用户是以局域网或广域网规模接入到 Internet，其接入方式多采用专线入网。专线接入的速率比拨号接入的速率要大得多，一般为 64Kb/s～10Mb/s。目前各地电信部分和 ISP 为企业级用户提供了如下的入网方式：通过 DDN 专线接入 Internet，通过分组网接入 Internet，通过帧中继接入 Internet，通过微波无线接入 Internet，通过光纤接入 Internet 等。

6.1.1　DDN 接入 Internet

DDN（Digital Data Network，数字数据网）是一种利用数字信道传输数据信号的数据传输网，适用于网络的实时连接，是点对点的连接方式。其传输速率一般为 64Kb/s 或128Kb/s。其传输媒介有光缆、数字微波、卫星信道以及用户端可用的普通电话电缆和双绞线，在我国电信公司为用户开放的接入线路主要是普通电话电缆。

DDN 具有以下 3 个特点：

❑ DDN 是同步数据传输网，可根据与用户所定协议，定时接通所需路由。
❑ 传输速率高，网络延时小。用户数据信息根据事先约定的协议，在固定的时隙以预先设定的通道带宽和速率顺序传输，这样只需要按时隙识别通道，就可以准确地将数据信息送到目的终端。由于信息是顺序到达目的终端，免去了目的终端对信息的重组。
❑ DDN 为全透明网，支持多种通信协议，支持网络层以及其上任何协议，从而可满足数据、图像、声音等各种业务的需要。

DDN 作为一种数据业务的承载网络，不仅可以实现用户终端的接入，而且可以满足用户网络的互联，扩大信息的交换与应用范围。用户网络可以是局域网、专用数字数据网、分组交换网、用户交换机以及其他用户网络。企业用户一般选择的入网方式有以下几种：局域网利用 DDN 互联、专用 DDN 与公用 DDN 互联、分组交换网与 DDN 互联、用户交换机与 DDN 互联。

1. 局域网利用 DDN 互联

局域网利用 DDN 互联可通过网桥或路由器等设备完成，其互联接口采用 ITU-TG.703 或 V.35、X.21 标准，这种连接本质上是局域网与局域网的互联，如图 6-1 所示。

网桥将一个网络上接收的报文存储、转发到其他网络上，由 DDN 实现局域网之间的互联。网桥的作用就是把 LAN 在链路层上进行协议的转换，进而使之连接起来。

路由器具有网际路由功能，通过路由选择转发不同子网的报文。通过路由器，DDN 可实现多个局域网互联。

2. 专用 DDN 与公用 DDN 互联

专用 DDN 与公用 DDN 在本质上没有什么不同，它是公用 DDN 的有益补充。专用 DDN 覆盖的地理区域有限，一般为某单一组织所专有，结构简单，由专网单位自行管理。由于专用 DDN 的局限性，其功能实现、数据交流的广度都不如公用 DDN，所以，专用 DDN 与公用 DDN 互联有深远的意义。

专用 DDN 与公用 DDN 互联有不同的方式，可以采用 V.24、V.35、X.21 标准，也可以采用 G.703 2048Kb/s 标准，如图 6-2 所示。具体互联时对信道的传输速率、接口标准以及所经路由等方面的要求可按专用 DDN 需要确定。

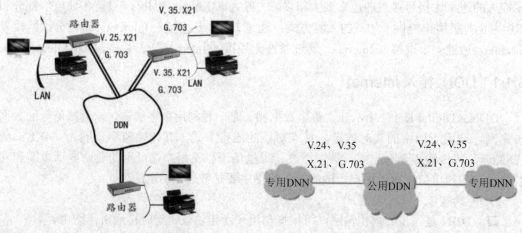

图 6-1　局域网通过 DDN 互联　　　　图 6-2　专用 DDN 与公用 DDN 互联

由于 DDN 采用同步方式工作，为保证网络正常工作，专用 DDN 应从公用 DDN 获取时钟同步信号。

3. 分组交换网与 DDN 互联

分组交换网可以提供不同速率、高质量的数据通信业务，适用于短报文和低密度的数据通信；而 DDN 传输速率高，适用于实时性要求高的数据通信，分组交换网和 DDN 可以在业务上进行互补。

DDN 上的客户与分组交换网上的客户相互进行通信，首先要实现两网采用 X.25 或

X.28 接口规程，DDN 的终端在这里相当于分组交换网的一个远程直通客户，如图 6-3 所示，其传输速率满足分组交换网的要求。

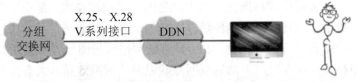

图 6-3　远程客户通过 DDN 接入分组交换网

　　DDN 不仅可以为分组交换网的远程客户提供数据传输通道，还可以为分组交换机局间中继线提供传输通道，为分组交换机互连提供良好的条件。DDN 与分组交换网的互联接口标准采用 G.703 或 V.35，如图 6-4 所示。

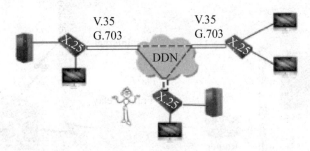

图 6-4　分组交换机通过 DDN 互连

4. 用户交换机与 DDN 的互联

用户交换网与 DDN 的互联可分为两个方面，如图 6-5 所示。

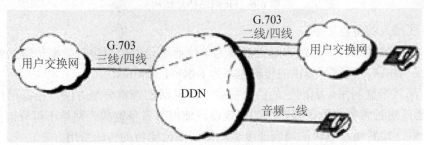

图 6-5　用户交换机与 DDN 互联

　　（1）利用 DDN 的语音功能，为用户交换机解决远程客户传输问题（如果采用传统模拟线来传输，就会超过传输衰减限制，影响通话质量），与 DDN 的连接采用音频二线接口。
　　（2）利用 DDN 本身的传输能力，为用户交换机提供所需的局间中继线，此时与 DDN 互连采用 G.703 或音频二线／四线接口。

6.1.2　FR（帧中继）接入

　　FR（Frame Relay）是一种用于连接计算机系统的面向分组的通信方法，它是从 X.25 分组通信技术演变而来的。帧中继在使用复用技术时，其传输速率可以高达 44.6Mb/s。帧中继的主要应用是局域网之间的互联，特别适合于大中型局域网通过广域网进行互联或接入 Internet。

帧中继是综合业务数字网标准化过程中产生的一种重要技术，是在用户和网络接口之间提供用户信息流的双向传送，并保持顺序不变的一种承载业务，用户信息以帧为单位进行传输，并对用户信息进行统计复用。FR 具有低网络时延、低设备费用和高带宽利用率等优点，主要用在公共或专用网上的局域网互联以及广域网连接。大多数公共电信局都提供帧中继服务，将其作为建立高性能的虚拟广域连接的一种途径。帧中继是进入带宽范围为 56Kb/s～1.544Mb/s 的广域分组交换网的用户接口，经过特别设计以解决可变长度的突发数据和不可预见信息的高效传输问题。FR 网络拓扑结构如图 6-6 所示。

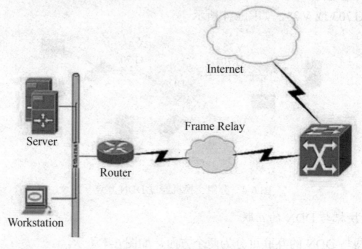

图 6-6　FR 网络拓扑结构

FR 专线接入的特点如下。

（1）高传输速率。以分组容量大的帧为单位而不是以分组进行数据传输，对中间节点不进行误码纠错，目前可提供的传输速率为 64Kb/s～2Mb/s。

（2）高效带宽利用。面向包的协议提供一种灵活的带宽分配方法，根据用户需要对不同的信息流进行带宽分配。帧中继的有效设计使得节省带宽成为网络不可分割的部分。

（3）低连接费用。更快的响应速度也能降低单位比特的传输费用。

（4）突发传送。用户若有突发性数据处理要求，在网络允许范围内，可以使用比其申请的 CIR（即承诺信息速率）更高的传输率。

（5）传输功能强。可支持数据、图像、语音、传真等多媒体业务的传输。

（6）兼容性高。兼容 X.25、SNA、DECENT、TCP/IP 等多种网络协议，可为各种网络提供快速、稳定的连接。

（7）通过高速的国际互联网通道，用户可构筑自己的 Internet、Web 网站、E-mail 系统。

（8）网络的整体接入使局域网用户均可共享互联网资源，实现每天 24 小时全天候的信息发布，专线用户可免费得到 Internet 合法的 IP 地址及免费域名。

（9）提供详细的计费、网管的支持，通过防火墙等技术保护用户网络免受不良侵害。

（10）采用虚电路技术而不采用存储转发技术，时延小、传输速率高、数据吞吐量大。

（11）通过 VPN（Virtual Private Network，虚拟私用网络）功能，利用首创网络综合信息平台，实现安全、可靠的企业网的国际网络互联，从而构建起企业的国际私有互联网络。

在帧中继网上具有一个高速端口，用户申请一条帧中继线路连到的端口，即可实现与 Internet 的连接。连接方式有如下两种：

（1）用户通过直通电路接入帧中继网，连到本公司的帧中继端口，接入 Internet。

（2）用户通过 DDN 专线接入帧中继网，连到本公司的帧中继端口，接入 Internet。

帧中继指的是通过数字网接口传送"帧"或信息块的技术，该数据网接口通过为每一帧分配的连接编号来区分单个连接。在网络的边界，这个编号可区分信息源的终端目标。实际上，帧中继允许数据信息沿网络"高速公路"快速传输，以最少的处理通过交换网点，因此，帧中继成为当今局域网（LAN）互联、局域网与广域网（WAN）连接等应用的理想解决方案。

6.1.3　光纤接入

光纤接入（Fiber to the Building）指光纤到楼，另外还有光纤到户（FTTP/FTTH），即将光缆一直扩展到家庭或企业等光纤是宽带网络中多种传输媒介中最理想的一种，其特点是传输容量大，传输质量好，损耗小，中继距离长等。

1. 光纤接入的概念

光纤接入是指局端与用户之间完全以光纤作为传输媒体。光纤接入可以分为有源光接入和无源光接入。光纤用户网的主要技术是光波传输技术。光纤传输的复用技术发展相当快，多数已处于实用化阶段。复用技术用得最多的有时分复用（TDM）、波分复用（WDM）、频分复用（FDM）、码分复用（CDM）等。根据光纤深入用户的程度，可分为 FTTC（光纤到路边）、FTTZ（光纤到小区）、FTTO（光纤到办公室）、FTTB（光纤到楼）、FTTH（光纤到户）等。光纤通信不同于有线电通信，后者是利用金属媒体传输信号，光纤通信则是利用透明的光纤传输光波。虽然光和电都是电磁波，但频率范围相差很大。一般通信电缆最高使用频率为 9MHz～24MHz（10^6Hz），光纤工作频率在 10^{14}Hz～10^{15}Hz 之间。

光纤接入网是指以光纤为传输介质的网络环境，光纤接入网的拓扑结构如图 6-7 所示。光纤接入网从技术上可分为两大类：有源光网络（Active Optical Network，AON）和无源光网络（Passive Optical Network，PON）。有源光网络又可分为基于 SDH 的 AON 和基于 PDH 的 AON；无源光网络可分为窄带 PON 和宽带 PON。

由于光纤接入网使用的传输媒介是光纤，因此根据光纤深入用户群的程度，可将光纤接入网分为 FTTC、FTTB 和 FTTH，统称为 FTTx。FTTx 不是具体的接入技术，而是光纤在接入网中的推进程度或使用策略。

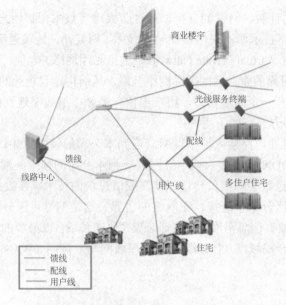

图 6-7　光纤接入网的拓扑结构

2. 接入结构

接入环路的 3 种系统结构分别为 FTTC、FTTN 和 FTTH。

FTTC 主要为住宅用户提供服务。ONU 放置在路边，从 ONU 出来的同轴电缆用于传送视像业务，双绞线用于传送普通电话业务，每个 ONU 一般可为 8～32 个用户服务，适合为独门独院的用户提供各种宽带业务，如 VOD 等。

FTTN 分为两种：FTTZ（光纤到小区）和 FTTO（光纤到办公室）。FTTZ 是为公寓大楼用户服务，实际上只是把 FTTC 中的 ONU 从路边移至公寓大楼内；FTTO 是为办公大楼服务的，ONU 设置在大楼内的配线箱处，为大中型企事业单位及商业用户服务，可提供高速数据、电子商务、可视图文、远程医疗、远程教育等宽带业务。FTTN 与 FTTC 并没有什么根本不同，两者的差异在于服务的对象不同，因而所提供的业务不同，ONU 后面所采用的传输媒介也有所不同。

FTTH 则是将 ONU 放置在住户家中，由住户专用，为家庭提供各种综合宽带业务，如 VOD、居家购物、多方可视游戏等。

在网络发展过程中，每种结构都有其适用范围和优势，而在向全业务演进的过程中，每种结构都是关键的一环。FTTN 给人们带来的好处是将光纤进一步推向用户网络，建立起一个连接互联网的平台，能提供语音、高速数据和视频业务给众多的家庭而不需要完全重建接入环路和分配网络。根据需求，可以在光纤节点处增加一个插件，即可提供所需业务。在因业务驱动或网络重建使光纤节点移到路边（FTTC）或家庭（FTTH）之前，FTTN 将叠加于并利用现有的铜线分配网络。

这种网络结构的基本要求是为了提供宽带或视频业务，节点与住宅的距离应当在 1219.2m～1524m 的范围内。而当今的节点一般的服务距离可达 3657.6m。因此，每个服务区需要安装 3～5 个 FTTN 节点。

FTTC 或 FATH 光纤（光纤几乎到家）比 FTTN 优点多。当采用 FTTC 重建现有网络时，可消除由电缆传输带来的误差，使光纤更深入到用户网络中，这可减少潜在的网络问题的发生和由于现场操作引起的性能恶化。FTTC 是最健壮和"可部署的"的网络，是将来可演进到 FTTH 的网络，同样是新建区和重建区最经济的网络建设方案。

这种网络结构的一个缺点是需要提供铜线供电系统。一个位于局端的远程供电系统能给 50～100 个路边光网络单元供电，每个路边节点采用单独的供电单元，代价非常高，而且在持久停电时不能满足长期业务要求。

作为提供光纤到家的最终网络形式，FTTH 去掉了整个铜线设施：馈线、配线和引入线。对于所有的宽带应用而言，这种结构是最健壮和长久的未来解决方案。FTTH 还去掉了铜线所需要的所有维护工作并大大延长了网络寿命。

网络的连接末端是用户住宅设备。在用户家里，需要一个网络终接设备将带宽和数据流转换成可接收的视频信号（NTSC 或 PAL 制）或数据连接（10 兆以太网）。有两种设备可采用非对称数字用户线（ADSL 和 G.Lite 调制解调器，用于数据业务和 Internet 接入，或处理宽带的 VDSL 住宅网关，用于视频和数据业务）。

与局端 HDT 一样，住宅网关（RG）设备是家庭内所有业务的接洽平台，提供网络连接以及将所有业务分配给住宅的各个网关。RG 设备是所有网络结构（包括 FTTN、FTTC 和 FTTH）的网络接口，因此能适应各种配置的平滑过渡。

3. 接入步骤

（1）在客户端使用普通的路由器（例如华为 2621）串行接口与客户端光纤 Modem 相连。

（2）客户端光纤 Modem 通过光纤直接与离客户端最近的城域网节点的光纤 Modem 相连。

（3）最后通过 ISP 公司的骨干网出口接入到 Internet。

4. 接入方式

光纤接入能够确保向用户提供 10MB/s、100MB/s、1000MB/s 的高速带宽，可直接汇接到 CHINANET 骨干节点，主要适用于商业集团用户和智能化小区局域网接入 Internet 实现高速互联。可向用户提供以下几种具体接入方式。

（1）光纤+以太网接入

适用对象：已做好或便于综合布线及系统集成的小区住宅与商务楼宇等。

所需的主要网络产品：交换机、集线器和超五类线等。

（2）光纤+HOMPEPNA

适用对象：未做好或不便于综合布线及系统集成的小区住宅与酒店楼宇等。

所需的主要网络产品：HOMEPNA 专用交换机（Hub）和 HOMEPNA 专用终端产品（Modem）等。

（3）光纤+VDSL

适用对象：未做好或不便于综合布线及系统集成的小区住宅与酒店楼宇等。

所需的主要网络产品：VDSL 专用交换机和 VDSL 专用终端产品。

（4）光纤+五类缆接入（FTTx+LAN）

以"千兆到小区、百兆到大楼、十兆到用户"为实现基础的光纤+五类缆接入方式尤其适合我国国情，主要适用于用户相对集中的住宅小区、企事业单位和大专院校。FTTx是光纤传输到路边、小区或大楼，LAN为局域网。主要对住宅小区、高级写字楼及大专院校教师和学生宿舍等有宽带上网需求的用户进行综合布线，个人用户或企业单位就可通过连接到用户计算机内以太网卡的五类网线实现高速上网和高速互联。

（5）光纤直接接入

是为有独享光纤高速上网需求的大企事业单位或集团用户提供的，传输带宽2M起，根据用户需求，带宽可以达到千兆或更大。

业务特点：可根据用户群体对不同速率的需求，实现高速上网或企业局域网间的高速互联。同时由于光纤接入方式的上传和下载都有很高的带宽，尤其适合开展远程教学、远程医疗、视频会议等对外信息发布量较大的网上应用。

适合的用户群体：居住在已经或便于进行综合布线的住宅、小区和写字楼的较集中的用户；有独享光纤需求的大企事业单位或集团用户。

5．光纤设备

（1）有源光网络

顾名思义，有源光网络的局端设备（CE）和远端设备（RE）通过有源光传输设备相连，传输技术是骨干网中已大量采用的SDH和PDH技术，但以SDH技术为主。远端设备主要完成业务的收集、接口适配、复用和传输功能。局端设备主要完成接口适配、复用和传输功能。此外，局端设备还向网元管理系统提供网管接口。在实际接入网建设中，有源光网络的拓扑结构通常是星型或环型。有源光接入技术适用于带宽需求大、对通信保密性高的企事业单位，也可用于接入网的馈线段和配线段，并与基于无线或铜线传输的其他接入技术混合使用。

有源光网络具有以下技术特点：

❑ 传输容量大，用于接入网的SDH传输设备一般提供155Mb/s或622Mb/s的接口，有的甚至提供2.5Gb/s的接口。将来只要有足够业务量需求，传输带宽还可以增加，光纤的传输带宽潜力相对接入网的需求而言几乎是无限的。

❑ 传输距离远，在不加中继设备的情况下，传输距离可达70km～80km。

❑ 用户信息隔离度好。有源光网络的网络拓扑结构无论是星型还是环型，从逻辑上看，用户信息的传输方式都是点到点方式。

❑ 技术成熟，无论是SDH设备还是PDH设备，均已在以太网中大量使用。

由于SDH/PDH技术在骨干传输网中大量使用，有源光接入设备的成本已大大下降，但在接入网中与其他接入技术相比，成本还是比较高。

（2）ATM无源光网络（ATM-PON）

ATM-PON最重要的特点就是其无源点到多点式的网络结构，综合了ATM技术和无源光网络技术，可以提供现有的从窄带到宽带等各种业务。ATM-PON由OLT、ONU/ONT和无源光分路器组成。其中，Splitter是光分路器，根据光的发送方向，将进来的光信号分

Note

路并分配到多条光纤上，或是组合到一条光纤上。ONU/ONT 主要完成业务的收集、接口适配、复用和传输功能，OLT 主要完成接口适配、复用和传输功能。ATM-PON 既可以用来解决企事业用户的接入，也可以解决住宅用户的接入。有的运营商利用"ATM-PON+xDSL"混合接入方案，解决住宅用户或企事业用户的宽带接入。此外，OLT 还向网元管理系统提供网管接口。

ODN（光配线网）中光分路器的工作方式是无源的，这就是无源光网络中"无源"一词的来历。但 ONU 和 OLT 还是工作在有源方式下，即需要外接电源才能正常工作。所以，采用无源光网络接入技术并不是所有设备都工作在不需要外接馈电的条件下，只是 ODN 部分没有有源器件。

（3）窄带无源光网络（窄带 PON）

窄带 PON 主要面向住宅用户，也可用来解决中小型企事业用户的接入。另外，PON 的服务范围不超过 20km，但通过"有源光网络+无源光网络"混合组网方案，可弥补该弊端。

窄带 PON 的网络拓扑结构与 ATM-PON 一样，与 ATM-PON 存在以下主要区别：

- ATM-PON 是宽带接入技术，可以给用户提供大于 2Mb/s 的接入速率；窄带 PON 是窄带接入技术，只支持窄带业务，给用户提供的接入速率最大为 2Mb/s。
- 窄带 PON 的线路速率远小于 ATM-PON，一般为 20Mb/s～50Mb/s。
- 窄带 PON 的传输采用电路方式，而 ATM-PON 采用分组方式（ATM 信元）。
- 窄带 PON 的网络侧接口一般为 V5 接口，用户侧接口为现有各种窄带业务接口；ATM-PON 网络侧接口一般为 ATM 接口，用户侧接口包括各种宽窄带业务接口。
- 窄带 PON 的标准化程度不如 ATM-PON。窄带 PON 是先有产品，后有标准；ATM-PON 是产品和标准几乎同时出来。

除以上几点区别外，窄带 PON 的其他特点与 ATM-PON 相同。窄带 PON 的设备价格下降很快，已经接近窄带接入中广泛应用的 IDLC（综合数字环路载波）的价格。

6. 接入分类

随着 IP 业务的爆炸式增长和我国电信运营市场的日益开放，无论是传统电信运营商还是新兴运营商，为了在新的竞争环境中立于不败之地，都把建设面向 IP 业务的电信基础网作为网络建设重点。

接入层技术方案以光纤接入网为主，使光纤进一步向用户靠近，便于为用户提供高质量的综合业务。但宽带光纤接入网是一个对业务、技术、成本十分敏感的领域，而且投资比重大，建设周期长，需结合当地现有电信网络和国民经济发展的具体情况，在总体布局、网络结构、规模容量方面，充分考虑建设成本和网络的灵活性，制定出一套合理的宽带接入网规划方案尤为重要。

根据业务需求对象，即用户类型的不同，将宽带用户类型大致分为以下七类：政府机关用户、金融证券用户、智能大厦用户、住宅小区用户、宾馆酒店用户、学校医院用户和企业科研用户。

（1）政府机关用户

政府机关是一个重要的市场领域，由于其地位特殊，对社会的影响力较大，他们对宽带接入的需求主要来源于"政府上网工程"和办公的信息化、公开化。随着各行各业信息化进程的加快，城市范围内计算机网络互联业务需求变得更加迫切。

（2）金融证券用户

金融证券用户是电信运营商一大客户，主要开展数据通信、计算机联网等各类交互式多媒体业务，为金融、银行及证券公司等提供专网服务，实现银行、信用社的通存通兑等业务。

（3）智能大厦用户

智能大厦、高层写字楼是商业客户等集团用户最密集的地方，这些集团用户一般都是电信运营商的大客户，集团用户对资费的敏感度低于家庭用户，用户的需求是要能提供综合、可靠、安全的网络业务，宽带高速互联接入、局域网互联及其他基于宽带接入网的业务，如高速数据传输、数据中心、视频会议等都有广阔的市场前景，这些用户同样会有 IP 电话的需求。

（4）住宅小区用户

随着人们对信息渴望程度的日益提高，在智能小区、生活小区建设宽带信息化小区已成为各电信运营商竞争的一大焦点，对于各电信运营商而言，这既是增值业务的发展点，也是一个介入电信业务新领域的切入点。在这些商住小区建设宽带信息化，向用户提供高速上网业务、小区的信息社区服务，包括社区管理、电子商务、视频点播（VOD）、事务处理等。

（5）宾馆酒店用户

随着酒店管理系统的不断完善，酒店上网业务将成为今后的热门话题。酒店上网业务提高了宾馆和酒店的知名度以及服务档次，在为顾客提供优质服务的同时，也增加了其自身的效益。客人可以通过 Internet 进行工作和商务活动，也可以查询酒店情况，进行酒店的预订、结账等活动，极大地方便了顾客。

（6）学校医院用户

学校和医院对宽带接入的需求来源于电子化教学、远程教育、远程医疗和信息化社区等。

（7）企业科研用户

企业通过上网了解国内外经济形势，在网上捕捉商机，发掘新的市场空间，同时还可以在网上宣传企业。科研单位通过上网实现远程数据处理、监测控制及异地科研合作等业务。

7. 优点

（1）容量大：光纤工作频率比电缆使用的工作频率高出 8～9 个数量级，故所开发的容量大。

（2）衰减小：光纤每千米衰减比容量最大的通信同轴电缆每千米衰减要低一个数量级以上。

（3）体积小、重量轻，同时有利于施工和运输。

（4）防干扰性能好：光纤不受强电干扰、电气信号干扰和雷电干扰，抗电磁脉冲能力也很强，保密性好。

（5）节约有色金属：一般通信电缆要耗用大量的铜、铅或铝等有色金属。光纤本身是非金属，光纤通信的发展将为国家节约大量有色金属。

（6）扩容便捷：一条带宽为 2Mb/s 的标准光纤专线很容易就可以升级到 4Mb/s、10Mb/s、20Mb/s、100Mb/s，其间无须更换任何设备。

光导纤维是一种传输光束的细微而柔韧的媒质。光导纤维电缆由一捆光纤组成，简称为光缆。光缆是数据传输中最有效的一种传输介质，其优点和光纤的优点类似，主要有以下几个方面：

（1）频带较宽。

（2）电磁绝缘性能好。光纤电缆中传输的是光束，由于光束不受外界电磁干扰与影响，而且本身也不向外辐射信号，因此适用于长距离的信息传输以及要求高度安全的场合。当然，抽头困难是其固有的难题，因为割开的光缆需要再生和重发信号。

（3）衰减较小。可以说在较长距离和范围内信号是一个常数。

（4）中继器的间隔较大，因此可以减少整个通道上中继器的数目，可降低成本。根据贝尔实验室的测试，当数据的传输速率为 420Mb/s 且距离为 119km 无中继器时，其误码率为 10^{-8}，传输质量很好，而同轴电缆和双绞线每隔几千米就需要接一个中继器。

6.2 家庭用户接入 Internet

个人用户一般都采用调制解调器拨号上网，还可以使用 ISDN 线路、ADSL 技术、Cable Modem、掌上电脑以及手机上网等，本节主要讲述 ADSL 技术。

6.2.1 ADSL 接入

ADSL（Asymmetric Digital Subscriber Line，非对称数字用户线路）是一种能够通过普通电话线提供宽带数据业务的技术，它是一种新兴的高速通信技术。ADSL 是 xDSL（Digital Subscriber Line，数字用户线路）家族中的一员。xDSL 是以铜电话线为传输介质的传输技术组合，包括普通 DSL、HDSL（对称 DSL）、ADSL（非对称 DSL）、VDSL（甚高比特率 DSL）、SDSL（单线制 DSL）、CDSL（Consumer DSL）等，一般统称为 xDSL。它们的主要区别体现在信号传输速率和距离的不同，以及上行速率和下行速率对称性不同两个方面。其中 ADSL 因其技术比较成熟，安装简易，并且已经制定了相关的标准，所以发展较快。

ADSL 属于非对称式传输，以现有的铜双绞线（普通电话线）作为传输介质，ADSL 支持上行（指从用户计算机端向网络传送信息）速率为 640Kb/s～1Mb/s，下行（指浏览 WWW 网页、下载文件）速率为 1Mb/s～8Mb/s，其有效的传输距离在 3km～5km 范围以内。ADSL 能够支持视频会议和影视节目传输等，非常适合中、小企业使用。在 ADSL 接入方案中，每个用户都有单独的一条线路与 ADSL 局端相连，数据传输带宽是由每一个用户独享的。

就目前技术，ADSL 在一条电话线上，从电信网络提供商到用户的下行速率范围一般为 1.5Mb/s～8Mb/s，而反向的上行速率则为 16Kb/s～640Kb/s，所对应的最大传输距离为

Note

5.5km。由于大部分 Internet 和 Intranet 应用中下载数据量远大于上传量，正好适合 ADSL 的技术特点，从长远来看，发展中的 ADSL 技术将会在网上冲浪、视频点播（VOD）、远程局域网中大显身手，也为远程数据库访问、家庭购物、交互式游戏以及远程教育等领域提供了理想数据传输方式。ADSL 无须拨号，始终在线，实际速度可以达到 400Kb/s～512Kb/s，使用该网络上网的同时可以打电话，互不影响，而且上网时不需要另交电话费，已成为宽带接入的一个焦点。

ADSL 接入 Internet 有虚拟拨号和专线接入两种方式。虚拟拨号方式接入 Internet 时需要输入用户名与密码，与原有的 Modem 和 ISDN 接入相同，但 ADSL 连接的并不是具体的接入号码，如 163，而是所谓的虚拟专网 VPN 的 ADSL 接入的 IP 地址。采用专线接入的用户只要开机即可接入 Internet。其典型的 Internet 接入方案如图 6-8 所示，其中局域网通过交换机连接到路由器，再通过 ADSL Modem 连接到电话网络，最后通过 ISP 接入 Internet。

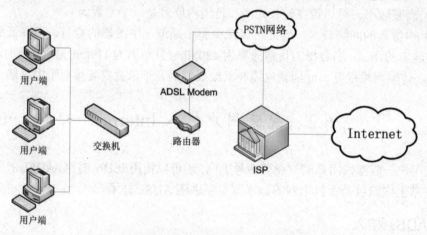

图 6-8　ADSL 专线接入

为了安装 ADSL，所需网络硬件包括以下几种：

❑　ADSL 设备，即 ADSL 路由器或 ADSL Modem（有两种，一种是 USB 接口的，另一种是自带 10Mb/s～100Mb/s 自适应以太网接口，用户在向电信局申报时，可自行选择）。

❑　一个语音分离器（厂商自带）。

❑　一块网络适配器（网卡）和一根做好 RJ45 头的网线（如果是 USB 接口的 ADSL Modem，则不需要网线）。

❑　复用的电话线路。

❑　一个电源变压器（厂商自带）。

❑　两根做好 RJ11 头的电话线。

一般 ADSL Modem 与计算机通过网卡连接，比较稳定，当电话线连上 ADSL Modem 时，电话线上会产生 3 个信息通道：

❑　一个速率最高可达 8Mb/s 的下行通道，用于用户下载信息。

❑　一个速率可达 896Kb/s 的上行通道。

Note

❏ 一个普通的 4Kb/s 电话服务通道。

与传统的 Modem 相比，ADSL Modem 由于采用了高频通道，所以与电话同时使用时，必须使用分离器来对信号进行普通电话信号和 ADSL 需要的高频信号的分离。

ADSL Modem 不可与电话并联，分离器上一般会有 3 个英文提示标记：

❏ LINE，电话入户线，表示与入户的电话线相连的端口。

❏ PHONE，电话信号输出线，表示与普通电话机相连接的端口。

❏ MODEM，数据信号输出线，表示与 ADSL Modem 连接的端口。

从目前中国各地区开通的 ADSL 使用模式来看，有以下几种：

❏ PPPoE（也叫虚拟拨号），其实现方式有两种，一种是把 Modem 设置为桥接，外挂拨号软件；另一种是使用 Modem 自带的内置拨号器。

❏ 静态 IP 方式（也叫专线方式）。

❏ 桥接方式（也叫 1483 透明桥模式）。

其中，对于个人用户来讲，桥接和 PPPoE 使用比较广泛；静态 IP 方式比较适用于集团用户。

ADSL 接入又可分为 ADSL 拨号接入和 ADSL 专线接入两种。本节分别以实达 2110EH ROUTER 为例说明 ADSL 拨号接入的过程，以 TP-LINK 的最新 ADSL 路由器 TD-8800 为例说明 ADSL 专线接入的步骤。

1. PPPoE 虚拟拨号接入方式

（1）硬件连接

安装时先将来自电信局端的电话线接入信号分离器的输入端，然后再用前面准备好的电话线一头连接信号分离器的语音信号输出口，另一端连接电话机。此时电话机应该已经能够接听和拨打电话了。用另一根电话线的一端接信号分离器的数据信号输出口，另一端连接 ADSL Modem 的外线接口，如图 6-9 所示。

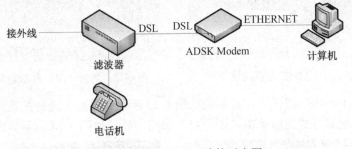

图 6-9 ADSL Modem 连接示意图

 注意

滤波分离器和外线之间不能有其他的电话设备，任何分机、传真机、防盗器等设备的接入都将造成 ADSL 的严重故障，甚至 ADSL 完全不能使用。分机等设备只能连接在分离器分离出的语音端口后面。

再用一根五类双绞线，一头连接 ADSL Modem 的 10BaseT 插孔，另一头连接计算机网卡中的网线插孔。这时打开计算机和 ADSL Modem 的电源，如果两边连接网线的插孔所对应的 LED 都亮了，那么硬件连接也就成功了，如图 6-10 所示。

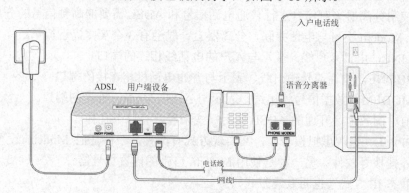

图 6-10　ADSL Modem 与计算机的连接

（2）ADSL Modem 的设置

ADSL Modem 的 IP 地址默认值为 192.168.10.1，在设置参数前需要将 PC 的网卡 IP 改为与 ADSL 的以太网 IP 同一网段，形如 192.168.10.*。

① 网卡的 IP 地址设置好后，运行安装光盘中的"adsl 配置程序.exe"文件，显示如图 6-11 所示界面。

② 填好 IP 地址后，单击"下一步"按钮。当程序与 ADSL 连接成功后，程序会读出当前 ADSL 的状态与参数，显示如图 6-12 所示界面。

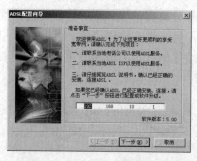

图 6-11　ADSL 配置向导

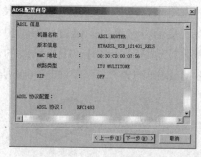

图 6-12　当前 ADSL 的状态与参数

③ 单击"下一步"按钮，在显示的如图 6-13 所示的界面中选择配置方式。

④ 选择好配置方式之后单击"下一步"按钮，显示如图 6-14 所示界面。

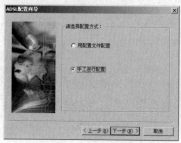

图 6-13　选择配置方式

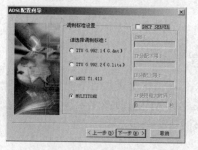

图 6-14　调制标准与 IP 分配范围设置

ADSL2110EH ROUTER 支持 DHCP Server，选中后可在"IP 分配下限""IP 分配上限"中输入 DHCP 分配的起止地址，这样 ADSL 连接计算机时，即可不用设置 IP 地址，而实现 IP 地址的自动分配。DNS 地址由电信局提供，在 DHCP Server 的环境下 DNS 必须配置。

⑤ 正确选择调制标准后，单击"下一步"按钮，显示如图 6-15 所示界面。在此界面应选择封装的协议为 RFC1483 BRIDGED，即以单机桥接方式接入。

⑥ 单击"下一步"按钮，显示如图 6-16 所示界面。

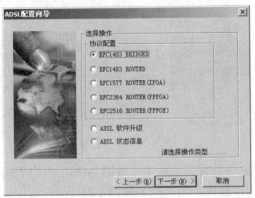

图 6-15　选择协议

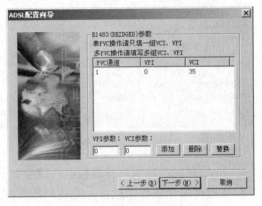

图 6-16　VCI、VPI 参数设置

在此对话框中可以设置各 PVC 的参数，如果默认的 PVC 值不是 0、32，则在 VPI 参数和 VCI 参数框中分别输入 0、32，然后单击"替换"按钮，则相应的 VPI、VCI 参数的值会改为 0、32，如图 6-17 所示。

⑦ 完成后单击"下一步"按钮，显示如图 6-18 所示界面。

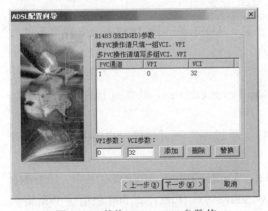

图 6-17　替换 VCI、VPI 参数值

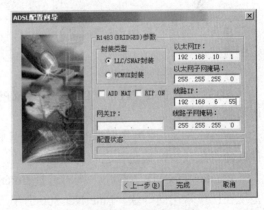

图 6-18　IP 地址配置

在此界面中，可以设置如下参数：

❑　选择封装类型为 LLC/SNAP 封装。

❑　设置 ADSL 以太网 IP 地址、子网掩码（一般默认即可）。

⑧ 以上各项参数正确填写完成后单击"完成"按钮，配置程序将自动完成对 ADSL 的配置，显示如图 6-19 所示界面。

这一界面是将用户前面所配的内容再显示一次，以及让用户选择是否保存此配置，若保存，则下一次进入配置程序时可在图 6-13 所示界面中选中"用配置文件配置"单选按钮，调用保存的该文件，即可实现与此次同样的配置。单击"不保存"按钮，则显示如图 6-20 所示界面。

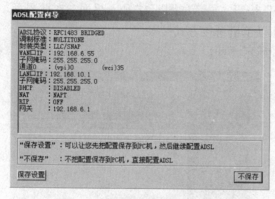

图 6-19 确认配置

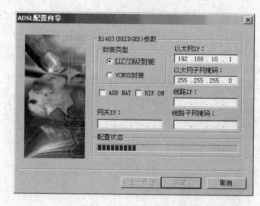

图 6-20 不保存配置

⑨ 配置状态显示设置进程，在这个过程中应尽量保证不断电，否则 ADSL 将由于读写参数错误而无法正常运行。完成后配置程序会出现提示消息框，如图 6-21 所示。

图 6-21 完成 ADSL 配置

单击"确定"按钮，配置程序自动退出，至此，ADSL 在 RFC1483Bridge 协议下的参数配置完成。

（3）拨号软件的安装

ADSL 使用的是 PPPoE（Point-to-Point Protocol over Ethernet，以太网上的点对点协议）虚拟拨号软件。

Windows XP 使用其自带的 PPPoE 拨号软件（经过多方测试，使用自带的虚拟拨号软件断流现象较少，稳定性也相对提高）。

Windows 9x/ME/2000/NT 则可选择 EnterNet、WinPoET 和 RasPPPoE。其中，EnterNet 是现在比较常用的一款，EnterNet 300 适用于 Windows 9x；EnterNet 500 适用于 Windows 2000/XP。

Windows 98/NT/2000 环境下 RasPPPoE 的安装与配置过程如下。

① 先下载 RasPPPoE 压缩软件包，将其复制到用户计算机的目录下，如 c:\adsl。然后将其解压缩，将解压后的文件存于同一目录 c:\adsl。

② 解压后应显示如图 6-22 所示的文件。

③ 安装 PPPoE 协议，进入如图 6-23 所示界面。

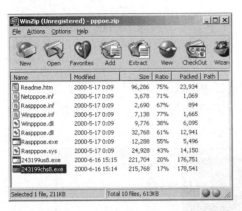

图 6-22　RasPPPoE 压缩软件包后包含的文件

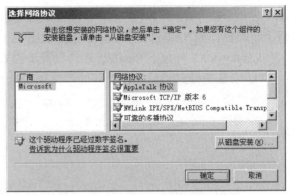

图 6-23　添加协议

④　单击"从磁盘安装"按钮，从磁盘中选中解压后的文件所在目录 c:\adsl，如图 6-24 所示，然后单击"确定"按钮即可。

图 6-24　从磁盘安装协议

协议安装好后，如果用户使用的是 Windows 98 的第二版，需要运行补丁软件。相关补丁文件可参考软件说明文档并到微软网站上下载安装。以上工作完成后，需要重启计算机。

⑤　建立拨号网络连接，选择"开始"→"运行"命令，在命令栏里输入 rasppppoe 即可。

⑥　在 Query available PPP over Ethernet Services through Adapter 下拉列表框中可以看见网卡。如果没有，请检查网卡是否正确安装，是否和 PPP over Ethernet Protocol 绑定。

⑦　若网卡正常，则单击 Query Available Services 按钮，可以在列表框中看到相应的边缘路由器名（即 ADSL Modem 设备名），如图 6-25 所示，选中该边缘路由器名，单击 Create a Dial-up Connection for the selected Adapter 按钮，在桌面上或者"控制面板"的"拨号网络"中就可以看到一个拨号连接。至此，RasPPPoE 安装结束。用户上网时，只需双击刚才所建的连接，在用户名栏中输入用户名，在密码栏中输入密码即可实现拨号上网。

⑧　目前网上 RasPPPoE 的安装很简单，只需将其解压到一个文件夹，双击 rasppppoe_098c.exe 文件，自动安装完成后，重启计算机，然后选择"开始"→"运行"命令，在命令栏里输入 rasppppoe，按 Enter 键后在出现的界面中单击"查询可用服务器"按钮，在出现的服务器列表中选中相应的服务器名，然后单击"为所选服务

图 6-25　边缘路由器列表

器创建一个拨号连接"按钮,这时桌面上就会出现一个以该服务器命名的拨号连接的图标,双击该图标,输入相应的账号和密码就可上网。

Windows XP 环境下 RasPPPoE 的设置步骤如下。

① 安装好硬件以后,在"开始"菜单中选择运行 Windows XP 连接向导,选择"开始"→"所有程序"→"附件"→"通讯"→"新建连接向导"命令,如图 6-26 所示。

② 连接向导运行以后,直接单击"下一步"按钮,如图 6-27 所示。

图 6-26　启动新建连接向导　　　　　　　　图 6-27　新建连接向导

③ 出现如图 6-28 所示的界面,选中"连接到 Internet"单选按钮,然后单击"下一步"按钮,出现如图 6-29 所示的界面。

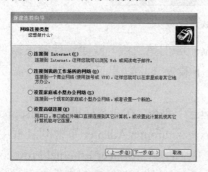

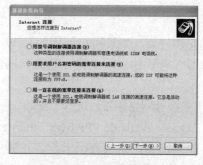

图 6-28　连接到 Internet　　　　　　　　　图 6-29　选择连接方式

④ 选中"用要求用户名和密码的宽带连接来连接"单选按钮,然后单击"下一步"按钮,进入如图 6-30 所示界面。

⑤ 输入 ISP 名称,如 ADSL,然后单击"下一步"按钮,进入如图 6-31 所示界面。

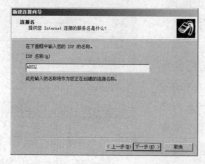

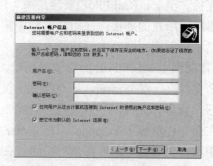

图 6-30　输入 ISP 名称　　　　　　　　　　图 6-31　输入 Internet 账户信息

⑥ 输入从 ISP 获得的用户名和密码等信息，然后单击"下一步"按钮，进入如图 6-32 所示界面。

⑦ 单击"完成"按钮，结束 ADSL 连接设置。

⑧ 双击桌面的 ADSL 快捷连接图标，进入如图 6-33 所示界面。输入用户名和密码，单击"连接"按钮，即可连接到 Internet。

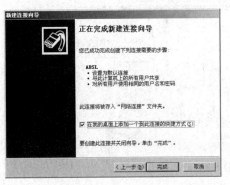

图 6-32　创建 ADSL 桌面快捷方式

图 6-33　连接 ADSL

2. ADSL 专线接入

ADSL 专线接入连接示意图如图 6-34 所示。

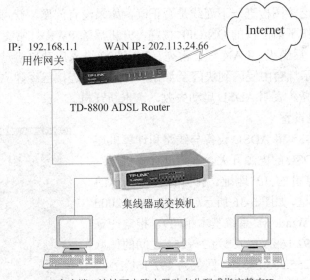

图 6-34　ADSL 专线接入连接示意图

（1）硬件连接

硬件包括：一台 TD-8800 ADSL 路由器、一个 DC 7V 1A 电源适配器、一根五类直通双绞线、一根电话线。

① 将开通了 ADSL 服务的电话线接入 TD-8800 ADSL Router 的 LINE 插孔上，如果要

在上网的同时打电话,可将随机附送的电话线的一端接入 TD-8800 ADSL Router 的 PHONE 插孔,另一端接入电话机。具体的连接方法如图 6-35 所示。

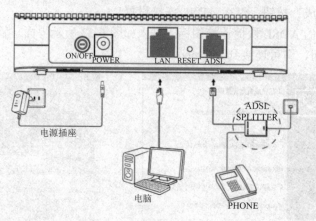

图 6-35　TD-8800 的连接方式

② 把网线一端的水晶头接到 ADSL Router 的 RJ45 接口,网线另一端的水晶头接到计算机网卡的 RJ45 接口,注意网线要使用正线。

③ 把电源适配器的输出接入到 ADSL Router 的 DC 7V 1A 接口,保证电源适配器输入电压范围在交流 180V～250V 以内,以利于 TD-8800 正常工作。

对照上面的连接图检查一下连线是否正确,如果没有问题,就可以打开电源,开始安装配置程序了。按下前面板的 ON/OFF 按键,开机后除 PWR 灯常亮外,ADSL、ACT 灯会同时亮大约 1s 后熄灭,LAN 灯会常亮。TD-8800 进入启动自检过程,如果启动正常,10s 后 ADSL 指示灯会由慢闪到快闪至常亮,表明物理连接已经建立。如果 15s 后 ADSL 指示灯仍保持不亮,表明 ADSL 启动失败,请重新开机。

（2）计算机设置

① 按照图 6-35 将 ADSL 设备与线路和计算机连接好后,打开 ADSL 的电源开关,并启动计算机。

② 更改计算机的 IP 地址。打开计算机网卡的 TCP/IP 属性对话框,如图 6-36 所示(以 Windows 2000 系统为例,其他 Windows 系统基本相同),指定计算机的 IP 地址为 192.168.1.*,(*为 2～254 之间的任意值,子网掩码为 255.255.255.0,网关为 192.168.1.1,DNS 服务器地址为 ISP 提供的值),也可以设定计算机为自动获取 IP 地址。

（3）安装 ADSL 配置程序

① 将随机赠送的光盘放到计算机光驱里(假设光

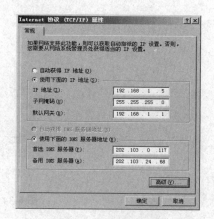

图 6-36　网卡 IP 设置

驱盘符为 E:),在 "我的电脑" 中双击 E:\TD-8800\Setup\Setup.exe,安装程序将进行准备工作,如图 6-37 所示。

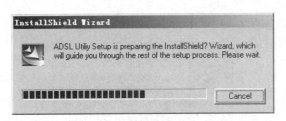

图 6-37　启动配置安装程序

② 准备工作完成后，出现如图 6-38 所示的界面。

③ 单击 Next 按钮，出现如图 6-39 所示界面，默认路径为 C:\Program Files\TP-LINK\ADSL Router。

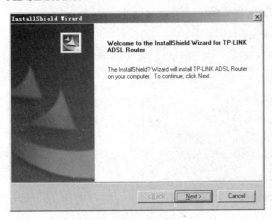

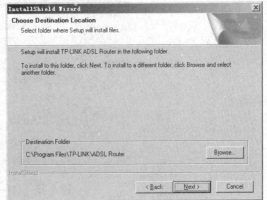

图 6-38　欢迎使用安装界面　　　　　　　　　图 6-39　选择安装路径

④ 单击 Next 按钮继续安装，出现如图 6-40 所示界面，单击 Next 按钮完成安装。

（4）ADSL 配置

将计算机网卡的 IP 地址设置为 192.168.1.5。

① 选择"开始"→"程序"→TP-LINK→ADSL Router→"ADSL 配置"命令，或者双击桌面上的"TP-LINK ADSL Router 配置"快捷方式图标，出现登录界面，如图 6-41 所示。

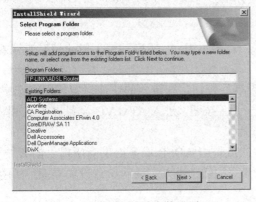

图 6-40　继续安装界面　　　　　　　　　图 6-41　TD-8800 管理登录界面

出厂默认登录 IP 地址为 192.168.1.1，用户名为 admin，密码为 admin，单击"登录"按钮进入功能菜单，出现如图 6-42 所示界面。

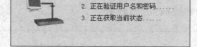

图 6-42　连接 TD-8800 ADSL

登录成功后，出现如图 6-43 所示配置界面。左边是"快速设置""DHCP 设置""调制方式""当前状态" 4 个功能模块，右边是默认状态参数信息。

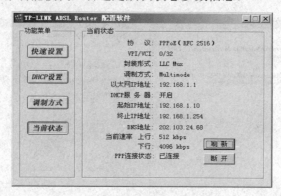

图 6-43　TD-8800 配置信息

② 快速设置。快速设置界面有 5 种连接协议：EoA（RFC 1483 Bridged），适用于拨号或固定 IP 用户；EoA（RFC 1483 Routed），适用于固定 IP 用户；IPoA（RFC 1577），适用于固定 IP 用户；PPPoA（RFC 2364），适用于拨号用户；PPPoE（RFC 2516），适用于拨号用户。

 注意

各地选用的协议有可能不同，只需要使用 5 种协议之一，从 ISP 中可以获得所在地支持的协议。

ADSL 专线接入，即使用静态 IP 接入。这里以 EoA（RFC 1483 Routed）协议为例，来讲解 TD-8800 的设置。

在图 6-43 所示界面中，单击"快速设置"按钮，在进入的快速设置界面中选中 EoA（RFC 1483 Routed）单选按钮，单击"下一步"按钮，进入 ATM VC 设置界面，如图 6-44 所示。

输入 VPI/VCI 值，如 0/32（VPI/VCI 的值是由 ADSL 服务提供商所提供的），选择封装类型为"LLC/SNAP 封装"，单击"下一步"按钮，进入广域网参数设置界面，如图 6-45 所示。

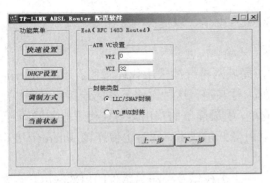

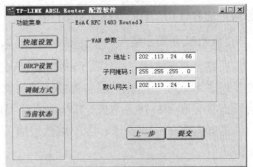

<table>
<tr><td>图 6-44　ATM VC 参数设置</td><td>图 6-45　WAN 参数设置</td></tr>
</table>

输入广域网端的 IP 地址、子网掩码和默认网关（具体参数可从 ISP 处获得）。确定各项设置后单击"提交"按钮，进行参数提交。如果提交成功，将弹出"提交成功"对话框，单击"确定"或"是"按钮，完成设置。

所有设置完成后，无须做更多的设置，便可以联网了。随着通信、计算机、图像处理等技术的进步，电信网、有线电视网和计算机网都在向宽带高速的方向发展，各网络所能提供的业务类型也越来越多，网络功能也越来越接近，三网的专业性界限已逐渐消失，"三网合一"已是大势所趋。为了满足用户的需求，各运营商根据自身网络发展的状况，推出了各种不同的接入 Internet 的方式。

6.2.2　局域网接入

局域网用户可根据需求选择拨号连接和专线连接两种接入方式。不管最终使用哪种接入方式，在实际连接 Internet 时还要考虑具体的接入方法。目前，在局域网接入 Internet 时有两种接入方案，即代理服务器或网关方案和无服务器方案。

相对拨号接入和 ADSL 接入来说，局域网接入方式比较简单。局域网接入对用户而言，所需要的硬件只要一块网卡就够了，从 ISP 处获得 IP 地址、掩码、网关以及 DNS 的具体配置参数后就可以直接接入 Internet 了。

1. 代理服务器或网关方案

采用此方案接入 Internet 时，需要将局域网中一台计算机设置为代理服务器或网关，其他计算机均通过它访问 Internet。设置代理服务器或网关有两种途径，一种是使用专用软件实现，如 Sygate、Wingate 等，其中，Sygate 是网关共享类软件，Wingate 是代理服务器类软件；另一种是直接使用 Windows 系统内置的 Internet 连接共享实现，如 Windows 98 SE、Windows ME、Windows 2000 和 Windows XP 均提供连接共享功能。试验表明，Windows 2000 Server 或 Windows XP 连接共享设置最为简单、快捷。

Internet 连接共享特性专用于小型办公室或家庭办公室，其网络配置和 Internet 连接是由运行 Windows 2000 的计算机管理，并假定在网络中，该计算机是唯一的 Internet 连接，也是到 Internet 的唯一网关，并且由它设置所有的内部网址。

局域网通过代理服务器或网关连接 Internet，由于大量的 Internet 信息传送都要经过提供代理服务的计算机处理，因此服务器的性能很重要，所以应尽量选择一台高性能的服务器，最好使用 DDR 内存、SCSI 硬盘、100Mb/s 网卡，以提高响应速度。

2. 无服务器方案

在路由器的价格已降到 1000 元以下时，局域网再继续采用代理服务器连接 Internet 就显得成本太高，因此无服务器的连接方案就大行其道。这种无服务器的连接方案同样适合所有拨号和专线接入方式，其构成方法很简单，用最简单的路由器替换代理服务器即可。无服务器方案的优点在于：因不用代理服务器而降低了成本，同时也使连接 Internet 变得更简单。

目前提供局域网接入方式的 ISP 有很多。各个高校以及公司、单位的内部网用户也大多以局域网方式接入。

局域网的接入方式可分为静态 IP 接入方式和动态 IP 接入方式。对于动态 IP 接入方式来说，用户的操作很简单，只需安装好网卡，然后用双绞线将计算机和交换机连接起来，软件上只需安装 TCP/IP 协议即可完成网络的接入，无须对 Internet 协议的相关属性进行设置。而静态 IP 接入方式除了完成硬件之间的连接和安装 TCP/IP 协议之外，还要根据 ISP 提供的 IP 地址、子网掩码、网关以及 DNS 的具体配置参数来设置 Internet 协议的属性。Internet 协议相关属性的具体操作详见 6.2.1 节。

6.2.3 宽带路由器的使用

随着互联网的日益普及，很多家庭已经开始或计划加入这个自由、随意的新媒体，享受技术的发展带来的便利。但是相对于国内普通工薪族的收入水平，现在的上网费用并不便宜，尤其是有些家庭拥有一台以上的计算机，很难想象有人会为家中的每一台计算机都申请一个上网账号，因此使用路由器共享一个账号上网的现象越来越普遍，多个用户分摊一份上网费用无疑减轻了一些经济压力，多台计算机使用一条线路，一个账号上网也方便了家庭和小企业人员日常使用。

路由器用于连接多个逻辑上分开的网络。逻辑网络代表一个单独的网络或者一个子网。

一般的宽带路由器的功能是建立多个子网，使多个设备能够连接到网络。以一般的家用宽带路由器为例，如图 6-46 所示，唯一的一个深色接口就是 WLAN 的接口，其他几个浅色的接口则是连接子网使用的硬件设备的接口。黑色圆孔的接口是电源接口，一般的路由器还有一个小开关，用于重启路由器。

图 6-46　宽带路由器

使用宽带路由器上网步骤如下：

1. 准备工作

安装前应该准备好以下设备或物品。

（1）一台宽带路由器。

（2）若干米五类或超五类双绞线，视实际情况而定，有多少台计算机就要分成多少段。

（3）水晶头，个数 = 连入计算机台数×2。

（4）压线钳。

（5）最好有网线测试仪，没有也无太大影响。

如果条件有限，可以先估计好每段网线的长度，留出足够的余量，然后请专业人员制作好水晶头（全都是直通线，两头都是 T586B 型接头）。

如果是通过电话线拨号上网，那么应该已经有并连接好了调制解调器（Modem）。如果 Modem 具备路由功能，那么此处的宽带路由器可以用交换机代替（节省成本），相应的设置也改为在 Modem 上进行。

设备、材料的选用如下：

（1）路由器。既然是使用宽带路由器共享上网，那么宽带路由器当然是不可缺少的关键设备。目前生产宽带路由器的厂家很多，国产的 TP-LINK（普联）稳定性和性能不错，价格也不贵，使用很普遍，其他的品牌还有 D-LINK、TENDA（腾达）、阿尔卡特等。由于宽带路由器对性能的要求并不很高，技术也很成熟，各家的产品相差都不大，因此选购时主要还是看产品的稳定性、外观和价格。

（2）网线。家庭和小型办公室组网通常使用五类或超五类双绞线，如图 6-47 所示，最大传输速度可以达到 100Mb/s。这种线缆共有 8 根线，组成 4 对，每对中的两根线以一定规格相互缠绕，每对线之间也互相缠绕，以降低线间串扰，提高传输性能。购买时不要贪图便宜而选择不合规格的线缆。每米网线零售价大约为 1 元。

（3）水晶头，如图 6-48 所示。

图 6-47 五类非屏蔽双绞线

图 6-48 RJ45 水晶头

2. 布线及连接设备

（1）确定路由器的放置地点，一般放置在主机处，这样就免去了重新布设进户线（原来宽带提供商到主机的那条线）的麻烦。

（2）分别从每台计算机拉一条网线到宽带路由器所在位置，并做好水晶头，适当留出余量。网线有两种做法，一种是交叉线，一种是平行线。交叉线的做法是：一头采用 T568A 标准，另一头采用 T568B 标准。平行线的做法是：两头同为 T568A 标准或 T568B 标准，（一般用到的都是 T568B 平行线的做法）。

T568A 标准：绿白，绿，橙白，蓝，蓝白，橙，棕白，棕。

T568B 标准：橙白，橙，绿白，蓝，蓝白，绿，棕白，棕。

可以发现，两种做法的差别仅是橙色和绿色对换而已。如果连接的双方地位不对等，则使用平行线，例如，计算机连接到路由器或交换机；如果连接的两台设备是对等的，则使用交叉线，例如，计算机连接到计算机。

（3）连接各条网线到相应的计算机或路由器。各个接口具体的位置请参考产品说明书。

把各台计算机与宽带路由器的局域网接口相连，将原来连接主机网卡的网线改接到宽带路由器的广域网端口，其他的一概不变。各个接口具体的位置请参考产品说明书，图中只是示意画法。

3. 路由器的设置

要实现共享上网的基本功能，只需对宽带路由器进行几步简单的设置。请尽可能在"主机"上进行，这会给后面的工作带来一些方便。

（1）连接宽带路由器，打开浏览器，在地址栏中输入 192.168.1.1（TP-LINK 宽带路由器的默认 IP 地址，其他品牌的默认地址请参考说明书），打开宽带路由器的登录界面，如图 6-49 所示。

在登录界面输入初始用户名和登录密码（说明书中有介绍），TP-LINK 系列的初始用户名和密码都是 admin，其他品牌的路由器可以查看说明书。单击"确定"按钮即可显示宽带路由器的 Web 设置界面，如图 6-50 所示。第一次访问会弹出设置向导，跟随向导并参考下面的介绍，也可以取消向导，直接按照下面的介绍做。

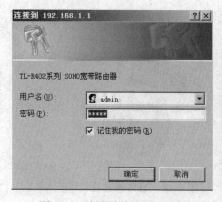

图 6-49　宽带路由器登录界面

图 6-50　宽带路由器的 Web 设置界面

选择左侧的"设置向导"，右侧会出现如图 6-51 所示的界面。

Note

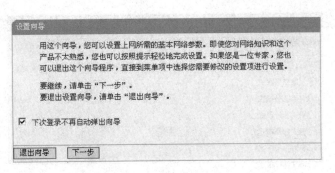

图 6-51   "设置向导"界面 1

单击"下一步"按钮，出现如图 6-52 所示的界面。

图 6-52   "设置向导"界面 2

选中"ADSL 虚拟拨号（PPPoE）"单选按钮，单击"下一步"按钮后出现如图 6-53 所示的界面。

图 6-53   "设置向导"界面 3

输入 ISP 服务商提供的账号和密码，单击"下一步"按钮后出现如图 6-54 所示的界面。

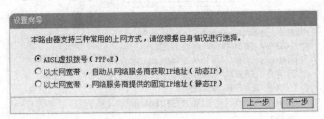

图 6-54   "设置向导"界面 4

（2）设置上网方式。

单击 Web 界面左侧菜单栏中的网络参数，并选择"WAN 口设置"选项，右侧将显示如图 6-55 所示内容。

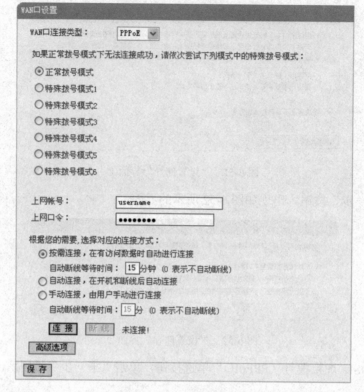

图 6-55　设置账号和密码

宽带路由器会提供几种与 ISP（Internet 服务提供商）连接的方式：

动态 IP——适用于通过以太网连入 Internet 并从 ISP 处动态获取公网 IP 地址的用户。

静态 IP——适用于通过以太网连入 Internet 并使用 ISP 分配的固定的公网 IP 地址的用户。

PPPoE——适用于通过 PPPoE 虚拟拨号连入 Internet 并从 ISP 处动态获取公网 IP 地址的用户，这也是最普遍的上网方式。

如果不明白自己属于哪一类，可以向 ISP 咨询，之前不妨先尝试一下 PPPoE。以下的介绍都以 PPPoE 为例。

（3）设置上网账号和密码，选择网络参数"WAN 口设置"，可以看到拨号设置，设置好后要进行保存，然后单击 "连接"按钮，稍等片刻，如果"连接"按钮变灰，"断线"按钮变亮，那么拨号已经成功，用户可以上网了。否则，检查账号和密码，如果确认无误，那么说明 ISP 已经把账号和网卡 MAC 地址绑定了，这时可以拨打服务电话，告知服务商网卡已更换，要求松绑；也可以继续下面的步骤。

（4）设置广域网口 MAC 地址。

现在电信和铁通的 ADSL 都会进行 MAC 绑定，在初装宽带时工作人员会进行调试，第一次成功拨号的，就会记录 MAC 地址，然后将拨号账户和 MAC 绑定。这时需要进行 MAC 地址的复制，如图 6-56 所示。选择网络参数"MAC 地址克隆"。依次单击复制 MAC 地址并保存。保存后重新启动宽带路由器，然后再次进入设置界面，单击"连接"按钮即可。

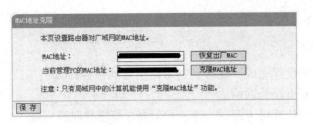

图 6-56　克隆 MAC 地址

4. 计算机的设置

计算机的设置工作与布线其实并没有先后关系，可以根据实际情况或先或后，或同时进行。

选择"控制面板"中的"网络连接"，在网卡名称（或显示为本地连接**）上右击，在弹出的快捷菜单中选择"属性"命令，弹出如图 6-57 所示界面。

双击"Internet 协议（TCP/IP）"选项，打开如图 6-58 所示界面，设置每台计算机的 IP 地址，如果宽带路由器不提供 DHCP 服务或默认没有开启这项功能（具体情况请参考产品说明书），又或者知道如何手工设置 IP 地址，那么也可以选中"使用下面的 IP 地址"和"自动获得 DNS 服务器地址"单选按钮，请注意这里输入的 IP 地址应该与路由器的默认 IP 地址处于同一网段（前 3 节应该一致），又不能与之相同，默认网关设置为路由器的默认 IP 地址，子网掩码使用系统默认值即可。

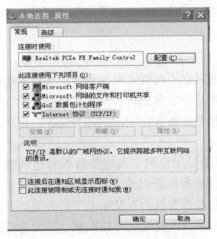

图 6-57　"本地连接　属性"界面

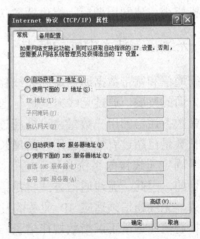

图 6-58　自动设置 IP 地址

重新启动宽带路由器，最简单的办法就是拔掉电源插头再重新插上；也可以在菜单中选择"系统工具"→"重启路由器"命令。

注意

如果是用别人的机器来配置路由器，则必须手工绑定主机的 MAC 地址。

路由器的其他参数可以使用默认设置，如果为非专业人士，请不要修改其他参数，以免造成不必要的麻烦。

5. 测试

至此，共享上网设置完成，连接到宽带路由器的各台计算机都应该能够正常联网，请注意，现在并不需要再拨号联网。

接下来在每一台计算机上测试一下上网功能，都没有问题后就大功告成了。还应注意，宽带路由器的电源得一直开着，否则所有计算机都将无法访问网络。

6.3 无线接入 Internet

随着社会信息化的不断推进及通信技术快速发展，用户对信息业务的需求日益丰富，以互联网业务为代表的宽带多媒体数据业务正成为网络业务发展的主流。因此，构建宽带化、全业务、智能化的现代通信网络已成为大势所趋。而通信网络的宽带化不仅需要拓展广域干线网、城域网的带宽，也要解决好接入网的带宽问题。目前广域网、城域网的建设发展呈现出良好的趋势，并颇具规模。而作为网络建设的投资重点，传统的接入方式已成为网络进一步发展的瓶颈。实现接入网的数字化、光纤化、宽带化和综合化，满足用户对宽带多媒体通信接入的需求，已成为各方共同关注的热点课题。

在目前，如光纤接入、XDSL、以太网接入和无线接入等新兴接入技术中，无线接入技术以投资少、建网周期短、提供业务快等优势逐渐成为非常重要的接入方式。

6.3.1 无线接入技术发展的特点

语音通信和宽带数据通信逐渐无线化。随着固定无线接入系统和移动通信系统在技术和市场方面的发展，通过无线方式进行通信的用户数量急剧增长，在几年后，无线语音通信和窄带数据通信的用户数量将可能超过有线用户。目前在中国的部分地区，移动电话用户的增长数量已超过有线电话用户的增长。

由于固定无线接入系统和移动通信系统可满足用户的个人通信需求和达到普及电话通信的目的，因此，无线通信方式将是语音通信和数据通信的主要通信手段。

此外，无线通信须适应 IP 业务的发展。随着计算机的普及和电子商务等新业务的发展，数据通信业务量正以指数规律增长，其中使用 IP 协议进行数据通信的业务量更是急剧增加。中国电信、中国联通、中国移动等运营商推出的 IP 电话业务发展势头良好。固定无线接入系统和移动通信系统须适应 IP 通信业务发展的需求，并逐渐向高速、宽带通信网推进。

无线通信与有线通信始终在互补支持发展。与无线通信相比，有线通信具有容量大、速率高、宽频带和传输质量稳定的特点，能满足高速数据通信和宽带多媒体业务的通信需求。在无线通信方面，第三代移动通信拟达到的目标是静止状态下为 2Mb/s，10GHz 频段下的固定无线接入通信已可实现 20Mb/s 左右或更高速率。更高频段的无线接入亦在向更高速率迈进，无线通信正利用其实现个人通信的优势始终与有线通信互补发展着。

6.3.2 无线接入系统在通信网中的定位

任何通信技术都应明确其在通信网中的适用范围、功能、作用及特点，这样才能制定科学、公平、合理的管理政策。

无线接入技术的主要作用是，在一定条件下，用于提供本地交换局至用户终端之间的通信传输，但不提供局间漫游服务。在建筑物内或局部区域，可通过移动终端提供服务。在地形复杂的山区、海岛或用户稀少、分散的农村地区，铺设有线电缆比较困难、投资大，用户经济实力较低，只有选择无线接入技术，才能解决电话普及与运营企业的经济效益的矛盾。在遇到洪水、地震、台风等自然灾害时，无线接入系统可作为有线通信网的临时应急系统快速提供基本业务服务。

随着中国通信事业的发展，允许经营通信业务的企业陆续出现。对于这类不具备有线管网等基础设施的通信企业来说，无线接入系统是其迅速进入市场或扩大市场份额的有效技术之一。在通信网中，无线接入系统的定位是：本地通信网的部分，是本地有线通信网的延伸、补充和临时应急系统。

6.3.3 主流无线接入技术

1. MMDS 接入技术

MMDS（Multichannel Microwave Distribution System，多路微波分配系统）已成为有线电视系统的重要组成部分。MMDS 是以传送电视节目为目的，模拟 MMDS 只能传送 8 套节目，随着数字图像/声音技术和对高速数据的社会需求的出现，模拟 MMDS 正在向数字 MMDS 过渡。美国的数字 MMDS 由于有 31 个频点，可以传送 MPEG-2 压缩的上百套电视节目和声音广播节目，还可以在此基础上增加单向或双向的高速 Internet 业务。

MMDS 的频率是 2.5MHz～2.7MHz。其优点是：雨衰可以忽略不计；器件成熟；设备成本低。其不足是带宽有限，仅 200MHz。许多通信公司使用 LMDS 技术来作为数据、语音和视频的双向无线高速接入网，但由于 MMDS 的成本远低于 LMDS，技术也更成熟，因而通信公司愿意从 MMDS 入手。它们正在通过数字 MMDS 开展无线双向高速数据业务，主要是双向无线高速 Internet 业务。

我国有的大城市已经成功地建成了数字 MMDS 系统，并且已经投入使用。不仅传送多套电视节目，同时还将传送高速数据，成为我国数字 MMDS 应用的先驱。数字 MMDS 不应该仅用于多传电视节目，而应该充分发挥数字系统的功能，同时传送高速数据，开展增值业务。高速数据业务能促进地区经济的发展，同时也为 MMDS 经营者带来更大的经济效益，因为数据业务的收入远高于电视业务的收入。

2. LMDS 接入技术

本地多点分配业务 LMDS（Local Multipoint Distribution Service）工作在 20GHz～40GHz 频带上，传输容量可与光纤比拟，同时又兼有无线通信经济和易于实施等优点。

LMDS 基于 MPEG 技术，从微波视频分布系统（Microwave Video Distribution System，

Note

MVDS）发展而来。作为一种新兴的宽带无线接入技术，LMDS 为"最后一公里"宽带接入和交互式多媒体应用提供经济和简便的解决方案，它的宽带属性使其可以提供大量电信服务和应用。

一个完整的 LMDS 系统由 4 部分组成，分别是本地光纤骨干网、网络运营中心（NOC）、基站系统、用户端设备（CPE）。

LMDS 的特点是：

（1）LMDS 的带宽可与光纤相比拟，实现无线"光纤"到楼，可用频带至少为 1GHz。与其他接入技术相比，LMDS 是"最后一公里"光纤的灵活替代技术。

（2）光纤传输速率高达 Gb/s，而 LMDS 传输速率可达 155Mb/s，稳居第二。

（3）LMDS 可支持所有主要的语音和数据传输标准，如 ATM、TCP/IP、MPEG-2 等。

（4）LMDS 工作在毫米波波段、20GHz～40GHz 频率上，被许可的频率是 24GHz、28GHz、31GHz、38GHz，其中以 28GHz 获得的许可较多，该频段具有较宽松的频谱范围，最有潜力提供多种业务。

LMDS 的缺点是：

（1）传输距离很短，仅 5km～6km，因而不得不采用多个小蜂窝结构来覆盖一个城市。

（2）多蜂窝系统复杂。

（3）设备成本高。

（4）雨衰太大，降雨时很难工作。

目前 LMDS 基本上还处于试用阶段，而不少的制造商则把为 LMDS 开发的技术使用到 2.5MHz～2.7MHz 和 3.4MHz～3.6MHz 频率的产品上，出现了新一代的无线双向宽带接入技术。

LMDS 系统工作在 10GHz、24GHz、26GHz、28GHz、31GHz、38GHz 频段，在欧洲和北美已有多个频段得到了批准和使用，在中国，LMDS 频率标准还未出台，但 24GHz～26GHz、38GHz～40GHz 已被批准用于试验。

3. 卫星通信接入技术

在我国复杂的地理条件下，采用卫星通信技术是一种有效方案。在广播电视领域中，直播卫星电视是利用工作在专用卫星广播频段的广播卫星，将广播电视节目或声音广播直接送到家庭的一种广播方式。

随着 Internet 的快速发展，利用卫星的宽带 IP 多媒体广播解决 Internet 带宽的瓶颈问题，通过卫星进行多媒体广播的宽带 IP 系统逐渐引起人们的重视，宽带 IP 系统提供的多媒体（音频、视频、数据等）信息和高速 Internet 接入等服务已经在商业运营中取得一定成效。由于卫星广播具有覆盖面大、传输距离远、不受地理条件限制等优点，利用卫星通信作为宽带接入网技术将有很大的发展前景。目前，已有网络使用卫星通信的 VSAT 技术，发挥其非对称特点，即上行检索使用地面电话线或数据电路，而下行则以卫星通信高速率传输，可用于提供 ISP 的双向传输。

卫星通信在 Internet 接入网中的应用在国外已很广泛，而我国也从 1999 年起开始利用美国休斯公司的 DirecPC 技术解决 Internet 下载瓶颈问题。另外，双威通信网络与首创公司已达成协议，双方各自利用无线接入技术和光缆等专线资源，共同为用户提供宽带互联网接入服务。这标志着卫星传送已进入首都信息平台。其上行通过现有的 163 拨号或专线 TCP/IP 网络传送，下行信息通过 54MHz 卫星带宽广播发送，这样，用户可享受比传统 Modem 高出 8 倍的速率，达到 400Kb/s 的浏览速度、3Mb/s 的下载速度，为用户节省 60% 以上的上网时间，还可以享受宽带视频、音频多点传送服务。卫星通信技术用于 Internet 的前景非常好，相信不久之后，新一代低成本的双向 IPVSAT 将投入市场。

4. 不可见光纤无线系统

不可见光纤无线系统是一种采用连续点串接网络结构组成自愈环工作的宽带无线接入系统，兼有 SDH 自愈环的高可用性能和无线接入的灵活配置特性，可应用于 28GHz、29GHz、31GHz 和 38GHz 等毫米波段。系统通路带宽为 50MHz，前向纠错采用 RS 和格栅码调制。当通路调制采用 32QAM 时，可以提供 155Mb/s 全双工 SDH 信号接口，用户之间通过标准 155Mb/s、1310nm 单模光纤接口互连；当通路调制采用 8PSK 时，可以提供两个 100Mb/s 全双工快速以太网信号接口，用户之间通过标准 100Mb/s、1310nm 多模光纤接口互连。

该系统不同于多点的 LMDS，采用环型拓扑结构，当需要扩容时，可以分拆环或在 POP 点增加新环。系统的频谱效率很高，运营者可重复使用一对射频信道给业务区的所有用户提供服务。该系统采用有效的动态功率电平调节和向前纠错技术，具有优良的抗雨衰能力。可为用户提供宽带 Internet 接入、增值业务、会议电视、远程教学、VoIP、专线服务以及传统的电话服务等，是一种在企事业市场上有竞争力的新技术。

5. GSM 接入技术

GSM 接入技术是目前个人通信的一种常见技术代表，采用的是窄带 TDMA，允许在一个射频（即"蜂窝"）同时进行 8 组通话，是根据欧洲标准确定的频率范围为 900MHz～1800MHz 的数字移动电话系统，频率为 1800MHz 的系统也被美国采纳。GSM 是 1991 年开始投入使用的，到 1997 年底已经在 100 多个国家运营，成为欧洲和亚洲实际上的标准。GSM 数字网也具有较强的保密性和抗干扰性，音质清晰，通话稳定，并具备容量大、频率资源利用率高、接口开放、功能强大等优点。

6. CDMA 接入技术

CDMA 与 GSM 一样，也是一种比较成熟的无线通信技术。CDMA 的运作利用展频（Spread Spectrum）技术，所谓展频，就是将想要传递的信息加入一个特定的信号后，在一个比原来信号还大的宽带上传输开来。当基地接收到信号后，再将此特定信号删除还原成原来的信号。这样做的好处在于其隐密性与安全性好。与使用 TDM（Time Division Multiplexing）的竞争对手（如 GSM）不同，CDMA 并不给每一个通话者分配一个确定的频率，而是让每一个频道使用所能提供的全部频谱。CDMA 数字网具有以下优势：高效的频带利用率和更大的网络容量，简化网络规化，提高通话质量，增强保密性，提高覆盖特性，延长用户通话时间，软音量和"软"切换。另外，CDMA 手机话音清晰，接近有线电话，信号覆盖好，不易掉话。CDMA 系统采用编码技术，其编码有 4.4 亿种数字排列，每部手机的编码还随时变化，使盗码只能成为理论上的可能，一部 CDMA 手机与其他手机并机的可能性是微乎其微的。

7. GPRS 接入技术

相对原来 GSM 的拨号方式的电路交换数据传送方式，GPRS 是分组交换技术。由于使用了"分组"的技术，用户上网可以免受断线的痛苦（情形与使用了下载软件 NetAnts 相似）。此外，使用 GPRS 上网的方法与 WAP 并不同，用 WAP 上网就如在家中上网，先进行拨号连接，而上网后却不能同时使用该电话线，但 GPRS 就较为优越，下载资料和通话是可以同时进行的。从技术上来说，声音的传送（即通话）继续使用 GSM，而数据的传送便可使用 GPRS，这样就把移动电话的应用提升到一个更高的层次，而且发展 GPRS 技术也十分"经济"，因为只需沿用现有的 GSM 网络来发展即可。GPRS 的用途十分广泛，包括通过手机发送及接收电子邮件，在互联网上浏览等。

使用了 GPRS 后，数据实现分组发送和接收，这意味着用户总是在线且按流量计费，迅速降低了服务成本。对于继续处在难产状态的中国移动/联通 WAP 资费政策，如果将 CSD（电路交换数据，即通常说的拨号数据，欧亚 WAP 业务所采用的承载方式）承载改为在 GPRS 上实现，则意味着由数十人共同来承担原来一人的成本。

GPRS 的最大优势在于，其数据传输速度不是 WAP 所能比拟的。目前 GSM 移动通信网的传输速度为 9.6Kb/s，GPRS 手机在推出时已达到 56Kb/s 的传输速度，到现在更是达到了 115Kb/s（此速度是常用 56Kb/s Modem 理想速率的两倍）。除了速度上的优势，GPRS 还有"永远在线"的特点，即用户随时与网络保持联系。例如，用户访问互联网时，单击一个超链接，手机就在无线信道上发送和接收数据，主页下载到本地后，没有数据传送，手机就进入一种"准休眠"状态，手机释放所用的无线频道给其他用户使用，这时网络与用户之间还保持一种逻辑上的连接，当用户再次单击，手机立即向网络请求无线频道用来传送数据，而不像普通拨号上网那样断线后还得重新拨号才能联网。

8. CDPD 接入技术

CDPD 接入技术最大的特点就是传输速度快，最高的通信速度可以达到 19.2Kb/s。另外，在数据的安全性方面，由于采用了 RC4 加密技术，所以安全性相对较高；正反向信道密钥不对称，密钥由交换中心掌握，移动终端登录一次，交换中心自动核对旧密钥、更换新密钥一次，实行动态管理。此外，由于 CDPD 系统是基于 TCP/IP 的开放系统，因此可以很方便地接入 Internet，所有基于 TCP/IP 协议的应用软件都可以无须修改而直接使用；应用软件开发简便；移动终端通信编号直接使用 IP 地址。CDPD 系统还支持用户越区切换和全网漫游、广播和群呼，支持移动速度达 100km/h 的数据用户，可与公用有线数据网络互联互通。CDPD 网络在无线数据通信方面具有其他通信方式所不具有的特点。例如，① 在资源方面，CDPD 作为一个专用数据网络，其用户数很多，对于每一个分组服务器（PS），一有 15000 个用户登记注册，对于一个群，用户数更是多达十几万个，而且同时可有二十几个用户共享信道，进行数据传输。② 在移动终端方面，CDPD 发展到今天，开发终端产品的厂商已经有很多。随着适于各种应用的终端产品的不断出现，终端的价格已呈现出了很快的下降趋势。比之 GPRS，CDPD 的终端有很大的价格优势。③ 在建

Note

设成本方面，一般来说，在 CDPD 的建网初期基站数不会很多，加上必需的交换机与网管的投资，平摊到每个用户的成本为 2500～3000 元。随着网络覆盖规模及网络容量的扩大，用户成本会显著降低。此外，CDPD 通信系统便于操作管理，该系统在用户授权登录上配置了各种功能。系统本身可以设定允许用户登录的范围，并对登录进行管理。只有授权使用的用户才能登录系统。系统可以拒绝付费状态不好的用户登录。CDPD 系统在用户的通信保密上功能非常强。

9. 蓝牙技术

蓝牙的英文名称为 Bluetooth，本是丹麦国王 Viking（940—981 年）的"绰号"。蓝牙技术是由移动通信公司与移动计算公司联合起来开发的传输范围约为 10m 的短距离无线通信标准，用于在便携式计算机、移动电话以及其他移动设备之间建立起一种小型、经济、短距离的无线链路。蓝牙协议能使包括蜂窝电话、掌上电脑、笔记本电脑、相关外设和家庭 Hub、家庭 RF 的众多设备之间进行信息交换。蓝牙应用于手机与计算机，可节省手机费用，实现数据共享、Internet 接入、无线免提、同步资料、影像传递等。

虽然蓝牙在多向性传输方面具有较大优势，但也需防止信息的误传和被截取；蓝牙具有全方位的特性，若是设备众多，识别方法和速度会出现问题；蓝牙具有一对多点的数据交换能力，故需要安全系统来防止未经授权的访问；蓝牙的通信速度为 750Kb/s，而现在带有 4Mb/s IR 端口的产品比比皆是，目前 16Mb/s 的扩展也已经被批准。

10. HomeRF 技术

HomeRF 主要为家庭网络设计，旨在降低语音数据成本。为了实现对数据包的高效传输，HomeRF 采用了 IEEE 802.11 标准中的 CSMA/CA 模式。该模式与 CSMA/CD 类似，以竞争的方式来获取对信道的控制权，在一个时间点上只能有一个接入点在网络中传输数据。与其他的协议不同，HomeRF 提供了对对流业务（Stream Media）真正意义上的支持。由于对流业务规定了高级别的优先权，并采用了带有优先权的重发机制，这样就确保了实时性流业务所需的带宽和低干扰、低误码。HomeRF 工作在 2.4GHz 频段，采用数字跳频扩频技术，速率为 50 跳/s，共有 75 个带宽为 1MHz 的跳频信道。调制方式为恒定包络的 FSK 调制，分为 2FSK 与 4FSK 两种。采用调频调制方式可以有效地抑制无线环境下的干扰和衰落。2FSK 方式下，最大的数据传输速率为 1Mb/s；4FSK 方式下，速率可达 2Mb/s。最新版本 HomeRF2.x 中，采用了 WBFH（Wide Band Frequency Hopping）技术来增加跳频带宽，从原来的 1MHz 增加到 3MHz、5MHz，跳频的速率也增加到 75 跳/s，其数据峰值也高达 10Mb/s，接近 IEEE 802.11b 标准的 11Mb/s，能满足未来的家庭宽带通信。此外，HomeRF 还能根据数据传输速率动态调整跳频带宽。

11. EDGE 接入技术

EDGE 接入技术是一种有效提高了 GPRS 信道编码效率的高速移动数据标准，允许高达 384Kb/s 的数据传输速率，可以充分满足未来无线多媒体应用的带宽需求。EDGE 提供了一个从 GPRS 到第三代移动通信的过渡性方案，从而使现有的网络运营商可以最大限度地利用现有的无线网络设备，在第三代移动网络商业化之前为用户提供个人多媒体通信业务。由于 GDGE 是一种介于现有的第二代移动网络与第三代移动网络之间的过渡技术，因此也有人称它为"二代半"技术。EDGE 同样充分利用了现有的 GSM 资源，保护了对 GSM 做出的投资，目前已有的大部分设备都可以继续在 EDGE 中使用。

12. WCDMA 接入技术

WCDMA 技术能为用户带来高达 2Mb/s 的数据传输速率，在这样的条件下，现在计算机中应用的任何媒体都能通过无线网络轻松传递。WCDMA 的优势在于，码片速率高，有效地利用了频率选择性分集和空间的接收和发射分集，可以解决多径问题和衰落问题，采用 Turbo 信道编解码，提供较高的数据传输速率，FDD 制式能够提供广域的全覆盖，下行基站区分采用独有的小区搜索方法，无须基站间严格同步。采用连续导频技术，能够支持高速移动终端。相比第二代的移动通信技术，WCDMA 具有更大的系统容量、更优的话音质量、更高的频谱效率、更快的数据速率、更强的抗衰落能力、更好的抗多径性、能够应用于高达 500km/h 的移动终端的技术优势，而且能够从 GSM 系统进行平滑过渡，保证运营商的投资，为 3G 运营提供了良好的技术基础。WCDMA 通过有效地利用宽频带，不仅能顺畅地处理声音、图像数据，与互联网快速连接，此外 WCDMA 和 MPEG-4 技术结合起来还可以处理真实的动态图像。

13. 3G 通信技术

在上述通信技术的基础之上，无线通信技术迈进了 3G 通信技术时代。该技术又称为 IMT-2000。此技术规定，移动终端以车速移动时，其传转数据速率为 144Kb/s，室外静止或步行时速率为 384Kb/s，而室内为 2Mb/s。但这些要求并不意味着用户可用速率就可以达到 2Mb/s，因为室内速率还将依赖于建筑物内详细的频率规划以及组织与运营商协作的紧密程度。然而，由于无线 LAN 一类的高速业务的速率已可达 54Mb/s，在 3G 网络全面铺开时，人们很难预测 2Mb/s 业务的市场需求将会如何。

14. 4G 通信技术

在 3G 技术还没有最终成型时，人们又提出了 4G 技术。4G 技术与 3G 技术相比，，除了通信速度大为提高之外，还可以借助 IP 进行通话。第四代移动通信系统技术的国际标准化作业，将由国际电联的无线部门（ITU-R）负责实施，4G 在业务上、功能上、频宽上均有别于 3G，可将所有无线服务联合在一起，能在任何地方接入互联网，包括卫星通信、定位定时、数据收集、远程控制等综合功能。

随着电话的日益普及和 Internet 业务的发展，特别是在中国政府对中国电信进行重组，并同意增加经营 IP 电话业务和 Internet 业务的新电信运营商的形势下，无线接入市场和无线接入技术作为新业务、新技术，日益受到政府、运营、生产、科研等单位的重视。通过技术交流和相互了解，必将推动我国无线接入技术的普及和提高。

6.3.4　宽带无线接入技术七大趋势

宽带无线接入技术的发展极为迅速，各种微波、无线通信领域的先进手段和方法不断被引入，使用频段从 2.4GHz 开始向上直至 38GHz，仍在不断扩展。一方面，这些技术充分利用过去未被开发，或者应用不是很多的频率资源（从 2.4GHz、3.5GHz 到 5.7GHz，再到 26GHz、28GHz，甚至到 30GHz、60GHz 等）；另一方面，它们融合了在其他通信领域成功应用的先进技术，如 64QAM、ATM、OFDM 等，以实现更大的频谱利用率、更丰富的业务接入能力、更灵活的带宽分配方法。总之，固定无线接入系统已经从最初基于电话接入方式的窄带系统演变为面向宽带数据业务为主的宽带固定无线接入系统，而且随着接入网建设的持续升温以及各种新技术的不断引入，宽带固定无线接入系统仍是未来几年内通信市场发展的一个热点。

通过对当今著名的无线设备厂商的产品进行深入的研究和对比之后，可以看出宽带无线接入技术的一些最新技术亮点：宽带 OFDM 技术、3.5GHz 频段的 24 扇区天线技术、软件定义的无线电技术的应用、调制阶数和覆盖面大小可变的自适应技术、高效率频谱成型技术、自适应动态时隙分配技术、自适应信道估值与码间干扰对抗技术、自适应带宽分配及流量分级管理技术、中频与射频集成组装的紧凑型的户外单元技术和高级编码调制与收信检测技术等。

从以上技术亮点中可以总结出宽带无线接入技术发展的七大趋势：OFDM 技术开始兴起，多址方式不断充实，调制方式向多状态化发展，双工方式都可选择，同时支持电路交换与分组交换，动态带宽分配，业务接口日趋丰富。

1. OFDM 技术开始兴起

OFDM（正交频分复用）的新型信号调制复用方法在宽带无线接入领域的应用正在逐渐成为一个发展趋势，它是从以前的欧洲数字音频广播 DAVIC 标准和 ADSL 中引入的一种技术。由于 OFDM 具有抗多径传播能力较强、频谱利用率较高的优点，同时随着该技术的不断普及，其设备复杂、信号处理时间较长、发射功率较大、对非线性极其敏感等缺点将逐渐被克服。除了在无线局域网标准（IEEE 802.11a、HiperLAN2 等）中的应用外，有一些厂家在此基础上发展出一些专利技术，例如，Cisco 在无线路由器中采用的 V-OFDM，以及瑞澜公司 3.5GHz 无线接入中的 W-OFDM 等。而且现在已经明确 OFDM 将会成为未来数据移动系统中的关键技术之一，因此也越来越受到关注。

2. 多址方式不断充实

多址方式可以被认为是一个滤波问题，许多用户同时使用同一频谱，然后采用不同的滤波器和处理技术使不同用户的信号互不干扰并分别被接收。现在在宽带无线接入领域中的 3 种主要的多址方式——FDMA、TDMA、CDMA 都有成功的应用，目前以 TDMA+FDMA 方式为主流。以 LMDS 为例，大部分厂商，如北电、阿尔卡特等基本都是采用 FDMA+TDMA 方式。在 3.5GHz 接入设备中，已有部分厂家开始采用 CDMA 方式，由于 CDMA 技术具有更高的频谱效率、更强的抗干扰和保密性等优点，随着 CDMA 技术的不断成熟及成本的降低，将会成为宽带无线接入多址方式的重要组成部分。

3. 调制方式向多状态化发展

与微波设备中常用的调制解调方式相似，各种宽带无线接入设备中主要选择的调制方法有 QPSK、16QAM 以及 64QAM，分别适应不同带宽及覆盖范围的需求。目前在 LMDS

系统中，包括 P-Com、北电、阿尔卡特等在内的各厂家的设备都能同时提供对这 3 种调制方式的支持。在 3.5GHz 接入以及无线局域网等低频段领域，目前能支持 64QAM 的还不多，但正在逐渐成为一种发展趋势。如欧洲的 HiperLAN2 标准中便提出包括 64QAM 在内的多种调制方案，大唐电信推出的 3.5GHz AIRsun 设备是目前市场上为数不多的支持这种高效率调制方式的设备。

4. 双工方式都可选择

FDD 这种双工方式在无线通信领域中长期占据统治地位，但是随着频率资源的日渐宝贵，这种给频谱划分造成很大困难的双工方式正受到 TDD 方式的挑战，TD-SCDMA 成为 3G 的标准之一便是一个有力的佐证。除了具有频谱利用率高、功率控制要求低、设备简单等优点之外，TDD 方式还有一个很大优势就是可以方便地实现上下行带宽间的动态分配。当然，目前无线电管理局规划的包括 3.5GHz、26GHz 等在内的大部分宽带无线接入系统均采用 FDD 的双工方式，而允许采用 TDD 工作方式的只有 1.9GHz 上采用 PHS 或 DECT 等少数窄带微蜂窝系统，但不排除 TDD 将来会成为一种发展趋势。

5. 同时支持电路交换与分组交换

现代通信发展的大趋势之一无疑是网络应用的分组化，这场深刻的变革已经开始影响通信的每个角落，从核心交换到传输，再到宽带无线接入，目前所有宽带无线接入系统都选择了对分组业务的支持，几乎所有的 LMDS 设备都是以 ATM 平台为基础的，而其他的一些较低端的设备，如 BreezeCom（现已被奥维通收购）的 3.5GHz 接入、无线局域网设备等选择了以 IP 为基础的接入平台。需要指出的是，在未来 10～15 年内，电信公司的主要任务仍是同时支持电路交换和分组交换两种网络，特别是在接入网这一层，市场对基于电路交换方式的接入设备仍有大量需求。这也是为什么一些基于电路交换方式的 3.5GHz 宽带无线接入设备推出后能受到市场欢迎。当然，以 IP 为基础的 QoS 改进正积极进行，无线接入朝分组交换方向演进的大趋势是不容置疑的。

6. 动态带宽分配

目前所有生产宽带无线接入设备的厂家都宣称能提供对带宽动态分配的支持，以大唐电信推出的 3.5GHz AIRsun 固定无线接入设备为例，采用一些独特的专利技术，任一单独的用户都可以使用灵活的基带带宽，而且和目前很多流行的系统一样，可以支持不对称方案分配。由于大部分系统是以 FDD 方式工作的，故只能在上行或下行一个方向的总带宽中对各个用户进行动态分配，无法实现上下行带宽间分配的。目前航天科技推出的一种工作在 5GHz 频段的称为 CB-Access 的系统采用 TDD 方式工作，可以实现在上、下行信道间的动态带宽分配。

7. 业务接口日趋丰富

在接入网这一侧，随着国家政策的放开，经营的业务种类越丰富，业务类型越先进，就越能在这场接入网的竞争中占据优势，因此各个运营商都对业务接口提出了非常高的要求，而设备供应商提供的产品业务接口越丰富，也就越受运营商的青睐。显然，业务接口的不断丰富成为厂家日益追求的目标。

Note

在国内，最初将目光放到宽带无线接入市场的当属中国联通。1999 年初，中国联通便和美国 P-Com 公司签署了共同进行 LMDS 系统实验网协议，这意味着 P-Com 公司的 LMDS 系统有机会在全国范围内为联通数据网接入部分的建设进行服务。联通计划将 LMDS 无线宽带接入系统建设成一个先进、高效、大规模的系统工程，以给业务丰富的高层应用网络系统提供扎实的基础，为联通数据通信基础建设创造一个迅速切入市场的机会。

中国联通的这一举动，引起了包括中国移动、中国网通、中国吉通乃至中国电信在内的运营部门的普遍关注，一时间各地 LMDS 试验网建设火热展开，而 P-Com、阿尔卡特等设备供应厂商也趁机大造声势，掀起了一阵 LMDS 的热潮。

无线电管理局率先宣布了在 3.5GHz 频率范围内的上下行各 30MHz 频段作为无线接入设备使用频段（3.4GHz～3.43GHz，3.5GHz～3.53GHz）。2001 年 8 月，信息产业部“3.5GHz 频段地面固定无线接入系统使用频率招标项目”评标结果揭晓。中国移动通信集团公司、中国通信广播卫星公司、中华通信系统有限责任公司、厦门金桥网络公司、三江航天工业集团公司和中国普天信息产业集团公司，在南京、厦门、青岛、武汉和重庆 5 个城市 14 个品目的招标中中标。

此次招标有以下几个原因：无线电管理局不想完全照搬国外的方式；考虑到国内设备厂家的利益，希望为民族工业留出多一点的时间做好技术开发和储备工作；感到国内固定无线接入系统建设的紧迫性，所以先开辟出一段频率，以缓解部分运营商的燃眉之急。

现在尽管一些窄带的固定无线接入系统在部分地区还存在市场，但随着新一轮宽带接入网建设高潮的兴起，宽带固定无线接入市场将蓬勃发展。伴随着电信南北分拆带来的机遇，中国宽带无线接入市场正涌动着阵阵春潮。

无线电管理局划出 3.5GHz MMDS 频段的 30MHz 作为固定无线接入系统使用可以说是为这种产品在中国市场的推广提供了一个千载难逢的机会，在 LMDS 频段正式公布分配之前甚至之后的一段时间内，MMDS 产品会成为各运营商关注的重点，因为它是目前运营商唯一可以申请使用的宽带无线接入频段（2.4GHz 的 ISM 频段除外）。

无线局域网常常被看作有线网络和用户端计算机之间的“最后一公里”链路，从 IEEE 在 1997 年批准第一个无线局域网标准——802.11 规范开始，这项技术正在不断地取得重大的进步。当前，产品的价格、统一的标准、共享外设、宽带 Internet 连接的家庭应用等多种因素推动着无线局域网市场的发展，使它必定在电信世界中扮演越来越重要的角色。

各种宽带无线接入技术正面临广阔的市场前景和发展机遇，只有抓住当前的机遇，方能在未来的电信市场中占据一席之地。

思 考 题

1. 简述 DDN 网的定义和其特点。
2. FR（帧中继）接入具有哪些优点？主要应用于哪些领域？
3. 简述光纤接入的概念和特点，并总结光纤接入的优点。

4．为了安装 ADSL，必需的网络硬件有哪些？

5．简述无线接入技术发展的特点。

6．蓝牙接入技术在哪些领域具有优势？现阶段主要应用于哪些方面？

7．总结宽带无线接入技术发展的七大趋势。

8．根据自己的理解，谈谈我国未来宽带固定无线接入市场的发展前景。

第 **7** 章

网络规划与设计

7.1 网络工程规划设计过程

7.1.1 网络工程分析

实施网络工程设计的首要工作就是要进行分析与规划，网络工程分析是必不可少的。深入细致的分析与规划是成功构建计算机网络的前提。缺乏分析与规划的网络必然是失败的网络——稳定性、扩展性、安全性、可管理性没有保证。

网络工程分析的主要任务是要对以下指标给出尽可能准确的定量或定性分析和估计：业务的需求，网络的规模，网络的结构，网络管理需要，网络增长预测，网络安全要求，与外部网络的互联。

1. 需求分析

良好的需求分析有助于为后继工作奠定一个稳定的工作基础。如果在设计先期没有就需求达成一致，加上在整个项目的开发过程中，需求将会不停地变化，这些因素综合起来就可能会影响项目计划和预算。

网络需求分析是在网络设计过程中用来获取和确定系统需求的方法。在需求分析阶段，应确定客户有效完成工作所需建设的网络服务和性能水平。

网络需求指明必须实现的网络规格参数，描述了网络系统的行为、特性或属性，是在设计实现网络系统过程中对系统的约束。需求分析是网络设计过程的基础。遗憾的是，许多网络在设计过程中并没有投入足够的精力做需求分析。一个重要的原因在于，需求分析是整个设计过程的难点。为了搞清客户网络需求，需要与各方面的人员进行沟通，了解客户需要，并学习必要的客户方业务知识。另外，需求分析不能立即提供一个结果，只是设计和建设网络的整体战略的一部分。此外，由于现代网络系统通常采用系统集成方法进行设计，集成构件只能选取产品系列中的某些档次设备，而这些设备产品之间并不是连续的，有一定交叉和覆盖，看起来好像要求并不十分精确。然而，正确的需求分析方法将使分析基础数据与网络客户需求一致，从而使网络设计结果与客户应用需求相符，否则会产生严重的后果。

（1）需求分析的步骤

首先，从企业高层管理者开始收集商业需求；其次，收集客户群体需求；最后，收集支持客户和客户应用的网络需求。

Note

（2）需求分析的来源

明确了需求分析的重要性之后，首先要明确需求的来源。一般情况下，主要来源于以下几方面：

① 决策者的建设思路。

② 用户技术人员细节描述。

③ 用户能提供的各种资料。

④ 宏观政策。

2. 环境分析

环境分析是指对企业的信息环境基本情况的了解和掌握，例如，办公自动化情况，计算机和网络设备的数量配置和分布、技术人员掌握专业知识和工程经验的状况，以及地理环境（如建筑物）等。通过环境分析可以对建网环境有一个初步的认识，便于后续工作的开展。

3. 业务需求分析

业务需求分析的目标是明确企业的业务类型、应用系统软件种类，以及网络功能指标。通过业务需求分析，要为以下几方面提供决策依据：需实现或改进的企业网络功能有哪些；需要技术的企业应用有哪些；是否需要电子邮件服务；是否需要 Web 服务器；是否需要上网；需要什么样的数据共享模式；需要多大的带宽范围；是否需要网络升级等。

4. 管理需求分析

网络管理包括两个方面：

（1）人为制定的管理规定和策略，用于规范人员操作网络的行为。

（2）网络管理员利用网络设备和网络管理软件提供的功能对网络进行的操作。

通常所说的网络管理主要是指第二点，在网络规模较小、结构简单时，可以很好地完成网络管理职能。第一点随着现代企业网络规模的日益扩大，逐渐显示出其重要性。尤其是网络管理政策的制定对网络管理的有效实施和保证网络高效运行是至关重要的，网络管理的需求分析要回答以下问题：是否需要对网络进行远程管理；谁来负责网络管理；需要哪些管理功能；选择哪个供应商的网络管理软件，是否有详细的评估；选择哪个供应商的网络设备，其可管理性如何；怎样跟踪、分析和处理网络管理信息；如何更新网络管理策略等。

5. 安全性需求分析

随着企业网络规模的扩大和开放程度的增加，网络安全的问题日益突出。网络在为企业做出贡献的同时，也为工业间谍和黑客提供了更加方便的入侵手段和途径。早期一些没有考虑安全性的网络不但蒙受了巨大损失，而且使企业形象受到无法弥补的破坏。

企业网络安全性分析要明确以下安全性需求：企业的敏感性数据及其分布情况；网络用户的安全级别；可能存在的安全漏洞；网络设备的安全功能要求；网络系统软件的安全评估；应用系统的安全要求；防火墙技术方案；安全软件系统的评估；网络遵循的安全规范和达到的安全级别等。

网络安全要达到的目标包括：网络访问的控制；信息访问的控制；信息传输的保护；攻击的检测和反应；偶然事故的防备；事故恢复计划的制订；物理安全的保护；灾难防备计划。

6. 网络规模分析

确定网络的规模即明确网络建设的范围，这是通盘考虑问题的前提。网络规模一般分为 4 种：工作组或小型办公室局域网；部门局域网；骨干网络；企业级网络。

明确网络规模的好处是便于制定适合的方案，选购合适的设备。确定网络的规模涉及以下内容：哪些部门需要接入网络；哪些资源需要上网；有多少网络用户；采用什么档次的设备；网络及终端设备的数量。

7. 网络拓扑结构分析

网络拓扑结构受企业的地理环境制约，尤其是局域网段的拓扑结构，它几乎与建筑物的结构一致。所以，网络拓扑结构的规划要充分考虑企业的地理环境，以利于后期工作的实施，例如，结构化综合布线工程设计与实施。

拓扑结构分析要明确以下指标：网络的接入点（访问网络的入口）的数量；网络接入点的分布位置；网络连接的转接点分布位置；网络设备间的位置；网络中各种连接的距离参数；其他结构化综合布线系统中的基本指标。

8. 外部联网分析

建网的目的就是要拉近人们交流的距离，如电子商务、家庭办公、远程教育等。Internet 的迅速发展，使得网络互联成为企业建网的一个必不可少的方面。与外部网络的互联涉及以下内容：是否与 Internet 联网；用拨号上网还是租用专线；带宽多少；是否与专用网络连接；上网用户授权和计费等。

9. 网络扩展性分析

网络的扩展性有两层含义，其一是指新的部门能够简单地接入现有网络；其二是指新的应用能够无缝地在现有网络上运行。可见，在规划网络时，不但要分析网络当前的技术指标，还要估计网络未来的增长，以满足新的需求，保证网络的稳定性，保护企业的投资。

扩展性分析要明确以下指标：企业需求的新增长点有哪些；网络节点和布线的预留比率是多少；哪些设备适于网络扩展；带宽的增长估计；主机设备的性能；操作系统平台的性能等。

10. 网络通信平台分析

（1）网络拓扑结构

网络拓扑结构主要是指网络的物理拓扑结构，因为如今的局域网技术首选的是交换以太网技术。采用以太网交换机，从物理连接看，拓扑结构可以是星型、扩展星型或树型等结构；从逻辑连接看，拓扑结构只能是总线结构。对于大中型网络考虑链路传输的可靠性，可采用冗余结构。确立网络的物理拓扑结构是整个网络方案规划的基础，物理拓扑结构的选择往往和地理环境分布、传输介质与距离、网络传输可靠性等因素紧密相关。

（2）主干网络（核心层）设计

主干网技术的选择，要根据以上需求分析中用户网络规模大小、网上传输信息的种类和用户可投入的资金等因素来考虑。一般而言，主干网用来连接建筑群和服务器群，可能会容纳网络上 50%～80% 的信息流，是网络大动脉。连接建筑群的主干网一般以光缆作传输介质，典型的主干网技术主要有 100Mb/s-FX 以太网、1000Mb/s 以太网、ATM 等。从易用性、先进性和可扩展性的角度考虑，采用百兆、千兆以太网是目前局域网构建的流行做法。

主干网的重心是核心交换机（三层交换机或路由器）。如果考虑提供较高的可用性，而且经费允许，主干网可采用双星型结构，即采用两台或三台同样的交换机，与汇聚层交换机分别连接，如图 7-1 所示。双星型或三星型结构解决了单点故障失效问题，不仅抗毁性强，而且通过采用交换机的链路聚合技术，使核心交换机之间的网络带宽成倍增长。

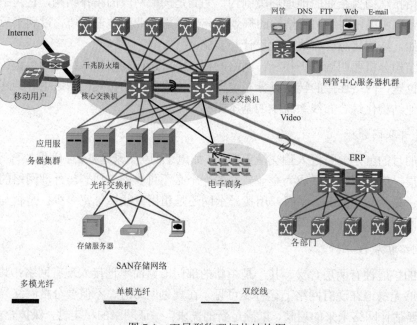

图 7-1 双星型物理拓扑结构图

汇聚层的存在与否，取决于网络规模的大小。当建筑楼内信息点较多（大于 22 个点），超出一台交换机的端口密度，而不得不增加交换机扩充端口时，就需要有汇聚交换机。交换机间如果采用级联方式，则将一组固定端口交换机上联到一台背板带宽和性能较好的汇聚交换机上，再由汇聚交换机上联到主干网的核心交换机。如果采用多台交换机堆叠的方式扩充端口密度，其中一台交换机上联，则网络中就只有接入层。

（1）汇聚层和接入层设计

汇聚层的存在与否，取决于网络规模的大小。当建筑物内信息点较多（大于 22 个点），超出一台交换机的端口密度，而不得不增加交换机扩充端口时，就需要有汇聚交换机。

（2）广域网连接与远程访问通信设计

由于布线系统费用和实现上的限制，对于零散的远程用户接入，利用 PSTN 电话网络进行远程拨号访问几乎是唯一经济、方便的选择。

（3）无线网络设计

无线网络的出现就是为了解决有线网络无法克服的困难。无线网络首先适用于很难布线的地方（比如，受保护的建筑物、机场等）或者经常需要变动布线结构的地方（如展览馆等）。学校也是一个很重要的应用领域，一个无线网络系统可以使教师、学生在校园内的任何地方接入网络。另外，因为无线网络支持十几千米的区域，因此对于城市范围的网络接入也能适用，可以设想一个采用无线网络的 ISP 可以为一个城市的任何角落提供高达 10Mb/s 的互联网接入。

（4）网络通信设备选型

网络通信设备选型要遵守网络通信设备选型原则和核心交换机选择策略。

11．网络冗余分析

冗余分析强调设备的可靠性，即不允许设备有单点故障。所谓单故障点是指其故障能导致隔离用户和服务的任意设备、设备上的接口或链接。冗余提供备用连接以绕过那些故障点，冗余还提供安全的方法以防止服务丢失。但是如果缺乏恰当的规划和实施，冗余的连接和连接点会削弱网络的层次性和降低网络的稳定性。

（1）冗余链路与网状拓扑结构的选择。

（2）组件冗余。

（3）热交换组件。

（4）分层结构网络中规划冗余。

（5）路由的冗余。

（6）备份硬件。

7.1.2　网络工程的设计

1．网络工程规划的目标与准则

（1）网络工程规划目标

网络的建设关系到将来用户网络信息化水平和所开展业务的成败，因此在设计前掌握确立网络总体目标的方法，对主要设计原则进行选择和平衡，并排定其在方案设计中的优先级，对网络的设计和工程实施具有指导性的意义。

网络规划总体目标要明确采用哪些网络技术和网络标准，构筑一个满足哪些应用的多大规模的网络。如果网络工程分期实施，应明确分期工程的目标、建设内容、所需工程费用、时间和进度计划等。

① 明确网络规划项目范围。

决定网络规划的项目范围是网络设计的另一个重要步骤。要明确是设计一个新网络还是修改现有的网络，是针对一个网段、一个（组）局域网、一个广域网，还是远程网络或一个完整的企业网。

设计一个全新、独立的网络的可能性非常小。即使是为一座新建筑物或一个新的园区设计网络，或者用全新的网络技术来代替旧的网络，也必须考虑与 Internet 相连的问题。

在更多的情况下，需要考虑现有网络的升级问题，以及升级后与现有网络系统兼容的问题。

② 明确客户的网络应用。

网络应用是网络存在的真正原因。要使网络能发挥好作用，需要搞清客户现有的应用及新增加的应用。

（2）网络工程规划准则

网络的规划除了应满足上述目标外，还应遵循以下的规划准则。

① 实用性原则。

服务器设备和网络设备在技术性能逐步提升的同时，其价格却在逐年下降，不可能也没必要实现所谓"一步到位"。所以，网络方案设计中应把握"够用"和"实用"原则，网络系统应采用成熟可靠的技术和设备，达到实用、经济和有效的结果。

② 开放性原则。

网络系统应采用开放的标准和技术，如 TCP/IP 协议、IEEE 802 系列标准等，其目的是有利于未来网络系统扩充；有利于在需要时与外部网络互通等。

③ 高可用性/可靠性原则。

对于证券、金融、铁路和民航等行业的网络系统，应确保很高的平均无故障时间和尽可能低的平均故障率。在这些行业的网络方案设计中，高可用性和系统可靠性应优先考虑。

④ 安全性原则。

在企业网、政府行政办公网、国防军工部门内部网、电子商务网站以及 VPN 等网络方案设计中，应重点体现安全性原则，确保网络系统和数据的安全允许。在社区网、城域网和校园网中，安全性的考虑相对较弱。

⑤ 先进性原则。

建设一个现代化的网络系统，应尽可能采用先进而成熟的技术，应在一段时间内保证其主流地位。网络系统采用当前较先进的技术和设备，符合网络未来发展的潮流，但太新的技术会存在不成熟、标准不完备、不统一、价格高、技术力量跟不上等问题。

⑥ 易用性原则。

整个网络系统必须易于管理、安装和使用。网络系统具有良好的可管理性，并且在满足现有网络应用的同时，为以后的应用升级奠定基础。网络系统还应具有很高的资源利用率。

⑦ 可扩展性原则。

网络总体设计不仅要考虑近期目标，也要为网络的进一步发展留有扩展的余地，因此需要统一规划和设计。

2. 网络工程规划设计的一般方法

一个大规模的网络系统通常被分为若干个较小的部分，它们之间既相互独立又互相联系，这种化整为零的网络设计方法就是分层网络设计。在进行网络总体规划时，可把网络大体分为通信子网和资源子网。

（1）分层网络设计概述

① 分层网络设计构成。

网络拓扑结构的规划设计与网络规模密切相关，从实际应用的角度来说，一个规模较小的星型局域网没有主干网和外围网之分，而规模较大的网络通常呈倒树状分层拓扑结构，通常包括 3 个层次，即主干网络（核心层）、分布层（汇聚层）和访问层（接入层）。主干网络（核心层）连接服务器群、建筑群到网络中心，或在一个较大型建筑物内连接多个交换机。管理间到网络中心设备间，用以连接信息点的线路及网络设备为访问层。分布层和访问层又称为外围网络。分层设计规划的好处是可有效地将全局通信问题分解考虑，就像软件工程中的结构化程序设计一样。

② 拓扑设计原则。

按照分层结构规划网络拓扑时，应遵守以下两条基本原则：网络中因拓扑结构改变而受影响的区域应被限制到最低程度；路由器（及其他网络设备）应传输尽量少的信息。

③ 分层结构特点。

流量从接入层流向核心层时，被收敛在高速的链接上；流量从核心层流向接入层时，被发散到低速链接上。因此，接入层路由器可以采用较小的设备，它们交换数据包需要较少时间，具备了更强的执行网络策略的处理能力。

（2）通信子网规划设计

① 主干网络设计。

主干网一般用来连接建筑群和服务器群，可能会容纳网络上 40%～60% 的信息流，是网络大动脉。连接建筑群的主干网一般以光缆作为传输介质，典型的主干网技术主要有千兆以太网、100BASE-FX、ATM 和 FDDI 等。从易用性、先进性和可扩展性的角度考虑，采用千兆以太网是目前通用的做法。

② 远程接入访问的设计。

由于布线系统费用和实现上的限制，对于零散的远程用户接入，利用 PSTN 市话网络进行远程拨号访问是经济、简便的选择。远程拨号访问需要规划远程访问服务器和 Modem 设备，并申请一组中继线（校园或企业内部有 PABX 电话交换机则最好）。远程访问服务器（RAS）和 Modem 组的端口数目一一对应，一般按一个端口支持 20 个用户来配置。

（3）资源子网规划设计

① 服务器接入。

服务器在网络中位置的好坏直接影响网络应用的效果和网络运行效率。服务器一般分为两类：一类是为全网提供公共信息服务、文件服务和通信服务，为园区网提供集中统一的数据库服务，由网络中心管理维护，服务对象为网络全局，适宜放在网管中心；另一类是部门业务和网络服务相结合，主要由部门管理维护，适宜放在部门子网中。服务器是网络中信息流较集中的设备，其磁盘系统数据吞量大，传输速率也高，要求绝对的高带宽接入。

② 服务器子网连接方案。

连接的方案有两种：一种是直接接入核心交换机，优点是直接利用核心交换机的高带宽，缺点是需要占用太多的核心交换机端口，使成本上升；另一种是在两台核心交换机上外接一台专用服务器子网交换机，优点是可以分担宽带，减少核心交换机端口占用，可为服务器组提供充足的端口密度，缺点是容易形成带宽瓶颈，且存在单点故障。

Note

3. 网络工程设计应用约束

除了分析需求目标和判断客户支持新应用的需求之外，由于应用约束对网络设计影响较大，也需要认真分析。

（1）政策约束

与网络客户讨论其办公政策和技术发展路线是必要的，但尽量少发表自己的意见。了解政策约束的目标是发现隐藏在项目背后可能导致项目失败的事务安排、持续的争论、偏见、利益关系或历史等因素。特别要注意的是，对于已经进行过但没有成功的一个类似项目，应当做出明智的判断，看类似情况是否同样会在本项目过程中重演，是什么原因导致项目失败，如何才能保证不再出现类似的情况，如何能够得到较好的结果。

（2）预算约束

网络设计必须符合客户的预算。预算应包括设备采购、购买软件、维护和测试系统、培训工作人员以及设计和安装系统的费用等，此外还应考虑信息费用及可能的外包费用。

（3）时间约束

网络设计项目的日程安排是需要考虑的另一个问题。项目进度表规定了项目最终期限和重要阶段。通常是由客户负责管理项目进度，但设计者必须就该日程表是否可行提出自己的意见，使项目日程安排符合实际工作要求。

4. 网络工程设计的技术指标

网络设计者和客户有许多关于技术目标的术语，但客户对这些术语往往理解不同。下面的内容就是要使大家对这些术语的理解保持一致。

（1）影响网络工程设计的主要因素

根据 Internet 的发展历程，能够发现以下关键因素影响网络发展。

❑ 距离：一般而言，通信双方间的距离越大，通信费用就越高，通信速率就越低。随着距离的增加，时延也会随着互连设备（例如路由器等）数量的增加而增大。

❑ 时段：网络通信与交通状况有许多相似之处。一天中的不同时间段，一个星期中的不同日子，或一年中的不同月份或假期，都会使通信流量有高低不同的分布，这是受人们生活、生产的方式影响的。

❑ 拥塞：拥塞能够造成网络性能严重下降，如果不加抑制，它将使网络中的通信全部中断。因此，需要网络具有能有效地发现拥塞的形成和发展，并使端客户迅速降低通信量的机制。

❑ 服务类型：有些类型的服务对于网络的时延要求较高，如视频会议；有些类型的服务对差错率要求很高，如银行账目数据；而另一些服务可能对带宽要求较高，如按需视频点播。因此，不同的数据类型对于网络要求差异较大。

❑ 可靠性：现代生活因为需求的增加而变得越来越复杂，事物的可预见性就越来越重要。网络能够满足不断增长的需求是建立在网络的可靠性的基础上的。

❑ 信息冗余：在网络中传输着大量相同的数据是司空见惯的事情，例如，网络上随时都有大量用户在不断接收股票交易的数据，这些股票信息是相同的。这种大量冗余的数据充斥 Internet 的现象，消耗了大量的带宽。

□　一点决定整体：如果网络的一端是通过电话线联网或无线上网，即使网络另一端是千兆宽带网络，网络速度仍然会很慢。

（2）网络性能参数

在分析网络设计技术要求时，应当列出客户能够接受的网络性能参数，如吞吐量、差错率、效率、时延和响应时间等。此处不打算从数学的角度研究这些网络参数，而只是引出实践得出的结论，供设计者理解和分析使用。

许多网络客户往往不能量化其想达到的性能指标，而另一些客户则可能根据与网络客户达成的服务等级协定（SLA）对性能有明确的要求。在精确分析性能时，有如下一些网络性能参数可供使用。

① 时延。

时延可以定义为从网络的一端发送一个比特到网络的另一端接收到这个比特所经历的时间。根据产生时延的原因，能够将时延分为以下几类。

□　传播时延：这是电磁波在信道中传播所需要的时间，取决于电磁波在信道上的传播速率以及所传播的距离。在非真空中的信道小，电磁波的传播速度小于 3×10^8m/s，例如，在电缆或光纤中，信号的传播速度约为真空中光速的 2/3。任何信号都有传播时延，例如，同步卫星通信会引起 270ms 的时延，而对于陆基链路，每 200km 产生 1ms 的时延。

□　发送时延：这是发送数据所需要的时间，取决于数据块的长度和数据在信道上的发送速率。数据的发送速率也常称为数据在信道上的传输速率。例如，在 2.048Mb/s 的 E1 信道上传输 1024B 的分组要花费约 4ms 时间。

□　重传时延：实际的信道总是存在一定的误码率。误码率是传输中错码数与总码数之比。总的传输时延与误码率有很大的关系，这是因为数据中出了差错就要重新传送，因而增加了总的数据传输时间。

□　分组交换时延：这是指当网桥、交换机、路由器等设备转发数据时产生的等待时间。等待时间取决于内部电路的速度和 CPU 以及网络互联设备的交换结构等。这种时延通常较小，对于以太网 IP 分组来说，第 2 层和第 3 层交换机的等待时间为 10ms～50ms，路由器的分组交换时延比交换机的要长些。为了减少等待时间，可采用先进的高速缓存机制，发往已知目的地的帧可以迅速进行封装，无须再查表或进行其他处理，从而有效地降低分组变换时延。

② 吞吐量（Throughput）。

吞吐量是指在单位时间内传输无差错数据的能力，针对某个特定连接或会话定义，也可以定义网络的总的吞吐量。

③ 丢包率（Packet Loss Rate）。

④ 路由（Route）。

⑤ 带宽（Bandwidth）。

⑥ 利用率（Utilization）。

⑦ 效率（Efficiency）。

5. 网络工程设计方案综述

在计算机网络工程设计中，当为某公司、某企业进行网络安装前，必须为用户设计出一个合理实用的网络，并且需要为用户提供一个详细的网络设计方案。高质量的方案设计是后续技术性工作能顺利进行的前提，如果设计方案存在较大漏洞，即使网络方案被客户选中，项目的实施也会因此受到相当大的影响。因此，贴近需求、精心设计、合理实用的网络方案，是适应市场竞争的需要，也是对用户负责的表现。网络方案所表现的技术水平，在某种程度上也是公司整体水平的体现。

网络方案的设计阶段即方案的制作阶段，通常是指销售人员就某个网络项目与用户接触开始，直到该项目的技术和商务合同签订为止的工作阶段。因此，方案的制作过程通常包括的工作内容为：用户交流、需求分析、需求调研、网络建议方案初步设计、产品配置、售前技术培训、投标书的撰写等。在工程技术人员与客户进行初步交流后，一般根据用户提供的招标书或者简单需求说明进行方案的初步设计，关于网络建议方案的编写、产品的选型，一般会与用户进行多次交流，不断修改，直至最终确定。

 注意

> 网络用户的需求分析与网络设计的需求分析是不同的概念，前者侧重网络需求分析，包括业务需求、管理需求分析、安全需求、网络规模与拓扑结构需求、与外部网络互联方案需求、网络扩展性。后者侧重网络建设工程的规范、质量以及客户的满意度。

7.2 综合布线系统概述

现代科技的进步使计算机及网络技术飞速发展，提供越来越强大的计算机处理能力和网络通信能力。计算机及网络通信技术的应用大大提高了现代企业的生产管理效率，降低了运作成本，并使得现代企业能更快速有效地获取市场信息，及时决策反应，提供更快捷、更满意的客户服务，在竞争中保持领先。计算机及网络通信技术的应用已经成为企业成功的一个关键因素。

计算机及通信网络均依赖布线系统作为网络连接的物理基础和信息传输的通道。传统的基于特定的单一应用的专用布线技术因缺乏灵活性和发展性，已不能适应现代企业网络应用飞速发展的需要。而新一代的结构化布线系统能同时提供用户所需的数据、语音、传真、视像等各种信息服务的线路连接，使语音和数据通信设备、交换机设备、信息管理系统及设备控制系统、安全系统彼此相连，也使这些设备与外部通信网络相连接，包括建筑物到外部网络或电话局线路上的连线、与工作区的语音或数据终端之间的所有电缆及相关联的布线部件。布线系统由不同系列的部件组成，包括传输介质、线路管理硬件、连接器、插座、插头、适配器、传输电子线路、电器保护设备和支持硬件。

7.2.1 综合布线系统及其特点

1. 综合布线系统的定义

我国原邮电部于 1997 年 9 月发布的 YD/T 926.1—1997 通信行业标准《大楼通信综合

布线系统第 1 部分：总规范》中，对综合布线系统的定义为："通信电缆、光缆、各种软电缆及有关连接硬件构成的通用布线系统，它能支持多种应用系统。即使用户尚未确定具体的应用系统，也可进行布线系统的设计和安装。综合布线系统中不包括应用的各种设备。"目前所说的建筑物与建筑群综合布线系统（简称综合布线系统），是指一幢建筑物（或综合性建筑物）内或建筑群体中的信息传输媒质系统。它将相同或相似的缆线（如对绞线、同轴电缆或光缆）、连接硬件组合在一套标准的且通用的、按一定秩序和内部关系而集成的整体，因此，目前它是以 CA 为主的综合布线系统。今后随着科学技术的发展，会逐步提高和完善，能真正满足智能化建筑的需求。

综合布线系统是为了顺应发展需求而特别设计的一套布线系统。对于现代化的大楼来说，综合布线就如体内的神经，采用了一系列高质量的标准材料，以模块化的组合方式，把语音、数据、图像和部分控制信号系统用统一的传输媒介进行综合，经过统一的规划设计，综合在一套标准的布线系统中，将现代建筑的三大子系统有机地连接起来，为现代建筑的系统集成提供了物理介质。可以说结构化布线系统的成功与否直接关系到现代化大楼的成败，选择一套高品质的综合布线系统是至关重要的。

2. 综合布线系统的标准

（1）综合布线系统的国外标准

ANSI/EIA/TIA-569——商业大楼通信通路与空间标准；ANSI/EIA/TIA-568-A——商业大楼通信布线标准；ANSI/EIA/TIA-606——商业大楼通信基础设施管理标准；ANSI/EIA/TIA-607——商业大楼通信布线接地与地线连接需求；ANSI/TIA TSB-67——非屏蔽双绞线端到端系统性能测试；EIA/TIA-570——住宅和 N 型商业电信布线标准；ANSI/TIA TSB-72——集中式光纤布线指导原则；ANSI/TIA TSB-75——开放型办公室新增水平布线应用方法；ANSI/TIA/EIA-TSB-95——4 对 100Ω 5 类线缆新增水平布线应用方法。

（2）综合布线系统的国内标准

GB/T 50311—2000——建筑与建筑群综合布线系统工程设计规范；GB/T 50312—2000——建筑与建筑群综合布线系统工程验收规范；GB 50311—2007——综合布线系统工程设计规范；GB 50312—2007——综合布线系统验收规范。

3. 综合布线系统的特点

相对于以往的布线，综合布线系统的特点可以概括为以下几点。

（1）实用性：实施后，布线系统将能够适应现代和未来通信技术的发展，并且实现语音、数据通信等信号的统一传输。

（2）灵活性：布线系统能满足各种应用的要求，即任一信息点能够连接不同类型的终端设备，如电话、计算机、打印机、传真机、各种传感器件以及图像监控设备等。

（3）模块化：综合布线系统中除去固定于建筑物内的水平缆线外，其余所有的接插件都是基本式的标准件，可互连所有语音、数据、图像、网络和楼宇自动化设备，以方便使用、搬迁、更改、扩容和管理。

（4）扩展性：综合布线系统是可扩充的，以便将来有更多的用途时，可以很容易地将新设备扩充进去。

（5）经济性：采用综合布线系统后可以使管理人员减少，同时，因为模块化的结构，大大降低了工作难度和日后因更改或搬迁系统时产生的费用。

（6）通用性：对符合国际通信标准的各种计算机和网络拓扑结构均能适应，对不同传递速度的通信要求均能适应，可以支持和容纳多种计算机网络的运行。

① 随着全球社会信息化与经济国际化的深入发展，信息网络系统变得越来越重要，已经成为一个国家最重要的基础设施，是一个国家经济实力的重要标志。

② 网络布线是信息网络系统的"神经系"。

③ 网络系统规模越来越大，网络结构越来越复杂，网络功能越来越多，网络管理维护越来越困难，网络系统故障的影响也越来越大。

④ 网络布线系统关系到网络的性能、投资、使用和维护等诸多方面，是网络信息系统不可分割的重要组成部分。

⑤ 综合布线系统是智能化建筑连接 3A（即楼宇自动化——Building Automation，办公自动化——Office Automation，通信自动化——Communication Automation）系统的基础设施。

4. 综合布线系统的优点

对比传统布线，综合布线作为现代建筑的信息传输系统，其主要优点有：

传统布线方式由于缺乏统一的技术规范，用户必须根据不同应用选择多种类型的线缆、接插件和布线方式，造成线缆布放的重复浪费，缺乏灵活性并且可能因不能支持用户应用的发展而需要重新布线；综合布线系统可集成传输语音、数据、视像等信息，采用国际标准化的信息接口和性能规范，支持多厂商设备及协议，满足现代企业信息应用飞速发展的需要。

采用综合布线系统，用户能根据实际需要或办公环境的改变，灵活方便地实现线路的变更和重组，调整构建所需的网络模式，充分满足用户业务发展的需要。

综合布线系统采用结构化的星型拓扑布线方式和标准接口，大大提高了整个网络的可靠性及可管理性，大幅降低系统的管理维护费用。

模块化的系统设计提供良好的系统扩展能力及面向未来应用发展的支持，充分保证用户在布线方面的投资，保障用户长远的效益。随着现代信息技术的飞速发展，综合布线系统将成为现代智能建筑不可缺少的基础设施。

7.2.2 综合布线系统的构成

综合布线本身一种模块化、灵活的建筑物内或建筑群之间的信息传输通道，是智能建筑的"信息调整公路"，不仅能使语音、数据、图像设备和交换设备与其他信息管理设备彼此相连，也能使这些设备与外部相连。综合布线还包括建筑物外部网络和通信线路的连接点，与应用系统设备之间的所有线缆及有关的连接部件。综合布线的部件包括传输介质、相关连接硬件（如配线架、连接器、插座、插头、适配器）以及电气保护设备等，通过这些部件来构成布线系统中各种子系统，各部件都有各自的具体用途，并且各种具体的接插件组成不仅易于实施，而且也能随需求的变化而平衡升级。

综合布线系统也具有开放式结构的特点，能支持电话及多种计算机、数据系统，还能支持会议电视等系统，根据国际标准 ISO11801 的定义，结构化布线系统可由以下 6 个子系统组成：工作区子系统、水平子系统、垂直干线子系统、管理子系统、设备间子系统和建筑群子系统，如图 7-2 所示。

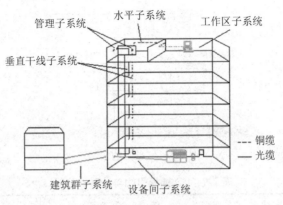

图 7-2　综合布线系统的组成

1. 工作区子系统

工作区子系统是信息插座、插座盒、连接跳线、适配器以及由终端设备到信息插座的连线（或软线）组成，称为工作区，其中，信息插座有墙上型、地上型、桌上型等多种；标准有 RJ45、RJ11 及单、双、多口等结构。

工作区子系统中所使用的连接器必须具备国际 ISDN 标准的 8 位接口，这种接口能接受楼宇自动化系统所有低压信号以及高速数据网络信息和数码音频信号。

在设计工作区子系统时要注意以下几点：

（1）从 RJ45 插座到设备间的连接采用双绞线，一般不要超过 14m。

（2）RJ45 插座须安装在墙上或不易碰到的地方，插座区距离地面 30cm 以上。

（3）插座和插头的接线（与双绞线）不要接错。

工作区子系统如图 7-3 所示。

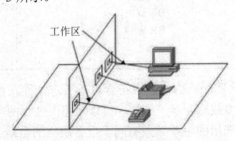

图 7-3　工作区子系统

工作区子系统的目的是实现工作区终端设备与水平子系统之间的连接，其设计主要考虑信息插座和适配器两个方面。

（1）信息插座：信息插座是终端（工作站）与配线子系统连接的接口，综合布线系统的标准 I/O 插座即为 8 针模块化信息插座。安装插座时，应该使插座尽量靠近使用者，还应该考虑到电源的位置，根据相关的电器安装规范，信息插座的安装位置距离地面的高度是 30cm～50cm，离电源 20cm 放置，工作区信息点的信息底盒安装于墙体中，并和电源插座处在同一平行位置，保证整体的美观协调。信息点的安装如图 7-4 所示。根据 T568A 标准，8 脚（针）I/O 插座引线与线对的分配如表 7-1 所示。

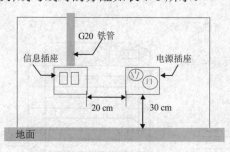

图 7-4 信息点的安装

表 7-1 I/O 插座引线与线对的分配

水平配线子系统布线	信 息 插 座	工作区布线
4 线对电缆 到管理区	I/O	带 8 脚（针）的模块化插头 4 对线工作站软线

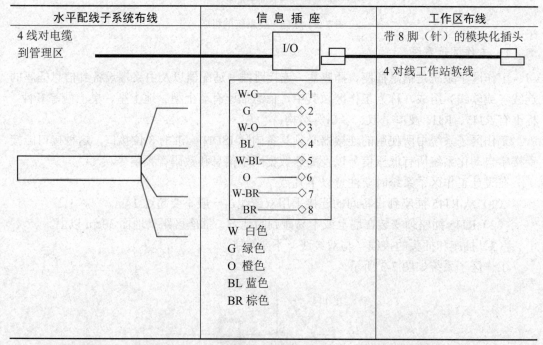

（2）适配器：工作区适配器的选择应符合以下要求，即在设备连接处采用不同的信息插座时，可以用专用电缆或适配器；在单一信息插座上进行两项服务时，应该选用 Y 型适配器；在配线子系统中选用的电缆类型不同于设备所需的电缆类型，也不同于连接不同信号的数模转换或数据速率转换等相应的装置时，应该采用适配器；根据工作区内不同的电信终端设备，可配备相应的终端匹配器。

2. 水平子系统

水平子系统也称配线子系统，如图 7-5 所示。

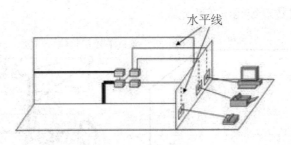

图 7-5 水平子系统

水平子系统要求在 90m 范围内，该子系统由一个工作区的信息插座开始，经水平布置到管理区的内侧配线架的线缆所组成，其目的是实现信息插座和管理子系统（跳线架）间的连接，将用户工作区引至管理子系统，并为用户提供一个符合国际标准，满足语音及高速数据传输要求的信息点出口。系统中常用的传输介质是 4 对 UTP（非屏蔽双绞线），能支持大多数现代通信设备，并根据速率要求灵活选择线缆：在速率低于 10Mb/s 时一般采用四类或五类双绞线；在速率为 10Mb/s～100Mb/s 时一般采用五类或六类双绞线；在速率高于 100Mb/s 时，采用光纤或六类双绞线。水平子系统最常见的拓扑结构是星型结构，该系统中的每一点都必须通过一根独立的线缆与管理子系统的配线架连接。

在水平子系统中，设计者要根据建筑物的结构特点，从路由（线）最短、造价最低、施工方便、布线规范化等几个方面考虑，选用最优的布线方法，一般分为 3 种类型。

（1）直接埋管线槽方式

该方式由一系列密封在混凝土里的线管道和金属走线槽组成，一般用在老式的建筑物中，因为老式的建筑物面积比较小，而现代楼宇房间内信息点较多，一般 $9m^2$ 布一个数据点与一个语音点，从而这种方式使用很少。

（2）先走线槽再走分线管方式

线槽由金属或阻燃的 PVC 材料制成，通常悬挂在天花板上方的区域，这种方式主要用在大型建筑物或布线系统比较复杂而需要有额外支持物的场合，其优点有工程造价低，同时由于系统管线交叉施工，减少了工程的协调量。

（3）地面线槽方式

该方式是由弱井出来的线走地面线槽到地面出线盒，或由出线盒出来的支管到墙上的信息出口，这种方式适用于大开间或需要打隔断的场合。

水平线缆安装要求为走廊的吊顶上应安装有金属线槽，进入房间时，线槽以埋入或沿墙敷设方式从墙壁到各个信息点，如图 7-6 所示。

3. 垂直干线子系统

垂直干线子系统如图 7-7 所示。

垂直干线子系统通常是两个单元之间，特别是在位于中央点的公共系统设备处提供多个线路设施。该子系统的目的是实现计算机设备、程控交换机（PBX）、控制中心与各管理子系统间的连接，是建筑物干线电缆的路由。系统由建筑物内所有的垂直干线多对数电缆及相关支撑硬件组成，以提供设备间总配线架与干线接线间楼层配线架之间的干线路由。常用介质是大对数双绞线电缆和光缆。

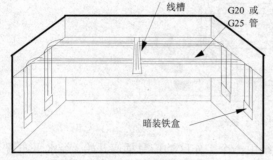

图 7-6　水平线缆安装

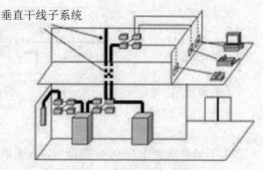

图 7-7　垂直干线子系统

干线的通道包括开放型和封闭型两种。前者是指从建筑物的地下室到其楼顶的一个开放空间，后者是一连串的上下对齐的布线间，每层各有一间，电缆利用电缆孔或是电缆井穿过接线间的地板，由于开放型通道没有被任何楼板隔开，因此为施工带来了很大的麻烦，一般不采用。

垂直干线子系统采用分层星型拓扑结构，每个楼层配线间均需采用垂直主干线缆连接到大楼主设备间。垂直主干线缆和水平系统线缆之间的连接需要通过楼层管理间的跳线来实现。

垂直主干线缆安装原则：从大楼主设备间主配线架上至楼层分配线间各个管理分配线架的铜线缆安装路径要避开高 EMI 电磁干扰源区域（如马达、变压器），并符合 ANSI TIA/EIA-569 安装规定。

电缆安装性能原则：保证整个使用周期中电缆设施的初始性能和连续性能。

大楼垂直主干线缆长度小于 90m 时，建议按设计等级标准来计算主干电缆数量，但每个楼层至少配置一条 CAT6 UPT/FPT 作为主干线。

大楼垂直主干线缆长度大于 90m，则每个楼层配线间至少配置一条室内六芯多模光纤作主干。主配线架在现场中心附近，保持路由最短原则。

铜缆及光纤的长度均用各楼层配线间到主配线间之间的距离乘以线缆根数，并考虑足够的端接余量和富余量，以便将来系统的扩容（即点数的增加）。

4. 管理子系统

本子系统由交连、互连配线架组成。管理点为连接其他子系统提供连接手段。交连和互连允许将通信线路定位或重定位到建筑物的不同部分，以便能更容易地管理通信线路，使在移动终端设备上能方便地进行插拔。互连配线架根据不同的连接硬件分楼层配线架（箱）IDF 和总配线架（箱）MDF，IDF 可安装在各楼层的干线接线间，MDF 一般安装在设备机房。

管理子系统是由配线间中的电缆、配线架和相关硬件构成，提供了其他子系统连接的手段，使整个综合布线系统及其连接的有关设备构成一个有机的整体。用户工作区设备的增加、迁移只需要通过配线架上的跳线即可实现，从而体现了综合布线系统的先进性和灵活性。

Note

管理子系统的数量要根据大楼的结构、用户需求、水平干缆的长度来确定。在满足水平干缆长度小于 90m 的条件下，尽可能减少管理子系统的数量，从而减少系统的整体投资，又便于用户的管理。

分配线间是各管理子系统的安装场所。对于信息点不是很多，使用功能又近似的楼层，为便于管理，可共用一个子配线间；对于信息点较多的楼层，应在该层设立配线间。配线间的位置可选在距弱电竖井旁附近的房间内。配线间用于安装配线架和计算机网络通信设备。

5. 设备间子系统

设备间子系统主要是由设备间中的电缆、连接器和有关的支撑硬件组成，作用是将计算机、程控交换机（PBX）、摄像头、监视器等弱电设备互连起来并连接到主配线架上，主要设备包括计算机、网络集线器、网络交换机、程控交换机、音响输出设备、闭路电视控制装置和报警控制中心等。

设备间子系统由设备间中的电缆、连接器和相关支撑硬件组成，把公共系统设备的各种不同设备互连起来。该子系统将中继线交叉连接处和布线交叉处与公共系统设备（如PBX）连接起来。

设备间子系统是大楼中数据、语音垂直主干线缆终接的场所，也是建筑群线缆进入建筑物终接的场所，还是各种数据语音主机设备及保护设施的安装场所。建议设备间子系统设在建筑物中部或在建筑物的一、二层，位置应远离电梯，而且为以后的扩展留有余地，不建议在顶层或地下室。建议建筑群线缆进入建筑物时应有相应的过流、过压保护设施。

设备间子系统空间要按 ANSI/TIA/EIA-569 要求设计。设备间子系统空间用于安装电信设备、连接硬件、接头套管等。为接地和连接设施、保护装置提供控制环境，是系统进行管理、控制、维护的场所。设备间子系统所在的空间还有对门窗、天花板、电源、照明、接地的要求。

6. 建筑群子系统

该子系统将一个建筑物的电缆延伸到建筑群的另外一些建筑物中的通信设备和装置上，是结构化布线系统的一部分，支持提供楼群之间通信所需的硬件，由电缆、光缆和入楼处的过流过压电气保护设备等相关硬件组成，常用介质是光缆。

建筑群子系统布线有以下 3 种方式：

（1）地下管道敷设方式：在任何时候都可以敷设电缆，且电缆的敷设和扩充都十分方便，能保持建筑物外貌与表面的整洁，提供最好的机械保护。缺点是要挖通沟道，成本比较高。

（2）直埋沟内敷设方式：能保持建筑物与道路表面的整齐，扩充和更换不方便，而且给线缆提供的机械保护不如地下管道敷设方式，初次投资成本比较低。

（3）架空方式：如果建筑物之间本来有电线杆，则投资成本是最低的，但不能提供任何机械保护，因此安全性能较差，同时也会影响建筑物外部的美观性。

7. 综合布线系统分析实例

某地块总建筑面积为 3 万多平方米，是一座集商业、办公、休闲为一体的智能小区，主要由 A、B 幢两幢商住楼组成，地下一层为车库，一层为管理用房与店面，二层为办公区，三层以上为住宅，共计 312 户。下面根据该小区实际需求对综合布线系统的 6 个子系统进行分析。

（1）工作区子系统

该子系统是一个独立的需要放置终端的区域，即一个工作区，工作区系统由水平布线系统的信息插座延伸到工作站终端设备处的连接电缆及适配器组成。该小区按每户为一个工作区来计算，在每户中设置 4 个终端，分别设置在主卧、客厅、书房中，从家居智能箱中引出超五类线缆到各终端，终端采用 IBDN 压接式超五类模块与面板，便于语音与数据交换使用。

（2）水平子系统

该子系统由工作区用的信息插座、配线设备至信息插座的配线电缆、楼层配线设备和跳线等组成。在该小区内各户将采用两条超五类电缆从弱电井延伸到家居智能箱内，保证语音、数据分离，在家居智能箱内进行内外连接，内部从智能箱到终端点也采用超五类线缆，语音与数据线缆从户内智能箱到弱电井将分别采用 110 配线架与模块式配线架进行管理，以四层为一个集中点，既保证语音单独使用，又能使家庭的报警与三表远传通过数据端口进行联网传输。

（3）垂直干线子系统

该子系统应由设备间的配线设备和跳线以及设备之间至各楼层配线间的连接电缆组成，在确定干线子系统所需要的电缆总对数之前，必须确定电缆语音和数据信号的共享原则，选择干线电缆最短、最安全和最经济的路由，选择带门的封闭型通道敷设干线电缆，干线电缆可采用点对点端接，也可采用分支递减端接以及电缆直接连接的方法。如果设备间与计算机机房处于不同的地点，而且需要语音与数据传输电缆多连接到计算机中心，则宜选取不同的干线电缆或干线电缆的不同部分来分别满足不同路由干线（垂直）子系统语音和数据传输的需要。在该小区中，主干线缆主要集中在弱电井，采用三类大对数作为语音主干将接入网用户语音线连接，数据以层为单元分布在弱电井中并通过多模光纤连接到设备间，由于该小区由 A、B 幢组成，中心机房在 A 幢一层，语音主干线缆全部通过桥架到机房，与外部接入网连接，各层数据点用交换机进行管理，再通过光纤收发器与光纤引到机房，并与接入网连接，实现与 Internet 联网，并且保证小区家居三表传输，达到家庭 10Mb/s 到户的要求。

（4）管理子系统

管理子系统设备设置在每层配线设备的房间内，管理子系统由交接间的配线设备、输入/输出设备等组成，也可应用于设备间子系统。管理子系统应采用单点管理双交接口，交接场的结构取决于工作区、综合布线系统规模和选用的硬件，在管理规模大、复杂、有二级交接间时，才在管理点放置双点管理双交接，根据应用环境用标记来标出各个端接场，对于交换间的配线设备，宜采用色标区别不同种类及用途的配线区，并且在交接场之间应留出空间，以便容纳未来扩充的交接硬件。在该小区中，以几层为单元，在弱电井内放置配线架和语音采用 IBDN 的 BIX 安装架进行汇总，将每户用不同的标记加以区分，数据为模块式配线架，通过交换机连成一个局域网连到设备间，水平线缆与垂直线缆用标准的跳线进行连接，全部集中在一个箱子里，只放置一个交接间，不使用二级交接。

（5）设备间子系统

设备间是设置设备进行网络管理以及管理人员值班的场所，设备间子系统由综合布线系统的建筑物、线缆、设备、电话、数据、计算机等各种主机设备及其保安配线设备组成。设备间内的所有进线终端应采用色标区别各类用途的配线区，设备间位置及大小根据设备的数量、规模，最佳网络中心等内容，综合考虑后确定。该小区是一个智能、集中的小区，包括监控、可视对讲、家居智能等系统，在 A 幢一层设置一个中心机房，把每个系统的设备都集中在一起控制，将系统用各种不同线缆区别开来，综合布线系统全部语音和数据线缆集中在中心机房的机柜中，收发器设备与接入网连接，根据用户的需求进行安排，比如选择电信还是网通，让用户自己方便选择。既保证小区语音和数据顺利开通，又能保证小区智能家居系统的联网。

（6）建筑群子系统

建筑群子系统是由两个及两个以上建筑物的语音/数据组成的一个建筑群综合布线系统，包括连接各建筑物之间的线缆和配线设备。建筑群子系统宜采用地下管道敷设方式，管道内敷设的铜缆或光缆应遵循电话管道和入孔的各项设计规定。此外，安装时至少应预留 1～2 个备用管孔，以供扩充之用。建筑群子系统采用直接沟内敷设时，如果在同一沟内埋入了其他的图像监控电缆，应设立明显的标记。该小区外接线埋入 3 个直径为 100mm 的套，用于电信进线使用，从地下室至该小区的控制中心采用 200mm×100mm 的桥架敷设，通过地下室到达中心机房管理中心，因为该小区由两幢楼组成，到控制室全部采用 300mm×100mm 的桥架，当中用挡板隔开，用于其他系统线缆汇总。

以上主要是考虑综合布线的 6 个子系统情况，在该系统中必须考虑接地系统，如交流工作接地、保护工作接地和屏蔽接地。交流工作接地主要指的是中性线（N 线）接地，N线必须使用铜芯绝缘线；保护工作接地将电气设备不带电的金属部分由接地体之间进行可靠的金属连接；屏蔽接地要求屏蔽管路两端与 PE 线可靠连接。在该小区中采用一点接地，因为整个建筑都有本身的接地系统，弱电系统的接地接入总接地端子箱，并且要求接地电阻小于 1Ω。其钢管、电缆、桥架等做好可靠的接地连接，将机房内所有设备的外壳及有金属外壳的设备的机体与大地之间做良好连接，在机房静电地板下要求设镀锌扁钢以起到等电信连接作用，保证整个系统顺利接地。

综上所述，随着科学技术的发展，人们对信息资源共享的要求越来越迫切，尤其是以电话业务为主的通信网向综合业务数字网过渡，越来越重视能够同时提供语音、数据和视频传输的集成通信网。该小区的综合布线系统综合考虑将来业务的发展，为信息时代的要求做好了准备。

7.2.3 综合布线系统的设计

1. 总体规划

一般来说,国际信息通信标准是随着科学技术的发展逐步修订、完善的。综合布线系统也是随着新技术的发展和新产品的问世,逐步完善而趋向成熟。在设计智能化建筑物综合布线期间,提出并研究近期和长远的需求是非常必要的。目前,国际上各综合布线产品只提出 15 年质量保证体系,并没有提出投资保证年限。为了保护建筑物投资者的利益,可采取"总体规划,分步实施,水平布线尽量一步到位"方式。主干线大多数都设置在建筑物弱电井,更换或扩充比较方便;水平布线是在建筑物的天花板内或管道里,施工费比初始投资的材料费高。如果更换水平布线,要损坏建筑结构,影响整体美观。因此,在设计水平布线时,应尽量选用档次较高的线缆及连接件,缩短布线周期。

2. 系统设计

综合布线是智能大厦建设中的一项新兴技术工程项目,不完全是建筑工程中的"弱电"工程。

智能化建筑是由智能化建筑环境内系统集成中心利用综合布线系统连接和控制 3A 系统组成的。布线系统设计是否合理将直接影响 3A 的功能。

设计与实现一个合理综合布线系统一般有 6 个步骤:

(1)获取建筑物平面图。

(2)分析用户需求。

(3)设计系统结构。

(4)设计布线路由。

(5)绘制布线施工图。

(6)编制布线用料清单。

星型拓扑结构布线方式具有多元化的功能,可以使任意一个子系统单独地布线,每个子系统均为一个独立的单元组,更改任意一个子系统时,均不会影响其他子系统。

设计一个完善的布线系统,其目标是在既定时间以外,允许在有新需求的集成过程中,不必再去进行水平布线,损坏建筑装饰而影响审美。

为了使智能建筑与智能建筑园区的工程设计具体化,根据实际需要,将综合布线系统分为 3 个设计等级:

(1)基本型

适用于综合布线系统中配置标准较低的场合,用铜芯电缆组网。

基本型综合布线系统配置:

① 每个工作区(站)有一个信息插座。

② 每个工作区(站)的配线电缆为一条 4 对双绞线,引至楼层配线架。

③ 完全采用夹接式交接硬件。

④ 每个工作区(站)的干线电缆(即楼层配线架至设备间总配线架电线)至少有两对双绞线。

Note

基本型综合布线系统的特点：

① 是一种富有价格竞争力的综合布线方案，能支持所有语音和数据的应用。

② 应用于语音、语音/数据或高速数据。

③ 便于技术人员管理。

④ 采用气体放电管式过压保护和能够自复的过流保护。

⑤ 能支持多种计算机系统数据的传输。

（2）增强型

增强型综合布线系统不仅具有增强功能，还可提供发展余地，支持语音和数据应用，并可按需要利用端子板进行管理，适用于综合布线系统中中等配置标准的场合，用铜芯电缆组网。

增强型综合布线系统配置：

① 每个工作区（站）有两个以上信息插座。

② 每个工作区（站）的配线电缆均为一条独立的 4 对双绞线，引至楼层配线架。

③ 采用夹接式（110A 系列）或接插式（110P 系列）交接硬件。

④ 每个工作区（站）的干线电缆（即楼层配线架至设备间总配线架）至少有 3 对双绞线。

增强型综合布线系统的特点：

① 每个工作区有两个信息插座，不仅灵活，而且功能齐全。

② 任何一个信息插座都可提供语音和高速数据应用。

③ 按需要可利用端子板进行管理。

④ 是一个能为多个数据设备制造部门环境服务的经济、有效的综合布线方案。

⑤ 采用气体放电管式过压保护和能够自复的过流保护。

（3）综合型

适用于综合布线系统中配置标准较高的场合，用光缆和铜芯电缆混合组网。

综合型综合布线系统配置：

① 在基本型和增强型综合布线系统的基础上增设光缆系统。

② 在每个基本型工作区的干线电缆中至少配有两对双绞线。

③ 在每个增强型工作区的干线电缆中至少有 3 对双绞线。

综合型综合布线系统的特点：

综合型综合布线系统的主要特点是引入光缆，可适用于规模较大的建筑物或建筑群，其余特点与基本型或增强型相同。

综合布线系统应能满足所支持的数据系统的传输速率要求，并应选用相应等级的传输线缆和设备。此外，还应能满足所支持的语音、数据、图像系统的传输标准要求。综合布线系统所有设备之间连接端子、塑料绝缘的电缆或电缆环箍应有色标，不仅各个线对是用颜色识别的，而且线束组也使用同一图表中的色标。这样有利于维护检修。这也是综合布线系统的特点之一。

所有基本型、增强型、综合型综合布线系统都能支持语音、数据、图像等系统，能随工程的需要转向更高功能的布线系统。三者之间的主要区别在于支持语音和数据服务所采用的方式不同；在移动和重新布局时实施线路管理的灵活性有所差异。

3. 综合布线系统设计要领

（1）在 PDS 设计起始阶段，设计人员要做到：

- ❑ 评估用户的通信要求和计算机网络要求。
- ❑ 评估用户楼宇控制设备自动化程度。
- ❑ 评估安装设施的实际建筑物或建筑群的环境和结构。
- ❑ 确定通信、计算机网络、楼宇控制所使用的传输介质。

（2）将初步的系统设计方案和预算成本通知用户单位。

（3）在收到最后合同批准书后，完成以下系统配置、布局蓝图和文档记录：

- ❑ 电缆线路由文档。
- ❑ 光缆分配及管理。
- ❑ 布局和接合细节。
- ❑ 光缆链路，损耗预算。
- ❑ 施工许可证。
- ❑ 订货信。

如同其他工程一样，系统设计方案和施工图的详细程度将随工程项目复杂程度而异，并与合同条款、可用资源及工期有关。

设计文档一定要齐全，以便能检验指定的 PDS 设计等级是否符合所规定的标准。在验收系统符合全部设计要求之前，必须备有这种设计文档。

（4）应始终确保已完成合同规定的链路一致性测试，而且链路损耗是可接受的。

在结构化布线系统中，布线硬件主要包括配线架、传输介质、通信插座、插座板、线槽和管道等。

① 介质。在我国主要采用双绞线与光纤混合使用的方法。光纤主要用于高质量信息传输及主干连接，按信号传送方式可分为多模光纤和单模光纤两种，多模光纤线径为 62.5/125μm。在水平连接上主要使用多模光纤，在垂直主干上主要使用单模光纤。

② 接头及插座。在每个工作区至少应有两个信息插座，一个用于语音，一个用于数据。插座的管脚组合为 1&2、3&6、4&5、7&8。

我国基本上采用北美的结构化布线策略，即双绞线+光纤的混合布线方式。双绞线又分为屏蔽线与非屏蔽线两种。

屏蔽系统是为了保证在有干扰的环境下系统的传输性能。抗干扰性能包括两个方面，即系统抵御外来电磁干扰的能力和系统本身向外发射电磁干扰的能力，对于后者，欧洲通过了电磁兼容性测试标准 EMC 规范。实现屏蔽的一般方法是在连接硬件外层包上金属屏蔽层以滤除不必要的电磁波。现已有 STP 及 S-STP 两种不同结构的屏蔽线供选择。

屏蔽系统的屏蔽层应该接地。在频率低于 1MHz 时，一点接地即可。当频率高于 1MHz 时，EMC 认为最好在多个位置接地。通常的做法是在每隔波长十分之一的长度处接地，且接地线的长度应小于波长的十二分之一。如果接地不良（接地电阻过大、拦地电位不均衡等），就会产生电势差，这样将构成屏蔽系统性能上的障碍和隐患。

值得注意的是，屏蔽电缆不能决定系统的整体 EMC 性能。屏蔽系统的整体性取决于系统中最弱的元器件，如跳接面板、连接器信息口、设备等，因此，若屏蔽线在安装过程中出现裂缝，将成为子屏蔽系统中最危险的环节。

思 考 题

1．网络拓扑结构的规划要充分考虑企业的地理环境，以利于后期工作的实施，那么分析拓扑结构时需要明确哪些指标？

2．确定网络规划总体目标主要考虑哪两个方面？

3．网络规划过程中应遵循哪些准则？

4．总结对比网络工程规划设计的几种方法，思考不同的方法分别适用于哪些情况。

5．根据 Internet 的发展历程，总结影响网络发展的关键因素，思考该如何解决这些问题，举例说说自己的看法。

6．相对于传统布线方式，综合布线系统具有哪些优势？

7．设计与实现一个合理的综合布线系统一般分为哪些步骤？

第 **8** 章

计算机网络的应用

8.1 Internet/Intranet/Extranet

8.1.1 Internet

1. Internet 的概念与组成

Internet 的中文名称为因特网或互联网，是当今信息社会巨大的信息资源宝库。只要用户将自己的计算机连入 Internet，便可以在这个信息资源宝库中漫游，如通过 Internet 收发邮件，拨打 IP 电话，与其他用户聊天，查阅、下载网上图书馆资料，接受远程教育，看新闻，看电影，进行网上购物等。

从信息资源的角度看，Internet 是一个集各个部门、各个领域的信息资源为一体的，供网络用户共享的信息资源网；从网络技术的角度看，Internet 是一个用 TCP/IP 协议把各个国家、部门、机构的内部网络连接起来的超级数据通信网。

凡是加入 Internet 的用户，都可以通过各种工具访问所有信息资源，查询各种信息库、数据库，获取自己所需的各种信息资料。

从网络管理的角度来看，Internet 是一个不受政府或某个组织管理和控制的，包括成千上万个互相协作的组织和网络的集合体。从某种意义上讲，Internet 处于无政府状态之中。但是，连入 Internet 的每一个网络成员都自愿地承担对网络的管理任务并支付费用，友好地与相邻网络协作指导 Internet 上的数据传输，共享网上资源，而且共同遵守 TCP/IP 协议的一切规定。

尽管 Internet 连接了遍布全球的各种网络和计算机，但在组成上仍可以归纳为以下几个部分。

（1）通信线路

通信线路将 Internet 中的路由器、计算机等连接起来，是 Internet 的基础设施，如光缆、铜缆、卫星、无线等。通信线路带宽越宽，传输速率越高，传输能力也就越强。

（2）路由器

路由器是 Internet 中重要的设备，实现了 Internet 中各种异构网络间的互联，并提供最佳路径选择、负载平衡和拥塞控制等功能。

（3）终端设备

接入 Internet 的终端设备可以是普通的 PC 或笔记本电脑，也可以是巨型机等其他设备，是 Internet 中不可缺少的设备。终端设备分服务器和客户机两大类，服务器是 Internet 服务和信息资源的提供者，有 WWW 服务器、电子邮件服务器、文件传输服务器、视频点播服务器等，为用户提供信息搜索、信息发布、信息交流、网上购物、电子商务、娱乐、电子邮件、文件传输等功能。客户机是 Internet 服务和信息资源的使用者。

（4）计算机网络

计算机网络指通过 Internet 互联起来的分布在各地的各个计算机网络，这些网络可以是采用不同的局域网或广域网技术实现的异构网络，它们在 Internet 上借助统一的 IP 协议互联，实现了资源共享。

图 8-1 给出了 Internet 的"网际网"逻辑结构。尽管 Internet 的内部结构非常复杂，但对于 Internet 用户来说，根本不必关心 Internet 的内部结构，他所面对的只是接入 Internet 的主机以及所能得到的网络资源和服务。

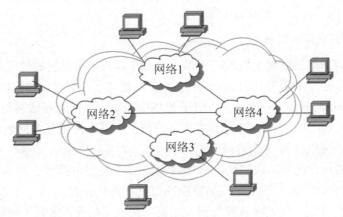

图 8-1 Internet 的"网际网"结构

2. Internet 的形成与发展

1969 年，美国国防部指派其高级研究计划局（Advance Research Projects Agency，ARPA）研究并设计一个能在战争期间使用的健壮的通信网络。建设该网络的目标是当网络的一部分受损时，数据仍然能够通过其他途径到达预定的目的地。于是，ARPA 将位于美国不同地方的几个军事及研究机构的计算机主机连接起来，建立了一个名为 ARPANET 的网络。这就是 Internet 的起源。

1980 年，ARPA 开始把 ARPANET 上运行的计算机转向采用新的 TCP/IP 协议。1983 年，根据实际需要，ARPANET 又被分离成了两个不同的系统，一个是供军方专用的 MILNET，另一个是服务于研究活动的民用 ARNNET。这两个子网间使用严格的网关，可彼此交换信息，这便是 Internet 的前身。

1985 年，美国国家科学基金会（NFS）筹建了 6 个超级计算中心及国家教育科研网，1986 年形成了用于支持科研和教育的全国性规模的计算机网络 NFSnet，并面向全社会开放，实现超级计算机中心的资源共享。NFSnet 同样采用 TCP/IP 协议集，并连接 ARPANET，从此 Internet 开始迅速发展起来，而 NFSnet 的建立标志着 Internet 的第一次快速发展。

随着 Internet 面向全社会的开放，在 20 世纪 90 年代初，商业机构开始进入 Internet。由于大量商业公司进入 Internet，网上通信量迅猛增长，NFS 不得不采用更新的网络技术

Note

来适应发展的需要。1990 年 9 月，由 Merit、IBM 和 MCI 三家公司联合组建高级网络服务公司 ANS（Advanced Network and Service），建立了覆盖全美的 ANSNET，其目的不仅在于支持研究和教育工作，还为商业客户提供网络服务。到 1991 年底，NFSnet 的全部主干网实现了与 ANS 提供的 T3 级主干网相通，并以 45Mb/s 的速率传输数据。Internet 的商业化标志着 Internet 的第二次快速发展。

其他国家和地区也都在 20 世纪 80 年代以后先后建立了各自的 Internet 骨干网，并与美国的 Internet 相连，形成了今天连接上百万个网络，拥有上亿个网络用户的庞大的国际互联网。随着 Internet 规模的不断扩大，向全世界提供的信息资源和服务也越来越丰富，可以实现全球范围的电子邮件通信、WWW 信息查询与浏览、电子新闻、文件传输、语音与图像通信服务、电子商务等功能。Internet 的出现与发展，极大地推动了全球由工业化向信息化的转变，成了一个信息社会的缩影。

3. Internet 在我国的发展

Internet 在我国的发展起步较晚，但由于起点比较高，所以发展速度很快。1986 年，北京市计算机应用技术研究所开始与国际联网，建立了中国学术网 CANET（Chinese Academic Network）。1987 年 9 月，CANET 建成中国第一个国际互联网电子邮件节点，并于 9 月 14 日发出了中国第一封电子邮件，揭开了中国人使用互联网的序幕。回顾我国 Internet 的发展，可以分为 3 个阶段。

（1）第 1 阶段：起步阶段，1986—1994 年。这个阶段以拨号上网为主，主要使用电子邮件服务，该阶段是以中国科学院高能物理研究所为代表的。

1987 年 9 月 20 日，钱天白教授发出我国第一封电子邮件，揭开了中国人使用 Internet 的序幕。

1988 年，中国科学院高能物理研究所采用 X.25 协议使该单位的 DECnet 成为西欧中心 DECnet 的延伸，实现了计算机国际远程联网以及与欧洲和北美地区的电子邮件通信。

1991 年，中国科学院高能物理研究所采用 DECnet 协议，以 X.25 方式连入美国斯坦福线性加速器中心（SLAC）的 LIVEMORE 实验室，并开通电子邮件应用。

（2）第 2 阶段：发展阶段，1994—1995 年。

1994 年 10 月，由国家计委投资，国家教委主持的中国教育和科研计算机网开始启动。

1995 年 4 月，中国科学院启动京外单位联网工程（俗称"百所联网"工程），实现国内各学术机构的计算机互连并和 Internet 相连，取名"中国科技网"。

（3）第 3 阶段：商业化发展阶段，1995 年至今。

1995 年 5 月，中国电信开始筹建中国公用计算机互联网全国骨干网。1996 年 1 月，中国公用计算机互联网全国骨干网建成并正式开通，全国范围的公用计算机互联网络开始提供服务。

1996 年 9 月 6 日，中国金桥信息网（CHINAGBN）连入美国的 256 Kb/s 专线正式开通，宣布开始提供 Internet 服务，主要提供专线集团用户的接入和个人用户的单点上网服务。

1996 年 12 月，中国公众多媒体通信网（169 网）开始全面启动，广东视聆通、天府热线、上海热线作为首批站点正式开通。

2004 年 12 月，经国务院批准，我国全国性的骨干互联网有 10 个。其中，经营性的互联网络有 6 个：

- 中国公用计算机互联网：由中国邮电电信总局负责建设、运营和管理，俗称 163。ChinaNet 的主页地址是 http://www.189.cn，国际线路的容量为 46268MB。
- 宽带中国 CHINA169：由中国网通集团公司经营，俗称 169。国际线路的容量为 19087MB（含有 CNCNet）。
- 中国联通公用计算机互联网（UNINet）：由中国联合通信有限公司负责建设与经营管理。UNINet 的主页地址是 http://sms.cnuninet.com，国际线路的容量为 1645MB。
- 中国网通公用互联网（CNCNet）：由中国网络通信有限责任公司负责建设与经营管理。CNCNet 的主页地址是 http://www.cnc.net.cn。
- 中国移动互联网（CMNet）：由中国移动通信集团公司负责建设与经营管理。CMNet 的主页地址是 http://www.chinamobile.com，国际线路的容量为 1130MB。
- 中国卫星集团互联网（CSNET）：由中国卫通集团有限公司建设（简称中国卫通），是中国航天科技集团公司从事卫星运营服务业的核心专业子公司。网址是 http://www.chinasatcom.com/。

非经营性的互联网络有 4 个：

- 中国教育科研网（CERNet）：由国家投资建设，教育部负责管理。CERNet 的主页地址是 http://www.cernet.edu.cn，国际线路的容量为 1022MB。
- 中国科技网（CSTNet）：中国科技网由国家投资和世界银行贷款建设，由中国科学院网络运行中心负责运行管理。CSTNet 的主页地址是 http://www.cnc.ac.cn，国际线路的容量为 5275MB。
- 中国国际经济贸易互联网（CIETNet）：面向全国外经贸系统事业单位的专用互联网。由外贸经济合作部下属的中国国际电子商务中心负责建设和管理。CIETNet 的主页地址是 http://www.ciet.net，国际线路的容量为 2MB。
- 中国长城互联网（CGWNet）：中国长城互联网为教育科研、医疗卫生和新闻媒体等用户提供中国长城专线、中国长城宽带、中国长城 163 等接入服务等。中国长城互联网（CGWNet）的主页地址为 http://www.cgw.cn/。

4. Internet 的特点

（1）Internet 是采用 TCP/IP 协议来实现互联的开放网络。TCP/IP 协议为任何一台计算机连入 Internet 提供了技术保证，任何机型、任何品牌的计算机只要支持 TCP/IP 协议，就可以加入到 Internet 中。对用户开放、对服务提供者开放正是 Internet 获得成功的重要原因。

（2）Internet 是一个庞大的网际互联网，由各种异构网络互联而成。这些网络可以是基于不同技术实现的园区网、企业网或运营商的网络，其规模可以大到跨越国界，小到仅由几台计算机组成。在 Internet 上，不分国籍、语言、职务和年龄，通称为网民。据 CNNIC 统计，在我国，到 2015 年 12 月底，上网人数已经达到 6.88 亿。

（3）Internet 包括各种局域网技术和广域网技术，是一种非集中管理的松散型网络，打破了中央控制的网络结构，各网络成员可以独立处理内部事务，而与整个 Internet 无关。Internet 涵盖了通信技术、广域网技术、局域网技术、宽带网技术、接入网技术、动态网页设计技术、面向对象程序设计技术、数据库技术、多媒体技术、WWW 服务器技术和防火墙技术，是通信、计算机和计算机网络技术相结合的产物。

（4）Internet 的应用是广泛的。在 Internet 上可以通信，也可以传输文字，还可以传输声音。在 Internet 上可以获得信息，也可以看新闻，听广播，看电视，看电影，读电子书籍，查阅图书和科技信息，购物，通过 BBS、聊天室和 ICQ 与朋友交谈等。

（5）交互性是 Internet 的重要特性，是游戏网站、电子商务网站和企业内部网的核心技术和关键技术。如果没有交互技术，Internet 的很多功能都不能实现，Internet 也将失去其应用的实际意义。

5. Internet 体系结构框架

Internet 是全球最大的、开放的、由众多网络互联而成的计算机网络，其核心是开放性，且贯穿在整个体系结构中，如图 8-2 所示为 Internet 体系结构框图。

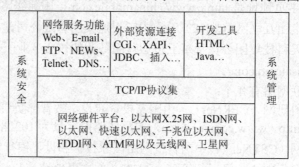

图 8-2　Internet 体系结构框图

Internet 可建立在任何物理传输网上，包括租线、拨号电话网、X.25 网、ISDN 网、以太网、快速以太网、千兆以太网、FDDI 网、ATM 网以及无线网、卫星网等。

TCP/IP 协议是实现互联网络连接性和互操作性的关键，通过 TCP/IP 协议可以把成千上万的 Internet 上的各种网络互联起来。

在高层，TCP/IP 协议为 Internet 用户提供了终端访问方式和客户/服务器方式的服务工具，诸如 FTP、Telnet、SMTP 等，用户可根据需要利用这些服务工具。而为管理整个网络，Internet 制定了简单网络管理协议（SNMP）。

6. Internet 与 NAP（Network Access Point）

Internet 的结构大致分为 5 层。

第 1 层为 NAP（互联网交换中心）层。目前，在美国国内有 11 个 NAP 点运营。另外，在新加坡和中国台湾、香港地区也有，上海的 NAP 也是其中之一。由信息产业部提出，中国电信集团公司组织建设、北京电信负责承建与维护、国内各大 ISP 共同管理的设在北京电信皂君庙局的 NAP，是我国真正意义上的 NAP 点。目前国内几个较大的 ISP，如中国公用计算机互联网、宽带中国、中国联通公用计算机互联网、中国网通公用互联网、中国移动互联网、中国卫星集团互联网、中国教育科研网、中国科技网、中国国际经济贸易互联网、中国长城互联网均与其连通。NAP 是为提高不同 ISP 之间的互访速率，节约有限的骨干网络资源，在全国或某一地区内建立的统一的一个或多个交换中心，为国内或本地

Note

区的各个网络的互通提供一个快速的交换通道。建立 NAP 的目的是实现 Internet 数据的高速交换。常见的 NAP 点应用的核心技术为链路的高速交换，如 ATM 交换、交换以太网、FDDI、千兆以太网、10Gb/s 以太网等。同时作为专为 ISP 客户提供互联和交换网络通信的传输网络，NAP 要求其接入用户具有自己的出口线路，以更好地实现与其他 ISP 进行信息交换，具体如图 8-3 所示。

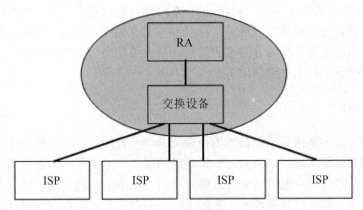

图 8-3　NAP 体系结构

　　第 2 层为全国性骨干网层。主要为一些大的 IP 运营商和电信运营公司经营的全国性 IP 网络。大多数都是采用 IP Over ATM 技术和纯 IP 技术，并在一些主要城市设点，经营路由器托管、服务器托管等业务。这些运营商成为骨干网络的提供者。

　　第 3 层为区域网，类似于第 2 层，但其经营地域范围较小。

　　第 4 层为 ISP 层。ISP 是 Internet 的基本服务单位，可实现灵活的服务。与本地电话网、传输网有直接的联系，完成电话拨号用户、专线用户上网，为信息源及信息提供者提供接入服务。

　　第 5 层为用户接入层，包括用户接入设备和用户终端。

　　7.　下一代 Internet（Internet II）

　　Internet 的产生和发展已对世界经济产生了巨大的影响，然而，随着网络规模的持续膨胀和新型网络应用需求的不断增长，现有的 Internet 面临着许多挑战。一方面是现有的 Internet 可扩展性差，IP 地址空间不够，将来会需要大量的公有地址（例如，信息家电、移动终端、工业传感器、自动售货机、汽车等对地址的需求），IPv4 无法为急剧增长的用户群提供服务；另一方面是新的分布式多媒体在线应用（例如，对服务质量和安全高度敏感的端到端实时语音及视频应用），对 Internet 所带来的影响和问题已超出了目前 IPv4 所能解决的范围。这就需要一个新的网络体系结构，提供更完善的网络性能，包括更大的带宽、更高的服务质量（QoS）、可移动性和网络安全性、智能化的网络管理模式等。另外，还有无处不在的信息与通信服务方式，都需要通过探索新的技术来解决这些问题，在这样的背景下，下一代 Internet 应运而生。

　　Internet II 由大学高级 Internet 发展联盟（U-CAID）于 1998 年提出，有 170 所大学参加，致力于发展 IPv6、多终点传输、服务质量技术、数字图书馆及虚拟实验室等应用。

其中，IPv6 通过采用 128 位的地址空间替代 IPv4 的 32 位地址空间来扩充 Internet 的地址容量，使得 IP 地址在可以预见的时期内不再成为限制网络规模的一个因素，同时在安全性、服务质量及移动性等方面有了较大的改进。IPv6 解决的不仅仅是 IP 地址空间的问题，更重要的是推动业务创新，使 Internet 能承担更多的任务，为以 IP 为基础的网络融合奠定了坚实的基础。

Internet II 的发展前景非常广阔，以 IPv6 为基础核心协议的下一代网络将成为国家信息化的基础设施，并带动国民经济——从基础教育、科研、医疗、能源、交通、金融、环保、工业到家电产业等各行各业的全面发展。在人类社会与生活的方方面面，无处不在的网络将提供更便捷的信息与通信服务。

8.1.2 Intranet

随着知识经济的到来和信息技术的日益更新，一方面，企事业单位或个人对信息管理和信息共享的要求越来越高，例如，公司的产品信息、电子商务信息希望通过网络向社会公布，企业网内部的用户也希望能够方便地访问 Internet 上的资源，迅速获取产品和技术信息；另一方面，随着经营规模的不断扩大，许多企业在全国各地都开设分公司，需要实现各地的生产、原料、市场信息等方面的全面管理。早期的计算机网络由于信息传输的速度太慢或没有联网，已不能适应这种要求；而且从安全的角度考虑，企业不希望外部任何用户都可以访问企业内部网络，必须设置一些安全措施。这些社会需求导致了新型的企业内联网（Intranet）的出现。

1. Intranet 的概念

简单地说，Intranet 就是建立在企业内部的 Internet，又称内联网，也有人称之为 Internal Internet 或 Coporate Internet，是一种基于 Internet 的 TCP/IP 协议，使用 WWW 工具，采用防止外界侵入的安全措施，为企业内部服务并有连接 Internet 功能的企业内联网络。实际上，Intranet 将 Internet 技术运用到企业内部的信息系统中，以企业内部员工为服务对象，以促进公司内部各个部门的沟通、提高工作效率、增加企业竞争力为目的，使用 Web 协议构建企业级的信息集成和信息服务系统。

企业在构建 Intranet 时，并不需要对传统企业内联网的网络层以下的技术进行改变，Intranet 的核心是 TCP/IP 协议及服务，所以其主要针对企业内联网的网络层及网络层以上技术进行改变与扩展。

必须指出，Intranet 并不等于局域网，Intranet 可以是局域网（LAN）、城域网（MAN）甚至是广域网（WAN）的形式。目前，许多跨地区、跨区域、跨国度的企业，都已经开始从自身发展的角度出发，架构企业自己的 Intranet，希望通过 Internet 的通信资源，迅速、廉价地建立营销网络，与客户、市场建立更紧密的联系，树立更完善的企业市场形象。

从本质上说，Internet 和 Intranet 两者采用同样的技术，均使用 TCP/IP 协议，所有设计在 Internet 上的网络应用都可以在 Intranet 上运行；从应用的角度来看，Intranet 利用了 Internet 技术，如 WWW、电子邮件、FTP 与 Telnet 等，是 Internet 在企业内部信息系统的应用和延伸。Intranet 内的用户可以方便地访问 Internet，而 Internet 上的用户也可以以授权方式访问 Intranet。

　　Internet 和 Intranet 的区别在于，Internet 连接了全球各地的网络，是公用的网络，允许任何用户从任何一个站点访问其资源，而 Intranet 是一种企业内部的计算机信息网络，是专用或私有的网络，对其访问需要具有一定的权限，其内部信息必须严格加以维护，因此对网络安全性有特别要求，如必须通过防火墙与 Internet 连接。然而 Intranet 也只有与Internet 互联才能真正发挥作用。

　　2．Intranet 的组成

　　典型的 Intranet 的组成如图 8-4 所示，主要由服务器群、远程访问系统和安全系统三大部分组成。

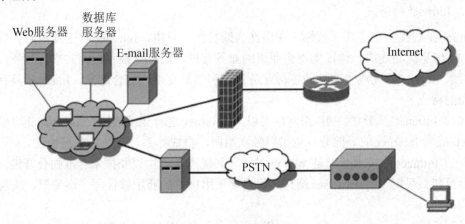

图 8-4　Intranet 的基本组成

　　（1）服务器群：主要有 WWW、数据库、电子邮件和文件传输等基本服务器。数据库服务器是 Intranet 的重要组成部分，不仅可提供 Client/Server（客户/服务器）模式，也可提供 Browser/Server（浏览器/服务器）模式的数据库访问方式。WWW 是 Intranet 最主要的应用系统，建立 WWW 服务器用于存储、管理 Web 页与提供 WWW 服务，实现企业在 Internet 和 Intranet 上的信息发布。通过电子邮件服务器，可以实现企业工作人员与上级机构、分支机构等电子信息的传递。

　　（2）远程访问系统：提供远程用户或远程分支对企业网络访问的注册。远程主机或分支网络可通过电话拨入、ISDN、专线或 VPN 方式连入，实现企业所有站点通过网络高速访问 Internet。

　　（3）安全系统：在企业 Intranet 应用环境下，企业网络与 Internet 的连接将越来越密切，网络的安全将是保证企业正常运行的必要条件，包括系统安全（物理安全、系统安全、密码安全）、通信安全（传输）和边界安全（防火墙技术）。

　　3．Intranet 的结构

　　Intranet 采用了 3 层结构，即客户机、Web 服务器和数据库服务器，如图 8-5 所示。当客户机有请求时，向 Web 服务器提出请求服务，当需要查询服务器时，Web 服务器通过某种机制请求数据库服务器的数据服务，然后 Web 服务器把查询结果转变为 HTML 的网页返回浏览器显示出来。Web 服务器与数据库服务器之间的接口是 Intranet 应用的关键，最开始采用公共网关接口（CGI）程序和应用程序接口（API），近年来又推出了 PHP、ASP 等多种开发技术，对 Intranet 以及 Internet 提供了有力的支持。另外，生产数据库系统的公司还为本公司的数据库产品开发了专用的 Web 功能，如 Oracle Web 等，可以使 Intranet 的 Web 直接访问相应的数据库。

图 8-5　Intranet 的结构

4．Intranet 的特点

Intranet 的优势在于其开放性、通用性、简易性。对内，Intranet 将企业内部各自封闭的 LAN 信息孤岛连成一体，实现企业级的业务管理、信息交换和资源共享；对外，可方便地接入 Internet，完成全球性的各种业务管理和信息交换。综合起来，Intranet 具有以下几方面的特点。

（1）Intranet 基于 TCP/IP 组网，可以与 Internet 进行无缝连接。Intranet 既可以接入 Internet 成为 Internet 的一部分，也可以独立组网，自成体系，系统可扩展性强。

（2）Intranet 的技术基础是 WWW 技术，其优点在于协议和技术标准的公开性，可以跨平台组建，采用 Web/Browser 结构，用户端采用标准的通用软件——浏览器，实现信息的双向流动。

（3）Intranet 提供基于 Internet 的网络服务，如 WWW、FTP、E-mail；采用 SNMP 作为网络管理协议，操作简单，维护更新方便。

（4）Intranet 为企业或组织所有，是企业内部非开放性的网络，访问需要一定的权限。

5．Intranet 的应用

Intranet 由于系统建立成本低，简单易用、见效快、回报率高，已在企业中得到广泛的应用，除了拥有 WWW、E-mail、FTP、Gopher 等服务之外，还有以下几方面的应用。

（1）领导决策的多媒体查询

利用 Web 技术可以将众多不同格式的数据组织起来，这样各部门的数据在 Web 上得以组织成为一种公共的格式，所以特权用户不仅可以访问、查询各种信息，而且这些数据可以用超媒体形式得到，这种形象、直观的数据不仅减少了公文传递的延迟，而且大量的第一手资料为领导层的决策提供了依据。

（2）远程办公

实施 Intranet 后，除会议等事务性工作的处理，都可借助于 Web 和电子函件实现，远程办公成为一种便捷的工作方式。由于某种原因不能在办公室的人员（例如出差在外地的人员），尤其是领导层人员可以通过拨号入网，将便携式计算机接上企业信息网中，调阅公文、处理回复电子信箱中的邮件，避免了由于出差等原因造成的工作延误。

（3）无纸公文传输

在使用 Intranet 前，公文可以作为邮件传递，但是对于非文字邮件，例如图形、图像、语音及程序的传递却在传输或阅读方面存在一定的难度。使用 Intranet 之后，借助于超文本传输协议，图形、图像等均可以很快作为邮件传输，并且可以方便地查阅，这为无纸公文的应用开辟了广阔前景，提高了办事效率。

（4）公告、通知发布

可以利用公告板、通过广播方式在网络上发布公告以及通知。

（5）专题讨论

在 Intranet 上，利用开辟的新闻组以及 BBS，授权用户能够在网上不受地域的限制和时间约束。

（6）人事管理或人力资源管理

可以通过接口技术在人事系统和企业 Web 之间建立接口，这样授权的人事部门可以很方便地查询和存取。与此同时，利用 NetSearch 技术，人事部门能够方便地在全企业范围内安排调度企业的人力资源。

（7）财务与计划

通过 Intranet 的实施，部门或下属企业不仅可以通过 E-mail 或 FTP 方式向上级报告，而且上级机关的授权用户可以随时方便地了解下属企业的财务及计划。

（8）企业动态及企业刊物

可以利用 Web 技术，将企业刊物改成电子版，以 Web 或 FTP/E-mail 方式发行，这样，各部门之间都可以快速查阅这种无论是编辑质量还是内容都优于目前状况的内部刊物。

（9）形象宣传与联机服务

目前，国外的企业已将 Intranet 或 Internet 作为企业产品宣传和销售的有效途径，利用 Web 图文并茂地介绍企业的产品。

对于 Intranet 而言，既然信息发布（Publish）是建立在 Web 之上，因此可以通过 Web 建立自己的 Homepage，用于自身形象的宣传。不仅如此，政府机构可以作为政策法规宣传和发布的方式，企业可用做产品介绍与联机服务的手段。

（10）分布式数据库存取和资料发布

一般在企业的信息系统中，数据库占有重要的地位，除日常事务调度及通信外，大量日常作业数据是基于数据库管理的。无论这些数据的服务对象是企业内部用户还是公众，其存取都是困扰信息管理人员的问题。但是在 Intranet 中能过 GGI 在 DBMS 和 Web Server 之间构建接口，那么这些数据能够以统一的界面发布，而用户也能够从超链接所提供的简便的获取方式迅速得到需要的数据，从而避免了通常情况下的用户培训和维护开销。

Intranet 的出现为企事业单位的信息管理现代化和企业内部及企业之间的信息交流提供了强有力的手段，并将随 Internet 的发展而日趋普及。据最新统计，全球 500 家大型企业 80%以上拥有自己的 Intranet，Internet 上已有 60%的 Web 站点属于 Intranet 的 Web 站点。

8.1.3 Extranet

企业经营的全球化和兼并重组浪潮，不仅要求企业信息网络对内高效运作，而且能够与贸易合作伙伴共享企业信息，保持密切的联系。而 Intranet 仅适用于企业内部，满足公司内部员工的信息查询，不能满足其他人员，如客户、经销商和供货商对企业内部信息的密切关注。Extranet 弥补了 Intranet 在与外界联系方面的不足，成为 Intranet 的新发展。

Extranet 又称外联网，往往被看作企业网的一部分，是现有 Intranet 向外的延伸。它是一个使用公共通信设施和 Internet 技术的私有网，也是一个能够使其客户和其他相关企业（如银行、贸易合作伙伴、运输行业等）相连以完成共同目标的交互式合作网络。

由于 Extranet 仅在供需双方提供信息，因此被广泛用于电子商务中。电子商务是在 Internet 上进行的商务活动，包括网上的广告、订货、销售、售后服务，以及市场调查分析、生产安排等，其重要技术特征是利用 Web 技术来传输和处理商业信息。Extranet 允许部分业务伙伴、供应商、员工、分销商、客户和订约方连接到公司网络和服务器开展业务，其中包括与客户之间的产品和服务购销活动、与合作伙伴和厂家间的数据交换活动。Extranet 可以提供良好的客户服务，发布最新的产品、项目与培训信息，在网上建立虚拟的实验室进行跨地区的合作等。

Intranet 与 Extranet 都是在现有的 Internet 技术环境下由企业或组织构建而成的，且都以 WWW 作为人机界面。Intranet 是由局域网上的一个或者多个子网组成，对这些子网的访问有严格的限制，仅供企业或组织内部使用，不对外公开，而且仅对一些合作者开放或向公众提供有选择的服务。而 Extranet 是由广域网连接的两个或者多个 Intranet 构成的网络组成，可有目的或有条件地与外界（如合作伙伴等）交换信息。Intranet 所关心的主要问题是如何组织企业内部的进行信息交流和资源共享，如何按企业的管理模式设计 Intranet；而 Extranet 主要关心的是如何在保持核心信息数据的前提下，扩大网络的访问范围，使客户和贸易伙伴能共享企业的信息和相互交流，因此安全问题是 Extranet 的核心问题。Extranet 通常与 Intranet 一样位于防火墙之后，但不像 Internet 为大众提供公共的通信服务；对 Extranet 的访问是半私有的，用户是关系紧密的企业，信息在信任的圈内共享。因此，Extranet 非常适合于具有时效性的信息共享和企业间完成共有利益目的的活动。

另外，Extranet 可以作为公用的 Internet 和专用的 Intranet 之间的桥梁，也可以被看作一个能被企业成员访问或与其他企业合作的企业 Intranet 的一部分。成功的 Extranet 技术应该是 Internet、Intranet 和 Extranet 三者的自然集成，使企业能够在 Extranet、Intranet 和 Internet 等环境中游刃有余。

外联网扩展了内联网的概念，将企业的内联网连入其业务伙伴、客户或供应商的网络。外联网可以是公共网络、专用网络或虚拟专用网络（VPN）中的任何一种。这几种网络都能实现企业间的信息共享。外联网必须是安全的，要防止将企业内部信息泄露给未经授权的用户。企业的授权用户可以方便地通过外联网连入其他企业的网络，并获取信息。外联网为企业提供了便捷的通信联络手段，帮助企业协调采购，通过 EDI 交换业务单证，实现彼此之间的交流和沟通。利用传统的 Internet 协议（如 TCP/IP），外联网可用 Internet 实现

Note

网间通信，而且即使是独立于 Internet 的专用网络也可使用 Internet 的协议和技术进行通信。构建外联网的方式有如下几种。

1. 利用公共网构建外联网

在这种结构中，安全性是最大的问题，因为公共网络不能提供任何安全保护措施。为了保证合作企业之间交易的安全，每个企业在把信息送到公共网络之前，必须对这些信息提供安全保护。内联网一般用防火墙来检查来自 Internet 的信息包，但是防火墙也不是绝对安全的。这正是很少使用公共网络来构建外联网络的原因。专用网和虚拟专用网都能提供足够的安全来保护企业间交易的需要。

2. 构建专用外联网

专用网是两个企业间的专线连接，这种连接是两个企业的内联网之间永久的物理连接。这种连接最大的优点是安全，除了合法通过专线连入外联网的企业，其他任何人和企业都不能进入该网络。所以，专用网保证了信息流的安全性和完整性。专用网的最大缺点是成本太高，因为专线是比较昂贵的，每两个想要构建专用外联网的企业都需要一条独立的专用线将它们连接起来。例如，如果一个企业想通过专用网与 7 个企业建立外联网，该企业必须支付 7 条专线的费用。

3. 基于虚拟专用网络的外联网

虚拟专用网（Virtual Private Network，VPN）是一种特殊的外联网，采用一种叫作"通道"或"数据封装"的系统，用公共网络及其协议向贸易伙伴、客户、供应商和雇员发送敏感的数据。这种通道是 Internet 上的一种专用通路，可保证数据在外联网企业之间安全传输。VPN 就像高速公路（Internet）上一条单独的、密封的公共汽车通道，公共汽车通道外的车辆看不到通道内的乘客。利用建立在 Internet 上的 VPN 专用通道，处于异地的企业员工可以向企业的计算机发送敏感信息。而且，这种构建外联网的方式费用也较低。建立 VPN 不需要自己铺设专线，除了每个公司的内联网外，其他就只有 Internet。因此，这种基于虚拟专用网络的外联网发展很快。

人们常常将外连网与 VPN 混为一谈。虽然 VPN 是一种外联网，但并不是每个外联网都是 VPN。同使用专线的专用网不一样，VPN 适时地建立一种临时的逻辑连接，一旦通信会话结束，这种连接就断开了。VPN 中"虚拟"一词的意思是：这种连接看上去像是永久的内联网间的连接，但实际上它只是临时的，一旦两个内联网之间发生交易，VPN 就建立起来；交易通过 Internet 完成，交易结束后，连接就终止了。

8.2 域名服务 DNS

任何 TCP/IP 应用在网络层都是基于 IP 协议实现的，因此必然要涉及 IP 地址。但是 32 位二进制数长度的 IP 地址和 4 组十进制数的 IP 地址难以记忆，所以应用程序很少直接使用 IP 地址来访问主机。一般采用更容易记忆的 ASCII 串符号来指代 IP 地址，这种特殊用途的 ASCII 串被称为域名。例如，人们很容易记住代表新浪网的域名 www.sina.com，但是恐怕极少有人知道或者记得新浪网站的 IP 地址。使用域名访问主机虽然方便，但却带来了一个新的问题，即所有的应用程序在使用这种方式访问网络时，首先需要将这种以 ASCII 串表示的域名转换为 IP 地址，因为网络本身只识别 IP 地址。

域名与 IP 地址的映射在 20 世纪 70 年代由网络信息中心（NIC）负责完成，NIC 记录所有的域名地址和 IP 地址的映射关系，并负责将记录的地址映射信息分发给接入 Internet 的所有最低级域名服务器（仅管辖域内的主机和用户）。每台服务器上维护一个称之为 hosts.txt 的文件，记录其他各域的域名服务器及其对应的 IP 地址。NIC 负责所有域名服务器上 hosts.txt 文件的一致性。主机之间通信时直接查阅域名服务器上的 hosts.txt 文件。但是，随着网络规模的扩大，接入网络的主机也不断增加，从而要求每台域名服务器都可以容纳所有的域名地址信息就变得极不现实，同时对不断增大的 hosts.txt 文件一致性的维护也浪费了大量的网络系统资源。

为了解决这些问题，提出了域名系统（Domain Name System，DNS）的概念。DNS 通过分级的域名服务和管理功能提供了高效的域名解释服务。DNS 包括域及域名、主机、域名服务器三大要素。

8.2.1 域和域名系统

1. 域

域（Domain）指由地理位置或业务类型而联系在一起的一组计算机构成的一种集合，一个域内可以容纳多台主机。

在域中，所有主机由域名（Domain Name）来标识，而域名由字符、数字组成，用于替代主机的数字化地址。当 Internet 的规模不断增大时，域和域中所拥有的主机数目也随之增多，管理一个大而经常变化的域名集合就变得非常复杂，为此提出了一种分级的基于域的命名机制，从而得到了分级结构的域名空间。

在域名空间的根域之下，被分为几百个顶级（top-level）域，其中每个域可以包括许多主机。还可以被划分为子域，而子域下还可以有更小的子域划分。域名空间的整个形状如一棵倒立的树，根不代表任何具体的域，树叶则代表没有子域的域，但这种叶子域可以包含一台主机或者成千上万台的主机。

顶级域名由一般域名和国家域名两大类组成。一般域名最初只有 6 个域，即 com（商业机构）、edu（教育单位）、gov（政府部门）、mil（军事单位）、net（提供网络服务的系统）和 org（非 com 类的组织），后来又增加了一个为国际组织所使用的顶级域名 int；国家级域名是指代表不同国家的顶级域名，如 cn 表示中国，uk 表示英国，fr 表示法国，jp 表示日本等。几乎所有美国组织都处于一般域中，而所有非美国的组织都列在其所在国的域下，如图 8-6 所示。

采用分级结构的域名空间后，每个域就采用从节点往上到根的路径命名，一个完整的名字就是将节点所在的层到最高层的域名串起来，成员间由点分隔。

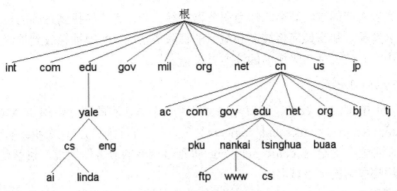

图 8-6 域名空间示意图

2. 域名系统

域名系统是 Internet 上解决网上机器命名的一种系统。就像拜访朋友要先知道别人家怎么走一样，Internet 上当一台主机要访问另外一台主机时，必须首先获知其地址，TCP/IP 中的 IPv4 地址是以 4 段十进制的数字组成，记起来总是不如名字那么方便，所以就采用了域名系统来管理名字和 IP 的对应关系。

到哪里去寻找一个域名所对应的 IP 地址呢？这就要借助一组既独立又相互协作的域名服务器完成，这组服务器提供的服务即域名系统。在 Internet 中向主机提供域名解析服务的机器被称为域名服务器或名字服务器。从理论上讲，一台名字服务器就可以包括整个 DNS 数据库，并响应所有的查询。但实际上这样 DNS 服务器就会由于负载过重而不能运行。于是，与分级结构的域名空间相对应，用于域名解析的域名系统 DNS 在实现上也采用了层次化模式，类似于分布式数据库查询系统，如图 8-7 所示。

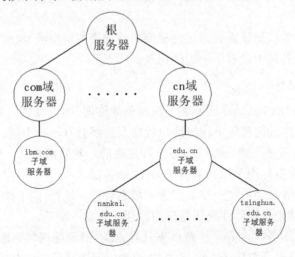

图 8-7 分级结构的域名空间图

8.2.2 域名注册与管理

在顶级域名服务器（com、net、org 等）中保存了二级域名服务器的地址，这样它们才能告诉查询者对应的二级域名归哪台服务器解释。查询者才能找到正确的授权服务器完成最终的域名解释。那么如何将域名和域名解释服务器的 IP 地址存放到顶级域名服务器的解释记录中呢？这就是二级域名的注册过程需要解决的问题。

1. DNS 的管理体系

Internet 的 IP 地址、域名、协议号码都是由一个非营利的国际组织 ICANN（Internet Corporation for Assigned Names and Numbers）负责分配和管理的。这个组织管理着域名根服务器。根服务器负责给出 com、net、org 等顶级域名的服务器地址，也就是说 ICANN 可以决定启用哪些新的顶级域名。

在 1998 年之前，com、net 和 org 的域名注册全部由 NSI（Network Solutions Inc）一家公司管理，这种独家生意遭到了许多非议，终于在 1999 年，美国商务部和 NSI 达成了一个协议。让 NSI 开放了域名注册系统，即将原先由 NSI 独家拥有的注册平台改变成可以由任意多个注册商共同使用的共享注册系统（Shared Registration System，SRS），能够使用这套系统的注册商身份是平等的。然后由一家非营利组织，即 ICANN 负责管理和审批注册商的申请事宜，这样 NSI 就不再拥有任何特权了。

随后大家觉得开放的顶级域名太少了，建议增加新的顶级域名。审批新顶级域名也由 ICANN 负责，通过审批的顶级域名也通过 SRS 注册。虽然注册过程基本相同，不过有些新的顶级域名的注册商审批并不是通过 ICANN 进行的，而是由域名的发起人来选择。这种顶级域名称为“发起人域名”。那些有 ICANN 审批注册商的顶级域名为“非发起人域名”（虽然都有一个发起人），不过现在大部分的新域名已经变成非发起人域名了。不是所有提供域名注册服务器的都是注册商，只有直接使用 SRS 的才是域名注册商（Registrar），其他的不过是注册商的代理罢了。例如，网域科技是厦门精通公司的代理，厦门精通公司才是域名注册商。

用户通过注册商的代理或直接通过注册商将注册资料提交给 SRS，这样就完成了域名注册过程，在顶级服务器中设置了相应的记录。

2. 域名注册的过程

目前国际域名的 DNS 必须在国际域名注册商处注册，国内域名的 DNS 必须在 CNNIC 注册。域名注册的具体过程在每个注册商户代理商处都会有一些不同，不过大体原理是一样的。在注册域名之前必须确认该域名还没有被注册，然后需要做一些准备工作：① 准备好身份资料；② 准备好用于域名解释的 DNS 服务器。

域名注册步骤：登录会员区—域名服务—域名管理—选择作为 DNS 后缀的域名—创建 DNS 服务器—选择是在国际注册还是国内注册—申请—交费。

在注册新的域名服务时，需要注意以下几点：① 必须确保域名服务器的域名尚未被注册；② 域名服务器必须对应一个固定的 IP 地址，因为在顶级域名服务器上这些名字解释记录的生存时间一般是 2 天，也就是 IP 地址改变时至少需要 48 小时才会完全生效。如果服务器 IP 地址确实需要改变，必须保证新地址和旧地址至少有 48 小时的衔接期。

另外，注册 DNS 服务器，必须同时在该域名的 DNS 服务器上为将要进行注册的 DNS 服务器主机名设置好域名解析，解析生效且注册成功后新注册的 DNS 服务器才可以正式使用。

例如，要注册名为 dns1.abc.com（IP：1.1.1.1）和 dns2.abc.com（IP：2.2.2.2）的 DNS
服务器，则在提交注册申请后，须尽快在 abc.com 的 DNS 服务器上设置 dns1.abc.com 指向
1.1.1.1，dns2.abc.com 指向 2.2.2.2。另外，如果将来 abc.com 变更 DNS 服务器了，也要在
新的 DNS 服务器上设置以上两条记录，DNS 才能继续使用。

8.2.3 域名解析服务

1. 域名解析的相关概念

域名和网址并不是一回事，域名注册好之后，只说明对这个域名拥有了使用权，如
果不进行域名解析，那么这个域名就不能发挥作用，经过解析的域名可以用来作为电子
邮箱的后缀，也可以用来作为网址访问自己的网站，因此域名投入使用的必备环节是"域
名解析"。

人们习惯记忆域名，但在互联网上，最终确定访问主机位置的不是域名，也不是计算
机的 MAC 地址，而是 IP 地址。域名与 IP 地址之间是对应的，二者之间的转换工作称为
域名解析。域名解析是把域名指向网站空间 IP，让人们通过注册的域名方便地访问到网站
的一种服务。域名解析也叫域名指向、服务器设置、域名配置以及反向 IP 登记等，由专
门的域名解析服务器（DNS）来完成，即把域名解析到一个 IP 地址，然后在此 IP 地址的
主机上将一个子目录与域名绑定，整个过程是自动进行的。一个域名对应一个 IP 地址，
一个 IP 地址可以对应多个域名；所以多个域名可以同时被解析到一个 IP 地址。

域名解析使用 UDP 协议，其 UDP 端口号为 53。提出 DNS 解析请求的主机与域名服
务器之间采用客户/服务器（C/S）模式工作。

2. 域名解析类型

（1）泛域名解析

泛域名解析是指将*.域名解析到同一 IP 地址上。在域名前添加任何子域名，均可访问
到所指向的 Web 地址。也就是客户的域名 acom 之下所设的*.acom 全部解析到同一个 IP
地址上。例如，客户设**.acom 就会自己自动解析到与 acom 相同的 IP 地址上。

（2）域名智能解析

域名智能解析就是除了具备一般的基本 DNS 解析功能外，还可以自动识别浏览者的来
源，并把相同的域名智能 DNS 解析到双线路机器的网通或电信的 IP，以便就近访问网站。

（3）MX 记录

MX 记录即路由记录，用户可以将该域名下的邮件服务器指向自己的 Mail Server 上，
然后即可自行操控所有的邮箱设置。用户只需在线填写服务器的 IP 地址，即可将域名下
的邮件全部转到自己设定的相应邮件服务器上。

（4）CNAME 记录

CNAME 也是一个常见的记录类别，它是一个别名记录（Canonical Name）。当 DNS
系统在查询 CNAME 左面的名称时，都会转向 CNAME 右面的名称再进行查询，一直追踪
到最后的 PTR 或 A 名称，成功查询后才会做出回应，否则失败。这种记录允许用户将多

个名字映射到同一台计算机。与 A 记录不同的是，CNAME 别名记录设置的可以是一个域名的描述而不一定是 IP 地址。通常用于同时提供 WWW 和 MAIL 服务的计算机。

（5）TTL 值

TTL 全称是 Time To Live（生存时间），简单地说，TTL 表示 DNS 记录在 DNS 服务器上的缓存时间。

（6）A 记录

Web 服务器的 IP 指向 A（Address）记录是用来指定主机名（或域名）对应的 IP 地址记录。

（7）URL 转发

转发功能：如果没有独立的服务器（也就是没有一个独立的 IP 地址）或者还有一个域名 B，想在访问 A 域名时能访问到 B 域名的内容，这时就可以通过 URL 转发来实现。URL 转发可以转发到某一个目录下，甚至某一个文件上，而 CNAME 则不可以，这就是 URL 转发和 CNAME 的主要区别所在。

3. 域名解析软件

DNS 系统是由各式各样的 DNS 软件所驱动的，包括 BIND（Berkeley Internet Name Domae most commonly used namedaemon）、DJBDNS（Dan J Bernstein's DNS implementation）、NSD（Name Server Daemon）、PowerDNS 等。

DNS 通过允许一个名称服务器将其一部分名称服务（众所周知的 zone）"委托"给子服务器而实现了一种层次结构的名称空间。此外，DNS 还提供了一些额外的信息，例如，系统别名、联系信息以及哪一个主机正在充当系统组或域的邮件枢纽。

4. 域名解析工作原理

域名解析有正向解析和反向解析之说，正向解析就是将域名转换成对应的 IP 地址的过程，应用于在浏览器地址栏中输入网站域名时的情形；而反向解析是将 IP 地址转换成对应域名的过程，但在访问网站时无须进行反向解析，即使在浏览器地址栏中输入的是网站服务器 IP 地址，因为互联网主机的定位本身就是通过 IP 地址进行的，只是在同一 IP 地址下映射多个域名时需要。另外，反向解析经常被一些后台程序使用，用户看不到。

除了正向、反向解析之外，还有一种称为"递归查询"的解析。"递归查询"的基本含义就是在某个 DNS 服务器上查找不到相应的域名与 IP 的地址对应关系时，自动转到另外一台 DNS 服务器上进行查询。通常递归到的另一台 DNS 服务器对应域的根 DNS 服务器。因为对于提供互联网域名解析的互联网服务商，无论从性能上，还是从安全上来说，都不可能只有一台 DNS 服务器，而是有一台或者两台根 DNS 服务器（两台根 DNS 服务器通常是镜像关系），然后再在下面配置了多台子 DNS 服务器来均衡负载的（各子 DNS 服务器都是从根 DNS 服务器中复制查询信息的），根 DNS 服务器一般不接受用户的直接查询，只接受子 DNS 服务器的递归查询，以确保整个域名服务器系统的可用性。

当用户访问某网站时，在输入了网站网址（其实就包括了域名）后，首先就有一台首选子 DNS 服务器进行解析，如果在它的域名和 IP 地址映射表中查询到相应的网站的 IP 地址，则立即可以访问；如果在当前子 DNS 服务器上没有查找到相应域名所对应的 IP 地址，就会自动把查询请求转到根 DNS 服务器上进行查询。如果是相应域名服务商的域名，在根 DNS 服务器中是肯定可以查询到相应域名 IP 地址的；如果访问的不是相应域名服务商域名下的网站，则会把相应查询转到对应域名服务商的域名服务器上。

5.　域名解析过程

域名解析的过程如下。

（1）客户机提出域名解析请求，并将该请求发送给本地的域名服务器。

（2）当本地的域名服务器收到请求后，先查询本地的缓存，如果有该记录项，则本地的域名服务器就直接把查询的结果返回。

（3）如果本地的缓存中没有该记录，则本地域名服务器就直接把请求发给根域名服务器，然后根域名服务器再返回给本地域名服务器一个所查询域（根的子域）的主域名服务器的地址。

（4）本地服务器向上一步返回的域名服务器发送请求，然后接受请求的服务器查询自己的缓存，如果没有该记录，则返回相关的下级的域名服务器的地址。

（5）重复（4），直到找到正确的记录。

（6）本地域名服务器把返回的结果保存到缓存，以备下一次使用，同时还将结果返回给客户机。

下面举一个例子来详细说明解析域名的过程。假设客户机想要访问站点 www.linejet.com，此客户机的本地域名服务器是 dns.company.com，一个根域名服务器是 NS.INTER.NET，所要访问的网站的域名服务器是 dns.linejet.com，域名解析的过程如下。

（1）客户机发出请求解析域名 www.linejet.com 的报文。

（2）本地的域名服务器收到请求后，查询本地缓存，假设没有该记录，则本地域名服务器 dns.company.com 向根域名服务器 NS.INTER.NET 发出请求解析域名 www.linejet.com。

（3）根域名服务器 NS.INTER.NET 收到请求后查询本地记录得到如下结果：linejet.com NS dns.linejet.com（表示 linejet.com 域中的域名服务器为 dns.linejet.com），同时给出 dns.linejet.com 的地址，并将结果返回给域名服务器 dns.company.com。

（4）域名服务器 dns.company.com 收到回应后，再发出请求解析域名 www.linejet.com 的报文。

（5）域名服务器 dns.linejet.com 收到请求后，开始查询本地的记录，找到如下一条记录：www.linejet.com A 211.120.3.12（表示 linejet.com 域中域名服务器 dns.linejet.com 的 IP 地址为 211.120.3.12），并将结果返回给客户本地域名服务器 dns.company.com。

（6）客户本地域名服务器将返回的结果保存到本地缓存，同时将结果返回给客户机。这样就完成了一次域名解析过程。

8.3　DHCP 服务

在一个使用 TCP/IP 协议的网络中，每一台计算机都必须至少有一个 IP 地址，才能与其他计算机连接通信。为了便于统一规划和管理网络中的 IP 地址，DHCP（Dynamic Host

Configuration Protocol，动态主机设置协议）应运而生。这种网络服务有利于对校园网络中的客户机 IP 地址进行有效管理，而不需要逐个手动指定 IP 地址。

安装了 DHCP 服务软件的服务器称为 DHCP 服务器，而启用了 DHCP 功能的客户机称为 DHCP 客户端，DHCP 服务器是以地址租约的方式为 DHCP 客户端提供服务的。

8.3.1　DHCP 服务概述

1．DHCP 服务的定义

在早期的网络管理中，为网络客户机分配 IP 地址是网络管理员的一项复杂的工作。由于每个客户计算机都必须拥有一个独立的 IP 地址以免出现重复的 IP 地址而引起网络冲突，因此，分配 IP 地址对于一个较大的网络来说是一项非常繁杂的工作。

为解决这一问题，由此产生了 DHCP 服务。DHCP 是使用在 TCP/IP 通信协议中，用来暂时指定某一台机器 IP 地址的通信协议。使用 DHCP 时必须在网络上有一台 DHCP 服务器，而其他计算机执行 DHCP 客户端。当 DHCP 客户端程序发出一个广播信息，要求一个动态的 IP 地址时，DHCP 服务器会根据目前已经配置的地址，提供一个可供使用的 IP 地址和子网掩码给客户端。这样，网络管理员不必再为每个客户计算机逐一设置 IP 地址，DHCP 服务器可自动为上网计算机分配 IP 地址，而且只有客户计算机在开机时才向 DHCP 服务器申请 IP 地址，使用后立即交回。

使用 DHCP 服务器动态分配 IP 地址，不但可省去网络管理员分配 IP 地址的工作，而且可确保分配地址不重复。另外，客户计算机的 IP 地址是在需要时分配，所以提高了 IP 地址的使用率。

2．DHCP 的分配方式

在 DHCP 的工作原理中，DHCP 服务器提供了 3 种 IP 分配方式：自动分配（Automatic Allocation）、动态分配（Dynamic Allocation）和手动分配（Manual Allocation）。

自动分配是固定的 IP 地址，每一台计算机都有各自固定的 IP 地址，这个地址是固定不变的，适合区域网络中每一台工作站的地址，除非网络架构改变，否则这些地址通常可以一直使用下去。

动态分配是当计算机需要存取网络资源时，DHCP 服务器才给予一个 IP 地址，但是当计算机断开网络时，这个 IP 地址便被释放，可供其他工作站使用。

手动分配是由网络管理者以手动的方式来指定。

若 DHCP 配合 WINS 服务器使用，则计算机名称与 IP 地址的映射关系可以由 WINS 服务器来自动处理。

3．DHCP 的工作原理

在使用 DHCP 进行动态 IP 地址分配的网络环境中，包括 DHCP 服务器和 DHCP 客户机。客户端广播一条 DHCP 发现消息，这条消息被送往网络上的 DHCP 服务器。每台收到发现消息的 DHCP 服务器用一条包括客户机所在子网的 IP 地址的消息响应它。

客户机判断消息并选择一条，然后向 DHCP 服务器发出请求 IP 地址的信息。该信息包括 IP 地址，子网掩码以及一些选项信息，如默认网关地址、域名服务器等。当 DHCP 服务器收到客户端请求时，将从在其数据库定义的地址池中选择一个 IP 信息，并把该地址分配给客户端。如果客户端获得分配此 IP 地址，则称这个 IP 地址在一个给定的时间内租给了这个客户端。如果在地址池中无可用的 IP 地址租给客户端，则客户端不能初始化 TCP/IP。

8.3.2 DHCP 服务的功能和特点

1. DHCP 的功能

DHCP 服务器的主要作用便是为网络客户机分配动态的 IP 地址。这些被分配的 IP 地址都是 DHCP 服务器预先保留的一个由多个地址组成的地址集，而且，它们一般是一段连续的地址（除了管理员在配置 DHCP 服务器时排除的某些地址）。当网络客户机请求临时的 IP 地址时，DHCP 服务器便会查看地址数据库，以便为客户机分配一个仍没有被使用的 IP 地址。本节便为读者介绍一些有关 DHCP 服务方面的内容以及如何配置一台 Windows 2000 Server 下的 DHCP 服务器。

2. DHCP 的特点

DHCP 为网络客户机动态分配 IP 地址提供了条件，其特性如下。

（1）自动分配 IP 地址

如果 DHCP 服务器不能提供出租的 IP 地址，网络上已启用 DHCP 的客户可以使用临时 IP 配置来自己设置。客户可以每 5 分钟持续联系一次 DHCP 服务器，要求有效的出租。

自动分配对用户总是可见的，如果客户不能从 DCHP 服务器获得出租，不提醒用户。地址从网络地址范围中自己分配，它是为专用 TCP/IP 使用保留的，并不在 Internet 上使用。

（2）增强的性能监视和服务器报告能力

DHCP 对于成功实现网络构造是重要的。没有运行 DHCP 服务器，IP 客户会丧失部分或全部的访问网络的能力。因此，监视 DHCP 服务器是相当重要性的。Windows 2000 添加了新性能的监视计数器，帮助专门监视网络中的 DHCP 服务器性能。

DHCP Manager 现在提供增强的服务器报告，通过图形显示服务器、作用域和客户的状态。例如，各种新的可视图标显示服务器或作用域是否连接或断开。当作用域已经出租了可用地址的 90% 时，出现警戒信号。

（3）扩展作用域以支持多址广播域和超级域

微软的 DHCP Server 现在支持附加域，可使用它来优化对 IP 配置的管理。

为了参加多址广播组，新的多址广播域允许启动 DHCP 的客户租赁 D 类的 IP 地址（224.0.0.0～231.255.255.255）。超级作用域（Windows NT 4.0 以后版本）对于创建管理成员域的组是有用的。当想要重新编号或扩展 IP 地址空间，但不干扰当前活动的作用域时，超级域是有帮助的。

（4）对用户指定和供应商指定的选项类的支持

可以使用此特征为具有相似或特殊配置需要的客户分别分配合适选项。例如，可以给在建筑物同一层的所有启动 DHCP 的客户分配相同的选项类。可以使用此类（配置有相同

DHCP Class ID 号）在租赁过程中分配其他选项数据，替代所有作用域或全局默认选项。在此情况下，适合相同网络位置（诸如指定默认网关和父域名）的一系列类成员用户的选项被申请为指定类选项。

（5）DHCP 和 DNS 的集成

利用 Windows 2000，DHCP 可以为支持更新的任何用户启动 DNS 名称空间的动态更新。域客户可以使用动态 DNS 来更新主名称地址映射信息（存储在 DNS 服务器中），而不管 DHCP 分配地址发生了什么改变。

（6）检测恶意 DHCP 服务器

因为 DHCP 客户在系统启动时，使用受限的网络广播来发现 DHCP 服务器，此特征可防止恶意（未授权）DHCP 服务器加入现有的 DHCP 网络，此网络使用 Windows 2000 和活动目录。

使用在目录服务中创建的 DHCP 服务器对象执行服务器检测。此对象列出了授权向网络提供 DHCP 服务的服务器 IP 地址。

当 DHCP 服务器试图在网络上启动时，查询目录服务，将服务器计算机的 IP 地址与授权的 DHCP 服务器列表相比较。如果找到匹配的，服务器计算机被授权为 DHCP 服务器。如果没找到匹配的，服务器不被授权并认为是恶意的。此情况下，恶意服务器上的 DHCP 服务在导致网络问题之前被自动关闭。

（7）对 BOOTP 客户的动态支持

通过添加动态 BOOTP，DHCP 服务对大型企业网中的 BOOTP 客户提供进一步支持。BOOTP 是对 BOOTP 协议的扩展，允许 DHCP 服务器不必使用明确固定的地址配置来配置 BOOTP 客户。此特征使大型 BOOTP 的管理更容易，允许按与 DHCP 相同的方式来动态分配 IP 地址，而不必改变用户的行为。

（8）对 DHCP Manager 的只读控制台访问

此特征提供特殊目的本地用户组，即 DHCP 用户组，当 DHCP 服务安装时它会自动添加。通过添加成员到组中，利用 DHCP Manager，可以提供对在非管理员计算机上的与 DHCP 服务有关的信息的只读访问。这允许具有本地组成员身份的用户查看，但不能修改存储在指定 DHCP 服务器上的信息和属性。

8.3.3 DHCP 服务的应用

1. DHCP 配置的基本任务

任何采用服务器/客户机架构的服务，其配置任务均分为服务器端和客户端两大部分。在 DHCP 服务器端主要包括 DHCP 服务的安装、启动与配置，在 DHCP 客户端的任务则是启动动态 IP 地址分配功能。

实验设备：其中至少包括 1 台 Windows 2000 Server 或 NT 服务器（带网卡）、两台 Windows 98（或 Windows 2000 Professional）工作站（带网卡）、1 个 Hub 或 1 个 Switch 以及 3 条 UTP 直连线。

DHCP 服务优点不少：网络管理员可以验证 IP 地址和其他配置参数，而不用去检查每个主机；DHCP 不会同时租借相同的 IP 地址给两台主机；DHCP 管理员可以约束特定的计算机使用特定的 IP 地址；可以为每个 DHCP 作用域设置很多选项；客户机在不同子网间移动时不需要重新设置 IP 地址。

但同时也存在不少缺点：DHCP 不能发现网络上非 DHCP 客户机已经在使用的 IP 地址；当网络上存在多个 DHCP 服务器时，一个 DHCP 服务器不能查出已被其他服务器租出去的 IP 地址；DHCP 服务器不能跨路由器与客户机通信，除非路由器允许 BOOTP 转发。

DHCP 是 TCP/IP 协议簇中的一种，主要用来给网络客户机分配动态的 IP 地址。这些被分配的 IP 地址都是 DHCP 服务器预先保留的一个由多个地址组成的地址集，并且它们一般是一段连续的地址。

2．DHCP 的安装

在 Windows Server 2003 系统中安装 DHCP 服务组件的方法如下。

（1）在"控制面板"窗口中双击"添加或删除程序"图标，在打开的"添加或删除程序"窗口中单击"添加/删除 Windows 组件"按钮。

（2）打开"Windows 组件向导"对话框，在"组件"列表框中双击"网络服务"选项。

（3）打开"网络服务"对话框，在"网络服务的子组件"列表框中选中"动态主机配置协议（DHCP）"复选框，依次单击"确定"和"下一步"按钮。

（4）系统开始安装和配置 DHCP 服务组件，完成安装后单击"完成"按钮。

3．创建 DHCP 服务器

当配置为使用 DHCP 的客户计算机第一次启动时，将经历一系列步骤以获得其 TCP/IP 配置信息，并得到租约。

创建一台 DHCP 服务器，首先要做的工作便是为 DHCP 服务器指定一台计算机作为服务器的硬件设备。在 Windows 2000 Server 系统下，通常会选择将本机指定给 DHCP 服务器。因此，用户可以将本机的 IP 地址或计算机名称指定给 DHCP 服务器，当 DHCP 服务器需要数据运算或为网络客户机动态分配 IP 地址时，便会与该计算机硬件建立连接并启用所需设备完成各项服务功能。

8.4　常　用　服　务

8.4.1　WWW（万维网）服务

万维网（World Wide Web，WWW）是 Internet 上发展最快、使用最多的一项服务，可以提供包括文本、图形、声音和视频等在内的多媒体信息的浏览。

1．Web 的基本概念

WWW 由遍布在 Internet 中的被称为 WWW 服务器（又称为 Web 服务器）的计算机组成。Web 是一个容纳各种类型信息的集合，从用户的角度看，万维网由庞大的、世界范围的文档集合而成，简称为页面（page）。

用户使用浏览器总是从访问某个主页（Homepage）开始的。由于页面中包含了超链接，因此可以指向另外的页面，这样就可以查看大量的信息。

（1）万维网

WWW 是网络应用的典范，可让用户从 Web 服务器上得到文档资料，所运行的模式叫作客户/服务器（C/S）模式。

（2）网页（Web Pages 或 Web Documents）

网页又称"Web 页"，是浏览 WWW 资源的基本单位。每个网页对应磁盘上一个单一的文件，其中可以包括文字、表格、图像、声音、视频等。

一个 WWW 服务器通常被称为"Web 站点"或者"网站"。每个这样的站点中，都有许许多多的 Web 页作为资源。

（3）主页（Homepage）

WWW 是通过相关信息的指针链接起来的信息网络，由提供信息服务的 Web 服务器组成。在 Web 系统中，这些服务信息以超文本文档的形式存储在 Web 服务器上。在每个 Web 服务器上都有一个主页，服务器上的信息分为几个大类，通过主页上的超链接来指向它们，其他超文本文档称作页，通常也称为"页面"或"Web 页"。主页反映了服务器所提供的信息内容的层次结构，通过主页上的提示性标题（链接指针），可以转到主页之下的各个层次的其他各个页面，如果用户从主页开始浏览，可以完整地获取这一服务器所提供的全部信息。

（4）超文本（Hypertext）

在大多数情况下，计算机里存放的文字信息是顺序显示在显示器上的。例如，用文字编辑处理器 Word 显示文本，总是按从头到尾顺序显示，这样的文档称为普通文档。超文本文档不同于普通文档，超文本文档中也可以有大段的文字用来说明问题，除此之外最重要的特色是文档之间的链接。互相链接的文档可以在同一个主机上，也可以分布在网络的不同主机上，超文本就因为有这些链接才具有更好的表达能力。用户在阅读呈现在屏幕上的超文本信息时，可以随意跳跃一些章节，阅读下面的内容，也可以从计算机里取出存放在另一个文本文件中的相关内容，甚至可以从网络上的另一台计算机中获取相关的信息。

（5）超媒体（Hypermedia）

就信息的呈现形式而言，除文本信息以外，还有语音、图像和视频（或称动态图像）等信息，统称为多媒体。在多媒体的信息浏览中引入超文本的概念，就是超媒体。

（6）超链接（Hyperlink）

在超文本/超媒体页面中，通过指针可以转向其他的 Web 页，而新的 Web 页又指向另一些 Web 页的指针……这样一种没有顺序、没有层次结构，如同蜘蛛网般的链接关系就是超链接。

（7）超文本标记语言（HTML）

HTML 是 ISO 标准 8879——标准通用标识语言（Standard Generalized Markup Language，SGML）在万维网上的应用。标识语言就是格式化的语言，存在于 WWW 服务器页面中，是由 HTML 描述的。HTML 使用一些约定的标记对 WWW 上各种信息（包括文字、声音、图形、图像、视频等）、格式以及超链接进行描述。当用户浏览 WWW 上的信息时，浏览器会自动解释这些标记的含义，并将其显示为用户在屏幕上所看到的网页。

一个 HTML 文本包括文件头（Head）、文件主体（Body）两部分。其结构如下：

```
<HTML>
    <HEAD>
    </HEAD>
    <BODY>
    ...
    </BODY>
</HTML>
```

其中，<HTML>表示页的开始，</HTML>表示页的结束，它们是成对使用的。<HEAD>表示头开始，</HEAD>表示头结束；<BODY>表示主体开始，</BODY>表示主体结束，它们之间的内容会在浏览器的正文中显示出来。HMTL 的标识符有很多，有兴趣的读者可以查看有关网页制作的书籍。

（8）超文本传输协议（HTTP）

HTTP 是用来在浏览器和 WWW 服务器之间传输超文本的协议，该协议由两个相当明显的项组成：从浏览器到服务器的请求集和从服务器到浏览器的应答集。HTTP 协议是一种面向对象的协议，为了保证 WWW 客户机与 WWW 服务器之间通信不会产生二义性，HTTP 精确定义了请求报文和响应报文的格式。HTTP 会话过程包括以下 4 个步骤：连接、请求、应答和关闭，如图 8-8 所示。

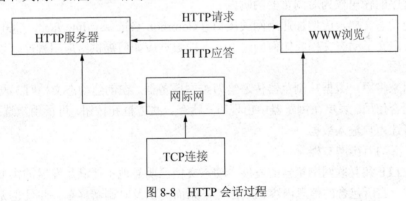

图 8-8　HTTP 会话过程

（9）统一资源定位器（URL）

WWW 是以页面的形式来组织信息的，采用了统一资源定位器（Uniform Resource Locator，URL）来识别不同的页面，知道页面的具体位置，以及如何访问页面。

URL 是在 Internet 上唯一确定资源位置的方法，其基本格式为"协议://主机域名/资源文件名"。其中，协议（Protocol）用来指明资源类型，除了 WWW 用的 HTTP 协议之外，还可以是 FTP、Telnet 等；主机域名表示资源所在机器的 DNS 名字；资源文件名用以提出资源在所处机器上的位置，包含路径和文件名，通常是"目录名/目录名/文件名"，也可以不含有路径。

在输入 URL 时，资源类型和服务器地址不分字母的大小写，但目录和文件名则可能区分字母的大小写。这是因为大多数服务器安装了 UNIX 操作系统，而 UNIX 的文件系统是区分文件名的大小写的。表 8-1 列出了由 URL 地址表示的各种类型的资源。

表 8-1　URL 地址表示的资源类型

URL 资源名	功　　能
HTTP	多媒体资源，由 Web 访问
FTP	与 Anonymous 文件服务器连接
Telnet	与主机建立远程登录连接
Mailto	提供 E-mail 功能
Wais	广域信息服务
News	新闻阅读与专题讨论
Gopher	通过 Gopher 访问

（10）动态万维网文档

利用 HTML 创建的文档称为静态文档，该文档创建完毕后就存放在万维网服务器中，在被用户浏览的过程中，内容不会改变。

动态文档是指文档的内容是浏览器访问万维网服务器时才由应用程序动态创建的。当浏览器请求到达时，万维网服务器要运行另一个应用程序，并将控制转移到此应用程序中。接着，该应用程序对浏览器发来的数据进行处理，并输出 HTTP 格式的文档，万维网服务器将应用程序的输出作为对浏览器的响应。

要实现动态文档，应增加通用网关接口（Common Gateway Interface，CGI）。CGI 是一种标准，定义了动态文档应如何创建，输入的数据应如何提供给应用程序，以及输出结果应如何使用。

表单用来将用户数据从浏览器传递给万维网服务器。在创建动态文档时，表单和 CGI 程序经常配合使用。表单在浏览器中出现时，就有一些方框和按钮，可供用户选择和点取。有的方框可让用户输入数据。

（11）活动万维网文档

随着 HTTP 和互联网浏览器的发展，动态文档已明显地不能满足发展的需要。动态文档一旦建立，它所包含的信息内容也就固定下来而无法及时刷新屏幕，并且也无法提供动画之类的显示效果。

① 活动文档：有两种技术可用于浏览器屏幕显示的连续更新。一种技术称为服务器推送（Server Push），这种技术是将所有的工作都交给服务器，服务器不断地运行与动态文档相关联的应用程序，定期更新信息，并发送更新过的文档；另一种提供屏幕连续更新的技术是活动文档（Active Document）技术，这种技术是将所有的工作都转移给浏览器端。每当浏览器请求一个活动文档时，服务器就返回一段程序副本，使该程序副本在浏览器端运行，这时，活动文档程序可与用户直接交互，并可连续地改变屏幕的显示。只要用户运行活动文档程序，活动文档的内容就可以连续地改变。

② 用 Java 技术创建活动文档：由美国 Sun 分司（已被甲骨文收购）开发的 Java 语言是一项于创建和运行活动文档的技术。在 Java 技术中使用小应用程序（Applet）来描

述活动文档程序。当用户从万维网服务器下载一个嵌入了 Java 小应用程序的 HTML 文档后，用户在浏览器中单击某个图像，就可看到动画的效果，或是在某个下拉菜单中选择某个项目，然后就可看到根据用户输入的数据所得到的计算结果。

（12）XML 简介

XML（Extensible Market Language）是一种描述数据的标记语言，它不同于 HTML，使用 HTML 是为了制作网页，而使用 XML 是为了描述数据。XML 使各种类型的数据有统一标准的格式，使数据的语义容易理解。XML 没有预定义的标记，使用时需要定义表达数据的标记，使用 DTD 或 Schema 定义 XML 文档标记的语法规则。XML 数据文档可以放在 HTML 文档内，也可以作为一个单独的文件。当作为外部文件时，需要使用.xml后缀名存储。

（13）VRML 简介

VRML 是 Virtual Reality Modeling Language（虚拟实境描述模型语言）的简称，是描述虚拟环境中的场景的一种标准。利用 VRML 可以在 Internet 上建立交互式的三维多媒体的境界。VRML 的基本特征包括分布式、交互式、平台无关、三维、多媒体集成、逼真自然等，称成为"第二代 Web"，其应用范围相当广泛，包括科学研究、教学、工程、建筑、商业、娱乐、广告、电子商务等，已经被越来越多的人所重视，国际标准化组织 1998 年1 月正式将其批准为国际标准。

VRML 是一种建模语言，其基本目标是建立 Internet 上的交互式三维多媒体，也就是说，VRML 是用来描述三维物体及其行为的。可以构建虚拟境界（Virtual Word），其基本特征包括分布式、三维、交互性、多媒体集成、境界逼真性等。VRML 的出现使虚拟现实像多媒体和 Internet 一样逐渐走进人们的生活。简单地说，以 VRML 为基础的第二代WWW=多媒体+虚拟现实+Internet。

第一代 WWW 是一种访问文档的媒体，能够提供阅读的感受，使那些对 Windows风格熟悉的人容易使用 Internet，而以 VRML 为核心的第二代 WWW 将使用户如身处真实世界，在一个三维环境里随意探寻 Internet 上无比丰富的巨大信息资源。每个人都可以从不同的路线进入虚拟世界，与虚拟物体交互，这样，控制感受的就不再是计算机，而是用户自己，人们可以以习惯的自然方式访问各种场所，在虚拟社区中"直接"交谈和交往。

VRML 在远程教育、科学计算可视化、工程技术、建筑、电子商务、交互式娱乐、艺术等领域都有着广泛的应用前景，利用它可以创建多媒体通信、分布式虚拟现实、设计协作系统、网络游戏、虚拟社会等全新的应用系统。

2．WWW 服务的实现过程

WWW 以客户/服务器的模式进行工作。运行 WWW 服务器程序并提供 WWW 服务的机器被称为 WWW 服务器；在客户端，用户通过一个被称为浏览器（Browser）的交互式程序来获得 WWW 信息服务。常用到的浏览器有 Mosaic、Netscape 和微软的 IE（Internet Explorer）。

对于每个 WWW 服务器，站点都有一个服务器监听 TCP 的 80 端口（80 为 HTTP 默认的 TCP 端口），看是否有从客户端（通常是浏览器）过来的连接。当在客户端的浏览器

Note

地址栏里输入一个 URL 或者单击 Web 页上的一个超链接时，Web 浏览器就要检查相应的协议以决定是否需要重新打开一个应用程序，同时对域名进行解析以获得相应的 IP 地址。然后，按该 IP 地址，并根据相应的应用层协议（即 HTTP）所对应的 TCP 端口与服务器建立一个 TCP 连接。连接建立之后，客户端的浏览器使用 HTTP 协议中的 GET 功能向 WWW 服务器发出指定的 WWW 页面请求，服务器收到该请求后将根据客户端所要求的路径和文件名使用 HTTP 协议中的 PUT 功能将相应的 HTML 文档回送到客户端，如果客户端没有指明相应的文件名，则由服务器返回一个默认的 HTML 页面。页面传输完毕，则中止相应的会话连接。

下面以一个具体的例子来说明 WWW 服务的实现过程。假设有用户要访问邢台职业技术学院主页 http://www.xtvtc.net.cn/index.asp，则浏览器与服务器的信息交互过程如下：

（1）浏览器确定 URL。

（2）浏览器向 DNS 获取 Web 服务器 www.xtvtc.net.cn 的 IP 地址。

（3）浏览器以相应的 IP 地址 211.81.192.250 应答。

（4）浏览器和 IP 地址为 211.81.192.250 的 80 端口建立一条 TCP 连接。

（5）浏览器执行 HTTP 协议，发送 GET/index.asp 命令，请求读取该文件。

（6）www.xtvtc.net.cn 服务器返回 index.asp 文件到客户端。

（7）释放 TCP 连接。

（8）浏览器显示 index.asp 中的所有正文和图像。

WWW 服务自问世以来，已取代电子邮件服务成为 Internet 上最为广泛的服务。除了普通的页面浏览外，WWW 服务中的浏览器/服务器（Browser/Server，B/S）模式还取代了传统的 C/S 模式，被广泛用于网络数据库应用开发中。

8.4.2　电子邮件

电子邮件（Electronic Mail，E-mail）是 Internet 上广受欢迎的应用之一。电子邮件服务是一种通过计算机网络与其他用户进行联系的快速、简便、高效、廉价的现代化通信手段。电子邮件之所以受到广大用户的喜爱，是因为与传统通信方式相比，其具有成本低、速度快、安全与可靠性高、可达到范围广、内容表达形式多样等优点。

电子邮件有自己规范的格式，此格式由邮件头（Header）和邮件主体（Body）两部分组成。邮件头包括收信人 E-mail 地址、发信人 E-mail 地址、发送日期、标题和发送优先级等，其中，前两项是必选的。邮件主体才是发件人和收件人要处理的内容，早期的电子邮件系统只能传递文本信息，而通过使用多用途 Internet 邮件扩展协议（Multipurpose Internet Mail Extensions，MIME），现在还可以发送语音、图像和视频等信息。对于 E-mail 主体不存在格式上的统一要求，但对邮件头有严格的格式要求，尤其是 E-mail 地址。

E-mail 地址的标准格式为：<收信人信箱名>@主机域名。其中，收信人信箱名指用户在某个邮件服务器上注册的用户标识，相当于一个私人邮箱，收信人信箱名通常用收信人姓名的缩写来表示；@为分隔符，一般读作英文的 at；主机域名是指信箱所在的邮件服务器的域名。例如 chujl@mail.xtvtc.edu.cn，表示在邢台职业技术学院的邮件服务器上的名为

chujl 的用户信箱。

　　有了标准的电子邮件格式,电子邮件的发送与接收还要依托由用户代理、邮件服务器和邮件协议组成的电子邮件系统。图 8-9 给出了电子邮件系统的简单示意图。其中,用户代理是运行在客户机上的一个本地程序,提供命令行方式、菜单方式或图形方式的界面来与电子邮件系统交互,允许用户读取和发送电子邮件,如 Outlook Express 或 Hotmail 等。邮件服务器包括邮件发送服务器和邮件接收服务器。顾名思义,所谓邮件发送服务器是指为用户提供邮件发送功能的邮件服务器,例如,图 8-9 中的 SMTP 服务器;而邮件接收服务器是指为用户提供邮件接收功能的邮件服务器,例如,图 8-9 中的 POP3 服务器。用户在发送邮件时,要使用邮件发送协议,常见的邮件发送协议有简单邮件传输协议(Simple Mail Transfer Protocol,SMTP)和 MIME 协议,前者只能传输文本信息,后者则可以传输包括文本、声音、图像等在内的多媒体信息。当用户代理向电子邮件发送服务器发送电子邮件或邮件发送服务器向邮件接收服务器发送电子邮件时,都要使用邮件发送协议。用户从邮件接收服务器接收邮件时,要使用邮件接收协议,通常使用邮局协议(Post Office Protocol,POP3),该协议在 RFC1225 中定义,具有用户登录、退出、读取消息、删除消息的命令。POP3 的关键之处在于其能从远程邮箱中读取电子邮件,并将邮件存储在用户本地的机器上以便以后读取。通常,SMTP 使用 TCP 的 25 号端口,而 POP3 则使用 TCP 的 110 号端口。

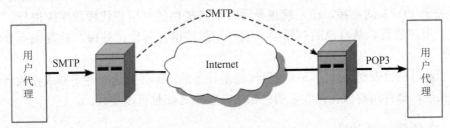

图 8-9　电子邮件系统的组成

　　图 8-10 给出了一个电子邮件发送和接收的具体实例。假定用户 XXX 使用 XXX@sina.com.cn 作为发信人地址向用户 YYY 发送一个文本格式的电子邮件,该发信人地址所指向的邮件发送服务器为 smtp.sina.com.cn,收信人的 E-mail 地址为 YYY@263.net。

　　首先,用户 XXX 在自己的机器上使用独立的文本编辑器、字处理程序或是用户代理内部的文本编辑器来撰写邮件正文,然后使用电子邮件用户代理程序(如 Outlook Express)完成标准邮件格式的创建,即选择创建新邮件图标,填写收件人地址、主题、邮件的正文、邮件的附件等。

　　一旦用户邮件发送之后,则用户代理程序将用户的邮件传给负责邮件传输的程序,由其在 XXX 所用的主机和名为 smtp.sina.com.cn 的发送服务器之间建立一个关于 SMTP 的连接,并通过该连接将邮件发送至服务器 smtp.sina.com.cn。

　　发送服务器 smtp.sina.com.cn 在获得用户 XXX 所发送的邮件后,根据邮件接收者的地址,在发送服务器与用户 YYY 的接收邮件服务器之间建立一个 SMTP 的连接,并通过该连接将邮件送至用户 YYY 的接收服务器。

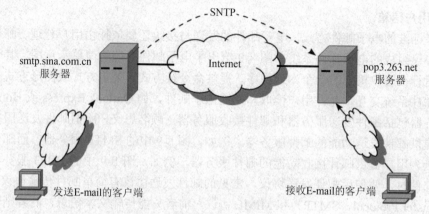

图 8-10　电子邮件发送和接收实例

　　接收邮件服务器 pop3.263.net 接收到邮件后，根据邮件接收者的用户名将邮件放到用户的邮箱中。在电子邮件系统中，为每个用户分配一个邮箱（用户邮箱）。例如，在基于 UNIX 的邮件服务系统中，用户邮箱位于/usr/spool/mail/目录下，邮箱标识一般与用户标识相同。

　　当邮件到达邮件接收服务器后，用户随时都可以接收邮件。当用户 YYY 需要查看自己的邮箱并接收邮件时，首先要在自己的机器与接收邮件服务器 pop3.263.net 之间建立一条关于 POP3 的连接，该连接也是通过系统提供的"用户代理程序"进行。连接建立之后，用户就可以从自己的邮箱中"取出"邮件进行阅读、处理、转发或回复邮件等操作。

　　电子邮件的"发送→传递→接收"过程是异步的，邮件发送时并不要求接收者正在使用邮件系统，邮件可存放在接收者的邮箱中，接收者随时可以接收。

8.4.3　文件传输协议

1. 概述

　　文件传输协议（File Transfer Protocol，FTP）是 Internet 上使用广泛的文件传输协议，允许提供交互式的访问，允许用户指明文件的类型和格式，并允许文件具有存取权限。FTP 屏蔽了各计算机系统的细节，因而适合于在异构网络中任意计算机之间传输文件。

2. FTP 的基本工作原理

　　FTP 使用客户/服务器模式，即由一台计算机作为 FTP 服务器提供文件传输服务，而由另一台计算机作为 FTP 客户端提出文件服务请求并得到授权的服务。一个 FTP 服务器进程可同时为多个客户进程提供服务。FTP 的服务器进程由两大部分组成：一个主进程，负责接收新的请求；若干个从属进程，负责处理单个请求。主进程的工作步骤如下：

　　（1）打开端口 21，使客户进程能够连接上。

　　（2）等待客户进程发出连接请求。

　　（3）启动从属进程来处理客户进程发出的请求。从属进程对客户进程的请求处理完毕即终止，但从属进程在运行期间根据需要还可能创建其他一些子进程。

（4）回到等待状态，继续接受其他客户进程发来的请求，主进程与从属进程的处理并发进行。

FTP 服务器与客户之间使用 TCP 作为实现数据通信与交换的协议，然而与其他客户/服务器模型不同的是，FTP 客户与服务器之间建立的是双重连接，一个是控制连接（Control Connection），另一个是数据传输连接（Data Transfer Connection）。控制连接传输命令，告诉服务器将传输哪个文件；数据传输连接也使用 TCP 作为传输协议，传输所有数据，如图 8-11 所示。

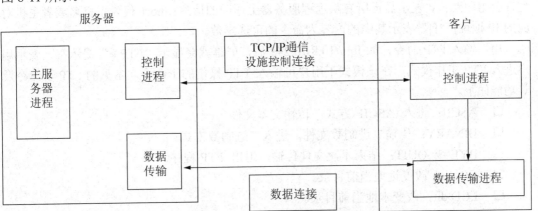

图 8-11 FTP 客户/服务器模型

在 FTP 的服务器上只要启动了 FTP 服务，就总有一个 FTP 的守护进程在后台运行，以随时准备对客户端的请求做出响应。当客户端需要文件传输服务时，将首先设法与 FTP 服务器之间的控制连接相连，在连接建立过程中服务器会要求客户端提供合法的登录名和密码，在许多情况下，使用匿名登录，即采用 anonymous 为用户名，自己的 E-mail 地址作为密码。一旦该连接被允许建立，相当于在客户机与 FTP 服务器之间打开了一个命令传输的通信连接，所有与文件管理有关的命令将通过该连接被发送至服务器端执行。该连接在服务器端使用的 TCP 端口号的默认值为 21，并且该连接在整个 FTP 会话期间一直存在。每当请求文件传输，即要求从服务器复制文件到客户机时，服务器将再形成另一个独立的通信连接，该连接与控制连接使用不同的协议端口号，默认情况下在服务器端使用 20 号 TCP 端口，所有文件可以以 ASCII 模式或二进制数模式通过该数据通道传输。

一旦客户请求的一次文件传输完毕，则该连接要被拆除，新一次的文件传输需要重新建立一条数据连接。但前面所建立的控制连接则被保留，直至全部的文件传输完毕，客户端请求退出时才会被关闭。

用户可以使用 FTP 命令来进行文件传输，称为交互模式。当用户交互使用 FTP 时，FTP 发出一个提示，用户输入一条命令，FTP 执行该命令并发出下一个提示。FTP 允许文件沿任意方向传输，即文件可以上传与下载，在交互方式下，也提供了相应的文件上传与下载的命令。因为 FTP 有文本方式与二进制数方式两种文件传输类型，所以用户在进行文件传输之前，还要选择相应的传输类型：根据远程计算机文本文件所使用的字符集是

ASCII 或 EBCDIC，用户可以用 ASCII 或 EBCDIC 命令来指定文本方式传输；所有非文本文件，例如，声音剪辑或者图像等都必须用二进制数方式传输，用户输入 binary 命令可将 FTP 置成二进制数模式。例如，在 Windows 2000 操作系统下可使用如下形式的 FTP 命令：

> FTP [-d-g-i-n-t-v] [host]

其中，d 表示允许调试；g 表示不允许在文件名中出现"*"和"?"等通配符；i 表示多文件传输时，不显示交互信息；n 表示不利用$HOME/netrc 文件进行自动登录；t 表示允许分组跟踪；v 表示显示所有从远程服务器上返回的信息；host 代表主机名或者主机对应的 IP 地址；"[]"表示其中的内容为命令的可选参数。

用户输入 FTP 命令，如 ftp://10.8.10.248 后，屏幕就会显示"FTP >"提示符，表示用户进入 FTP 工作模式，在该模式下用户可输入 FTP 操作的子命令。常见的 FTP 子命令及其功能如下。

- ❏ ASCII：进入 ASCII 方式，传输文本文件。
- ❏ BINARY：传输二进制数文件，进入二进制数方式。
- ❏ BYE 或 QUIT：结束本次文件传输，退出 FTP 程序。
- ❏ CD dir：改变远地当前目录。
- ❏ LCD dir：改变本地当前目录。
- ❏ DIR 或 LS [remote-dir] [local-file]：列表远地目录。
- ❏ GET remote-file [local-file]：获取远地文件。
- ❏ MGET remote-files：获取多个远地文件，可以使用通配符。
- ❏ PUT local-file [remote-file]：将一个本地文件传到远地主机上。
- ❏ MPUT local-files：将多个本地文件传到远地主机上，可用通配符。
- ❏ DELETE remote-file：删除远地文件。
- ❏ MDELETE remote-files：删除远地多个文件。
- ❏ MKDIR dir-name：在远地主机上创建目录。
- ❏ RMDIR dir-name：删除远地目录。
- ❏ OPEN host：与指定主机的 FTP 服务器建立连接。
- ❏ CLOSE：关闭与远地 FTP 程序的连接。
- ❏ PWD：显示远地当前目录。
- ❏ STATUS：显示 FTP 程序的状态。
- ❏ USER user-name [password] [account]：向 FTP 服务器表示用户身份。

另外，有许多工具软件被开发出来用于实现 FTP 的客户端功能，如 NetAnts、Cute FTP、WSFTP 等。此外，Internet Explorer 和 Netscape Navigator 也提供 FTP 客户软件的功能。这些软件的共同特点是采用直观的图形界面，通常还实现了文件传输过程中的断点再续和多路传输功能。

3. FTP 服务器的配置

在浏览器中输入 ftp.jet.com，登录到 D:\Myweb 目录下使用 FTP 相关服务。

（1）打开"默认 FTP 站点 属性"窗口

右击"默认 FTP 站点"，在弹出的快捷菜单中选择"属性"命令即可。

（2）设置 FTP 站点

选择"FTP 站点"选项卡，在"IP 地址"下拉列表框中选择 192.168.0.2，保持默认端口号为 21，如图 8-12 所示。

（3）设置消息

选择"消息"选项卡，在"欢迎"列表框中输入登录成功后的欢迎信息，在"退出"文本框中输入退出信息。

（4）设置主目录

选择"主目录"选项卡，可通过"浏览"按钮选择目录 E:\Myftp，并插入到"本地路径"文本框中，如图 8-13 所示。

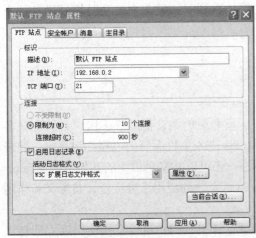

图 8-12　FTP 站点

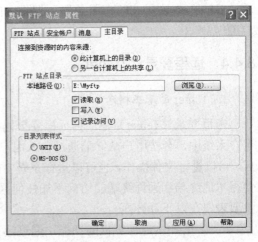

图 8-13　主目录

（5）设置安全账号

系统默认是匿名用户被允许登录。如果有必要，可选择拒绝其登录以增加安全性；或增加其他用于管理此 FTP 服务器的用户名，默认管理用户是 Administrators。

（6）设置目录安全性

可以设置只被允许或只被拒绝登录此 FTP 服务器的计算机的 IP 地址。

（7）新建 FTP 虚拟目录

如果需要，也可在"默认 FTP 站点"处右击，在弹出的快捷菜单中选择"新建"命令来创建 FTP 的虚拟目录。

（8）ftp.jet.com 的测试

在浏览器中输入 ftp://ftp.jet.com 或 ftp://用户名@ftp.jet.com。如果匿名用户被允许登录，则第一种格式就会使用匿名登录的方式；如果匿名不被允许，则会弹出选项窗口，供输入用户名和密码。第二种格式可以直接指定用某个用户名进行登录。

4. 简单文件传输协议（TFTP）

TFTP 是一个很小且易于实现的文件传输协议，也使用客户/服务器模式，使用 UDP 数据报。TFTP 没有庞大的命令集，没有列目录的功能，也不能对用户进行身份认证。

TFTP 可用于 UDP 环境，而且 TFTP 代码所占的内存较小；每次传输的数据是 512B，但最后一次可不足 512B；可支持 ASCII 码或二进制数传输；可对文件进行读或写。

在开始工作时，TFTP 客户进程发送一个读请求 PDU 或写请求 PDU 给 TFTP 服务器进程，其端口号为 69。TFTP 服务器进程要选择一个新的端口和 TFTP 客户进程进行通信。TFTP 共有 5 种协议数据单元（PDU），即读请求 PDU、写请求 PDU、数据 PDU、确认 PDU 和差错 PDU。

TFTP 协议被 Cisco 的网络设备用来作为操作系统和配置文件的备份工具。在 Cisco 网络设备组成的网络里，可以用一台主机或服务器作为 TFTP 服务器，并且把网络中各台 Cisco 设备的 IOS 和配置文件备份到这台 TFTP 服务器上，以防备可能出现的严重故障或人为因素使网络设备的 IOS 或运行配置丢失。当发生这种情况时，可以方便出现快速地通过 TFTP 协议从 TFTP 服务器上把相应的文件传输到网络设备中，及时恢复设备的正常工作。

8.4.4 远程登录（Telnet）

1. Telnet 的基本概念

远程登录（Telnet）是一种远程登录程序，这里登录的概念借助于多用户系统。在多用户系统中，合法用户从终端通过输入用户名和口令进入主机系统的过程称为登录。登录后，可以进行文件操作，也可以运行系统中的程序，还可以共享主机中的其他资源。Telnet 使得本地终端和远程终端的访问不加任何区分。远程登录的应用十分广泛，其意义和作用主要表现在以下几方面。

（1）增加本地计算机的功能。通过远程登录计算机，用户可以直接使用远程计算机的资源，因此，在自己计算机上不能完成的复杂处理就可以通过远程登录到可以进行该处理的计算机上去完成，从而大大提高了本地计算机的处理功能。

（2）扩大了计算机系统的通用性。有些软件系统只能在特定的计算机上运行，通过远程登录，不能运行这些软件的计算机也可以使用这些软件，从而扩大了其通用性。

（3）使用 Internet 的其他功能。通过远程登录几乎可以利用 Internet 的各种功能。

（4）访问大型数据库的联机检索系统。大型数据库联机检索系统（如 Dialog、Medline 等）的终端，一般是运行简单的通信软件，通过本地的 Dialog 或者 Medline 的远程检索访问程序直接进行远地检索。由于这些大型数据库系统的主机往往都装载 TCP/IP 协议，故通过 Internet 也可以进行检索。

2. Telnet 基本原理

Telnet 服务系统也是客户/服务器工作模式，主要由 Telnet 服务器、Telnet 客户机和 Telnet 通信协议组成。在本地系统运行客户程序，在远程系统需要运行 Telnet 服务器程序，Telnet

通过 TCP 协议提供传输服务，端口号是 23。当本地客户程序需要登录服务时，通过 TCP 建立连接。远程登录服务过程基本上分为 3 个步骤：

（1）当本地用户在本地系统登录时建立 TCP 连接。

（2）将本地终端上输入的字符传输到远程主机。

（3）远程主机将操作结果回送到本地终端。

用户在本地终端上操作就如同操作本地主机一样，用户可以获得在权限范围之内的所有服务，包括运行程序、获得信息、共享资源等。

启动 Telnet 应用程序进行登录时，首先给出远程计算机的域名或 IP 地址，系统开始建立本地计算机与远程计算机的连接。建立连接后，再根据登录过程中远程计算机系统的询问正确地输入自己的用户名和口令，登录成功后用户的键盘和计算机就好像与远程计算机直接相连一样，可以直接输入该系统的命令或执行该计算机上的应用程序。工作完成后可以通过登录退出，通知系统结束 Telnet 的联机过程，返回到自己的计算机系统中。

远程登录有两种形式：第一种是远程主机有用户的账户，用户可以用自己的账户和口令访问远程主机；第二种形式是匿名登录，一般 Internet 上的主机都为公众提供一个公共账户，不设口令。大多数计算机中仅需输入 guest 即可登录到远程计算机上，这种形式在使用权限上受到一定限制。Telnet 命令格式为：Telnet <主机域名><端口号>。

主机域名可以是域名方式，也可以是 IP 地址。一般情况下，Telnet 服务使用 TCP 端口号 23 作为默认值，使用默认值的用户可以不输入端口号。但在 Telnet 服务设定了专用的服务器端口号时，使用 Telnet 命令登录就必须输入端口号。

Telnet 在运行过程中，实际上启动的是两个程序，一个为 Telnet 客户程序，运行在本地计算机上；另一个叫 Telnet 服务器程序，运行在需要登录的远程计算机上。执行 Telnet 命令的计算机是客户机，所连接到的计算机是远程主机。

连接主机成功后，接下来是登录主机。当然，要成为合法用户，必须输入可以通过主机验证的用户名和密码。成功登录后，本地计算机就相当于一台与服务器连接的终端，可以使用各种主机操作系统支持的指令。

当本地用户从键盘输入的字符传输到远程系统后，服务器程序并不直接参与处理的过程，而是交由远程主机操作系统进行处理。操作系统把处理的结果再交由服务器程序返回本地终端。

3. 虚拟终端（NVT）

NVT 是一种标准格式。在客户端，客户软件通过 TCP 连接传输之前把本地格式转变为 NVT 标准格式。在服务器端，服务器软件再把 NVT 格式转换为远程系统能够识别的格式，这样，有关键盘输入表示的异质性（不同操作系统对键盘的输入存在不同的表示方法）便被 NVT 所屏蔽（来自于 IP 协议对底层网络的屏蔽），这样才可以使得在运行 Windows XP 的 PC 上可以访问 UNIX 操作系统的远程主机。

4. Telnet 应用

使用 Telnet 首先要获得一个客户软件。客户软件有很多，如常用的 Cterm、NetTerm 等。Windows 操作系统也内置一个 Telnet 客户端软件。选择"开始"→"运行"命令，在弹出的对话框中输入 Telnet 即可运行这个程序。

目前，在 Internet 上主要使用 Telnet 登录访问 BBS 站点。在网络上通过 Telnet 远程配置路由器、交换机、服务器等。

Note

思 考 题

1. 请从不同的角度总结归纳 Internet 的概念。
2. Internet 结构上能够分成几层？分别是什么？
3. 简述 Internet 和 Intranet 的主要区别。
4. 简述几种常用的构建外联网的方法。
5. 域名系统 DNS 解决了计算机网络环境中的哪几个问题？是如何解决的？
6. 域名、网址、IP 地址在概念上的区别是什么？它们有什么联系？
7. 举例说明域名解析过程。
8. DHCP 服务器的主要作用是什么？具有哪些特点？

第 9 章

计算机网络管理与安全

9.1 计算机网络管理

9.1.1 网络管理的基本概念

网络管理是指对网络的运行状态进行监测和控制，使其能够有效、安全、可靠、经济地提供服务。

具体来说，网络管理包含两个任务，一是对网络的运行状态进行监测，二是对网络的运行状态进行控制。通过对网络运行状态的监测可以了解网络当前的运行状态是否正常，是否存在瓶颈和潜在的危机；通过对网络运行状态的控制可以对网络状态进行合理的调节，提高性能，保证服务质量。

网络管理的目标是维护一个健壮的网络，健壮网络的标准主要有：

（1）减少停机时间，改进响应时间，提高设备利用率。

（2）减少运行费用，提高效率。

（3）减少或消灭网络瓶颈。

（4）适应各种新技术的应用。

（5）适应各种系统平台。

（6）网络使用更容易。

（7）有良好的安全性能。

9.1.2 网络管理的基本功能

网络管理有五大基本功能：配置管理、性能管理、故障管理、安全管理和计费管理。

1. 配置管理（Configuration Management）

配置管理是最基本的网络管理功能，负责网络的建立、业务的展开以及配置数据的维护。配置管理功能主要包括资源清单管理、资源开通以及业务开通。资源清单的管理是左右配置管理的基本功能，资源开通是为满足新业务需求及时地配备资源，业务开通是为端点用户分配业务或功能。

配置管理初始化网络，并配置网络，以使其提供网络服务，其目的是实现某个特定的功能或使网络性能达到最优。

2. 性能管理（Performance Management）

性能管理的目的是维护网络服务质量和网络运营效率。

性能管理收集分析有关被管网络当前状况的数据信息，并维持和分析性能日志。一些典型的功能包括：

（1）收集统计信息。

（2）维护并检查系统状态日志。

（3）确定自然和人工状况下系统的性能。

（4）改变系统操作模式以进行系统性能管理的操作。

3. 故障管理（Fault Management）

故障管理是用来维护网络正常运行的，主要任务就是发现和排除网络故障，保证网络资源无障碍、无错误的运营状态。通常，故障管理侧重于故障发生后的诊断和处理，而性能管理则侧重于预防故障的发生，防患于未然。

故障管理的主要内容包括故障检测、故障诊断、故障排除和故障记录。有以下典型功能：

（1）维护并检查错误日志。

（2）接受错误检测报告并做出响应。

（3）跟踪、辨认错误。

（4）执行诊断测试。

（5）纠正错误。

4. 安全管理（Security Management）

安全管理的责任一是网络管理系统本身的安全，二是被管理的网络对象的安全。

安全管理的目的是提供信息的隐私、认证和完整性保护机制，使网络中的服务、数据以及系统免受侵扰和破坏。一般的安全管理系统包含了以下4项功能：

（1）风险分析功能。

（2）安全服务功能。

（3）告警、日志和报告功能。

（4）网络管理系统保护功能。

5. 计费管理（Accounting Management）

计费管理记录网络资源的使用，目的是控制和监测网络操作的费用和代价，可以估算出用户使用网络资源可能需要付出的费用和代价。对公共开放的商业网络尤为重要。

计费管理的主要目的是正确地计算和收取用户使用网络服务的费用，通常包括以下5项主要功能：

（1）计算网络建设及运营成本。

（2）统计网络及其所包含的资源的利用率。

（3）联机收集计费数据。

（4）计算用户应支付的网络服务费用。

（5）账单管理。

9.1.3　简单网络管理协议 SNMP

简单网络管理协议目前已成为网络管理领域中事实上的工业标准，并被广泛支持和应用，大多数网络管理系统和平台都是基于 SNMP 的。

1．SNMP 体系结构

SNMP 的网络管理模型包括以下关键元素：管理站、代理者、管理信息库、网络管理协议。管理站一般是一个分立的设备，也可以利用共享系统实现。管理站被作为网络管理员与网络管理系统的接口。其基本构成为：

（1）一组具有分析数据、发现故障等功能的管理程序。

（2）一个用于网络管理员监控网络的接口。

（3）将网络管理员的要求转变为对远程网络元素的实际监控的能力。

（4）一个从所有被管网络实体的 MIB 中抽取信息的数据库。

网络管理系统中另一个重要元素是代理者，装备了 SNMP 的平台，如主机、网桥、路由器及集线器均可作为代理者。代理者对来自管理站的信息请求和动作请求进行应答，并随机地为管理站报告一些重要的意外事件。

SNMP 中，网络资源虽然也被抽象为对象进行管理，但是对象是表示被管资源某一方面的数据变量。对象被标准化为跨系统的类，对象的集合被组织为管理信息库（MIB）。MIB 作为设在代理者处的管理站访问点的集合，管理站通过读取 MIB 中对象的值来进行网络监控。管理站可以在代理者处产生动作，也可以通过修改变量值改变代理者处的配置。

管理站和代理者之间通过网络管理协议通信，SNMP 通信协议主要包括以下能力。

（1）Get：管理站读取代理者处对象的值。

（2）Set：管理站设置代理者处对象的值。

（3）Trap：代理者向管理站通报重要事件。

2．SNMP 协议体系结构

SNMP 为应用层协议，是 TCP/IP 协议簇的一部分，通过用户数据报协议（UDP）来操作。在分立的管理站中，管理者进程对位于管理站中心的 MIB 的访问进行控制，并提供网络管理员接口。管理者进程通过 SNMP 完成网络管理。SNMP 在 UDP、IP 及有关的特殊网络协议（如 Ethernet、FDDI、X.25）之上实现。每个代理者也必须实现 SNMP、UDP 和 IP。另外，有一个解释 SNMP 的消息和控制代理者 MIB 的代理者进程。

图 9-1 描述了 SNMP 的协议环境。从管理站发出 3 类与管理应用有关的 SNMP 的消息——GetRequest、GetNextRequest、SetRequest，这 3 类消息都由代理者用 GetResponse 消息应答，该消息被上交给管理应用。另外，代理者可以发出 Trap 消息，向管理者报告有关 MIB 及管理资源的事件。

由于 SNMP 依赖 UDP，而 UDP 是无连接型协议，所以 SNMP 也是无连接型协议。在管理站和代理者之间没有在线的连接需要维护，每次交换都是管理站和代理者之间的一个独立的传送。

Note

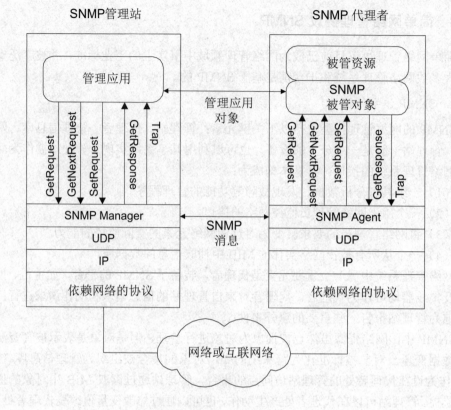

图 9-1　SNMP 的协议环境

3. 陷阱引导轮询（Trap-directed Polling）

如果管理站负责大量的代理者，而每个代理者又维护大量的对象，则靠管理站及时地轮询所有代理者维护的所有可读数据是不现实的，因此管理站采取陷阱引导轮询技术对 MIB 进行控制和管理。

所谓陷阱引导轮询技术，即在初始化时，管理站轮询所有知道关键信息（如接口特性、作为基准的一些性能统计值，例如，发送和接收的分组的平均数）的代理者。一旦建立了基准，管理站将降低轮询频度。相反地，由每个代理者负责向管理站报告异常事件。例如，代理者崩溃和重启动、连接失败、过载等。这些事件用 SNMP 的 Trap 消息报告。

管理站一旦发现异常情况，可以直接轮询报告事件的代理者或其相邻代理者，对事件进行诊断或获取关于异常情况的更多的信息。

陷阱引导轮询可以有效地节约网络容量和代理者的处理时间。网络基本上不传送管理站不需要的管理信息，代理者也不会无意义地频繁应答信息请求。

4. 代管（Proxies）

利用 SNMP 需要管理站及其所有代理者支持 UDP 和 IP。这限制了在不支持 TCP/IP 协议的设备（如网桥、调制解调器）上的应用，并且大量的小系统（如 PC、工作站、可编程控制器）虽然支持 TCP/IP 协议，但不希望承担维护 SNMP、代理者软件和 MIB 的负担。

为了容纳没有装载 SNMP 的设备，SNMP 提出了代管的概念。在这个模式下，一个 SNMP 的代理者作为一个或多个其他设备的代管人，即 SNMP 代理者为托管设备（proxied devices）服务。

9.2 计算机网络安全

9.2.1 网络安全的定义

网络安全从狭义角度来分析，是指计算机及其网络系统资源和信息资源（即网络系统的硬件、软件和系统中的数据）受到保护，不受自然和人为有害因素的威胁和危害；从广义讲，凡是涉及计算机网络上信息的保密性、完整性、可用性、真实性和不可抵赖性的相关技术和理论都是计算机网络安全的研究领域。

网络安全问题实际上包括两方面的内容：一是网络的系统安全，二是网络的信息安全。网络安全从其本质上来讲就是网络上信息的安全，它涉及的内容相当广泛，既有技术方面的问题，也有管理方面的问题，两方面相互补充，缺一不可。技术方面主要侧重于如何防范外部非法攻击，管理方面则侧重于内部人为因素的管理。如何更有效地保护重要的信息数据、提高计算机网络系统的安全性已经成为所有计算机网络应用必须考虑和必须解决的一个重要问题。

9.2.2 网络安全的要素

确保网络系统的信息安全是网络安全的目标，对整个网络信息系统的保护最终是为了保护信息在存储过程和传输过程中的安全等。从网络安全的定义中，不难分析出网络信息安全具备的五大核心要素。

1. 保密性

保密性是防止信息泄露给非授权个人或实体，只允许授权用户访问的特性。保密性是一种面向信息的安全性，建立在可靠性和可用性的基础之上，是保障网络信息系统安全的基本要求。

2. 完整性

完整性是指网络中的信息安全、精确、有效，不因人为的因素而改变信息原有的内容、形式与流向，要求保持信息的原样，即信息的正确生成、正确存储和正确传输，也就是信息在生成、存储或传输过程中保证不被偶然或蓄意地删除、修改、伪造、乱序、插入等破坏和丢失的特性。

3. 可用性

可用性即网络信息系统在需要时，允许授权用户或实体使用的特性；或者是网络信息系统部分受损或需要降级使用时，仍能为授权用户提供有效服务的特性。

Note

4. 真实性

真实性是确保网络信息系统的访问者与其声称的身份是一致的；确保网络应用程序的身份和功能与其声称的身份和功能是一致的；确保网络信息系统操作的数据是真实有效的数据。

5. 不可抵赖性

不可抵赖性也称为不可否认性，即在网络信息系统的信息交互过程中所有参与者都不可能否认或抵赖曾经完成的操作的特性。

9.2.3 网络安全的重要性

伴随信息时代的来临，计算机和网络已经成为这个时代的代表和象征，政府、国防、国家基础设施、公司、单位、家庭几乎都成为一个巨大网络的一部分，大到国际合作、全球经济的发展，小到购物、聊天、游戏，所有社会中存在的概念都因为网络的普及被赋予了新的概念和意义，网络在整个社会中的地位越来越重要。据中国互联网络信息中心发布的《第 26 次中国互联网络发展状况统计报告》显示，截至 2010 年 6 月底，我国网民规模达 4.2 亿人，互联网普及率持续上升至 31.8%。互联网在中国已进入高速发展时期，人们的工作、学习、娱乐和生活已完全离不开网络。

但与此同时，Internet 本身所具有的开放性和共享性对信息的安全问题提出了严峻的挑战。由于系统安全脆弱性的客观存在，操作系统、应用软件、硬件设备等不可避免地会存在一些安全漏洞，网络协议本身的设计也存在一些安全隐患，这些都为黑客采用非正常手段入侵系统提供了可乘之机，以至于计算机犯罪、不良信息污染、病毒木马、内部攻击、网络信息间谍等一系列问题成为困扰社会发展的重大隐患。便利的搜索引擎、电子邮件、上网浏览、软件下载以及即时通信等工具都曾经或者正在被黑客利用进行网络犯罪，数以万计的 Hotmail、谷歌、雅虎等电子邮件账户和密码被非授权用户窃取并公布在网上，使得垃圾邮件数量显著增加。此外，大型黑客攻击事件不时发生，木马病毒井喷式大肆传播，传播途径千变万化，让人防不胜防。

计算机网络已成为敌对势力、不法分子的攻击目标，也成为很多青少年吸食"网络毒品"（主要是不良信息，如不健康的网站的图片、视频等）的滋生源；网络安全问题正在打击着人们使用电子商务的信心，这些不仅严重影响到电子商务的发展，更影响到国家政治经济的发展。因此，提高对网络安全重要性的认识，增强防范意识，强化防范措施，是学习、使用网络的当务之急。

9.2.4 网络安全面临的威胁

当前威胁网络安全的因素有很多，通常网络安全面临的主要威胁分为两种：一是对网络中信息的威胁；二是对网络中设备的威胁。

从其表现形式上看，凡是涉及自然灾害、意外事故、硬件故障、软件漏洞、人为失误、计算机犯罪、"黑客"攻击、内部泄露、外部泄露、信息丢失、网络协议中的缺陷等人为和非人为的情况，都是计算机网络安全面临的主要威胁。

从技术角度来分析，网络存在安全威胁的原因在于：一方面，网络的所有资源可以为所有用户共享，不可避免地留给不法分子以可乘之机；另一方面，网络的技术是开放和标准的，研制者当初并没有刻意考虑提高网络的安全性能，因此才造成了今天网络面临的各种威胁。

从人为的恶意攻击行为上分析，可以将网络安全面临的主要威胁分为两类：一类是主动攻击，其目标在于篡改系统中所含的信息，或者改变系统的状态和操作，以各种方式有选择地破坏信息的有效性、完整性和真实性；另一类是被动攻击，在不影响网络正常工作的情况下进行信息的截获和窃取，对信息流量进行分析，并通过信息的破译以获得重要的机密信息。

但网络安全的威胁根源还是来自于网络自身的脆弱性，以及计算机基本技术自身存在的种种隐患而导致的结果。对计算机软件技术而言，由于现在软件设计本身的水平所限，软件设计人员不可能考虑到影响网络安全因素的每一个细节。对于网络自身而言，由于网络的开放性和其自身的安全性互为矛盾，无法从根本上予以调和，再加上基于网络诸多不可预测的人为与技术安全隐患，网络就很难实现其自身的安全，尤其是网络已不仅作为信息传递的平台和工具，而且担当起控制系统的中枢时，那些无不与网络密切相关的政治、经济、军事、文化、金融、通信、电力、交通、油气等国家的战略命脉，也必然地处于相对的威胁中。

9.2.5　网络安全问题的根源

1. 物理安全问题

物理安全问题除了物理设备本身的问题外，还包括设备的位置安全、限制物理访问、物理环境安全和地域因素等。物理设备的位置极为重要，所有基础网络设施都应该放置在严格限制来访人员的地方，以降低出现未经授权访问的可能性。

物理设备也面临着环境方面的威胁，这些威胁包括温度、湿度、灰尘、供电系统对系统运行可靠性的影响，由于电磁辐射造成的信息泄露，自然灾害（如地震、闪电、风暴等）对系统的破坏等。

此外还有地域因素，互联网络往往跨越城际、国际，地理位置错综复杂，通信线路质量难以保证，一方面会给其上传输的信息造成损坏、丢失，也给那些"搭线窃听"的黑客以可乘之机，增加更多的安全隐患。

2. 系统安全问题

随着软件系统规模的不断增大，系统中的安全漏洞或后门也不可避免地存在，例如，常用的无论是网络版还是单机版的操作系统，无论是 Windows 还是 Linux，几乎都存在或多或少的安全漏洞，众多的各类服务器最典型的如微软的 IIS 服务器、浏览器、数据库等都被发现过存在安全隐患。可以说任何一个软件系统都可能因为程序员的一个疏忽、设计中的一个缺陷等原因而存在安全漏洞，这也是网络安全问题的主要根源之一。

3. 方案设计问题

有一类安全问题根源在于方案设计时的缺陷。由于在实际中，网络的结构往往比较复杂，为了实现异构网络间信息的通信，往往要牺牲一些安全机制的设置和实现，从而提出更高的网络开放性的要求。开放性和安全性正是一对相生相克的矛盾。

由于特定的环境往往会有特定的安全需求，所以不存在可以到处通用的解决方案，往往需要制订不同的方案。如果设计者的安全理论与实践水平不够，设计出来的方案经常会出现很多漏洞，这也是安全威胁的根源之一。

4. 协议安全问题

因特网最初的设计考虑是该网并不会因局部故障而影响信息的传输，所以基本没有考虑信息安全问题，因此它在安全可靠、服务质量、带宽和方便性等方面存在着严重的不适应性。尤其是作为因特网灵魂的 TCP/IP 协议，更存在着很大的安全隐患，缺乏强健的安全机制，这也是网络不安全的主要因素之一。

5. 人的因素

人是信息活动的主体，因此人的因素是网络安全问题的最主要因素，主要体现在以下3个方面：

（1）人为的无意失误

如操作员安全配置不当造成的安全漏洞，用户安全意识不强，用户口令选择不慎，用户将自己的账号随意转借他人或与别人共享等都会给网络安全带来威胁。

（2）人为的恶意攻击

人为的恶意攻击也就是黑客攻击，这是计算机网络所面临的最大威胁。此类攻击又可以分为以下两种：一种是主动攻击，以各种方式有选择地破坏信息的有效性和完整性；另一种是被动攻击，是在不影响网络正常工作的情况下，进行截获、窃取、破译以获得重要机密信息。这两种攻击均可对计算机网络造成极大的危害，并导致机密数据的泄露。

黑客活动几乎覆盖了所有的操作系统，包括 UNIX、Windows、Linux 等。黑客攻击比病毒破坏更具目的性，因而也更具危害性。更为严峻的是，黑客技术逐渐被越来越多的人掌握和发展。目前，世界上有上千万个黑客网站，这些站点都介绍一些攻击方法和攻击软件的使用以及系统的一些漏洞，因而系统、站点遭受攻击的可能性就变大了。尤其是现在还缺乏针对网络犯罪卓有成效的反击和跟踪手段，使得黑客攻击的隐蔽性好、攻击力强，成为网络安全的主要威胁之一。

（3）管理上的因素

网络系统的严格管理是企业、机构及用户免受攻击的重要措施。事实上，很多企业、机构及用户的网站或系统都疏于安全方面的管理。据 IT 界企业团体 ITAA 的调查显示，美国 90%的 IT 企业对黑客攻击准备不足。目前，美国 75%～85%的网站都抵挡不住黑客的攻击，约有 75%的企业网上信息失窃。此外，管理的缺陷还可能出现在系统内部人员泄露机密或外部人员通过非法手段截获而导致机密信息的泄露，从而为一些不法分子制造了可乘之机。

9.2.6 确保网络安全的主要技术

网络安全是一个相对概念，不存在绝对安全，所以必须未雨绸缪、居安思危，并且安全威胁是一个动态过程，不可能根除，所以唯有积极防御、有效应对。应对网络安全威胁则需要不断提升防范的技术和安全管理的团队技能，这是网络复杂性对确保网络安全提出的客观要求。从技术上讲，网络安全防护体系主要由防病毒、防火墙、入侵检测等多个安全组件组成，一个单独的组件无法确保网络信息的安全性。目前广泛运用和比较成熟的网络安全技术主要有信息加密技术、数字签名技术、防病毒技术、防火墙技术、入侵检测技术等，以下就此几项技术分别进行简单分析。

1. 信息加密技术

信息加密技术是利用数学或物理手段，对信息在传输过程中和存储体内进行保护，以防止泄露的技术。加密就是通过密码算术对数据进行转化，使之成为没有正确密钥时任何人都无法读懂的报文。而这些以无法读懂的形式出现的数据一般被称为密文。为了读懂报文，密文必须重新转变为其最初形式——明文。而含有用来以数学方式转换报文的双重密码就是密钥。在这种情况下，即使一则信息被截获并阅读，这则信息也是毫无利用价值的。

按照国际上通行的惯例，将信息加密技术按照双方收发的密钥是否相同的标准划分为两大类：

一种是对称加密算法，其特征是收信方和发信方使用相同的密钥，即加密密钥和解密密钥是相同或等价的。比较著名的对称加密算法有美国的 DES 及其各种变形，欧洲的 IDEA，日本的 RC4、RC5 以及以代换密码和转轮密码为代表的古典密码等。在众多的对称加密算法中，影响最大的是 DES 对称加密算法。对称加密算法的优点是有很强的保密强度，且经受住时间的检验和攻击，但其密钥必须通过安全的途径传送。因此，其密钥管理成为系统安全的重要因素。

另一种是公钥加密算法，也叫非对称加密算法。其特征是收信方和发信方使用的密钥互不相同，而且几乎不可能从加密密钥推导解密密钥。比较著名的公钥密码算法有 RSA、背包密码、McEliece 密码、Diffe-Hellman、Rabin、椭圆曲线、EIGamal 算法等。最有影响的公钥密码算法是 RSA，它能抵抗到目前为止已知的所有密码攻击。

2. 数字签名技术

数字签名（Digital Signature）技术是非对称加密算法的典型应用。所谓数字签名就是附加在数据单元上的一些数据，或是对数据单元所作的密码变换。这种数据或变换允许数据单元的接收者用以确认数据单元的来源和数据单元的完整性并保护数据，防止被他人（例如接收者）进行伪造，是对电子形式的消息进行签名的一种方法，一个签名消息能在一个通信网络中传输。基于公钥密码体制和私钥密码体制都可以获得数字签名，目前主要是基于公钥密码体制的数字签名。

数字签名技术主要解决以下信息安全问题。

（1）否认：事后发送者不承认文件是他发送的。

（2）伪造：有人自己伪造了一份文件，却声称是某人发送的。

（3）冒充：冒充别人的身份在网上发送文件。

（4）篡改：接收者私自篡改文件的内容。

数字签名机制可以确保数据文件的完整性、真实性和不可抵赖性。

3. 防病毒技术

随着计算机技术的不断发展，计算机病毒变得越来越复杂和高级，对计算机信息系统构成极大的威胁。在病毒防范中普遍使用的防病毒软件，从功能上可以分为网络防病毒软件和单机防病毒软件两大类。单机防病毒软件一般安装在单台 PC 上，即对本地和本地工作站连接的远程资源采用分析扫描的方式检测、清除病毒。网络防病毒软件则主要注重网络防病毒，一旦病毒入侵网络或者从网络向其他资源传染，网络防病毒软件会立刻检测到并加以删除。

4. 防火墙技术

网络防火墙技术是一种用来加强网络之间访问控制，防止外部网络用户以非法手段通过外部网络进入内部网络，访问内部网络资源，保护内部网络操作环境的特殊网络互联设备。防火墙对两个或多个网络之间传输的数据包按照一定的安全策略来实施检查，以决定网络之间的通信是否被允许，并监视网络运行状态。

目前的防火墙产品主要有堡垒主机、包过滤路由器、应用层网关（或代理服务器）以及电路层网关、屏蔽主机防火墙、双宿主机等类型。

防火墙处于 5 层网络安全体系中的最底层，属于网络层安全技术范畴。负责网络间的安全认证与传输，但随着网络安全技术的整体发展和网络应用的不断变化，现代防火墙技术已经逐步走向网络层之外的其他安全层次，不仅要完成传统防火墙的过滤任务，同时还能为各种网络应用提供相应的安全服务。另外还有多种防火墙产品正朝着数据安全与用户认证、防止病毒与黑客侵入等方向发展。

5. 入侵检测技术

入侵检测技术是为保证计算机系统的安全而设计与配置的一种能够及时发现并报告系统中未授权或异常现象的技术，也是一种用于检测计算机网络中违反安全策略行为的技术，包括对系统外部的入侵和内部用户的非授权行为进行检测。进行入侵检测的软件与硬件的组合便是入侵检测系统（Intrusion Detection System，IDS）。入侵检测系统能够实现以下主要功能：

（1）监视、分析用户及系统活动。

（2）系统构造和弱点的审计。

（3）识别反映已知进攻的活动模式并向相关人士报警。

（4）异常行为模式的统计分析。

（5）评估重要系统和数据文件的完整性。

（6）操作系统的审计跟踪管理，并识别用户违反安全策略的行为。

Note

9.2.7 网络安全的发展趋势

2010 年对于网络安全来说是严峻的一年，更多的安全问题已逐渐涌现，越来越多的新型安全威胁将得到前所未有的快速发展，根据 2010 年网络安全的发展趋势分析报告，总结了网络安全的几种发展趋势。

1. 搜索引擎成为黑客的全新盈利方式

通常网络用户非常信任搜索引擎，对排在前几位的搜索结果更是毫无任何怀疑，这就给了黑客可乘之机，黑客可利用搜索引擎优化技术借助钓鱼网站吸引用户上钩，并展开攻击。搜索引擎成了黑客的全新盈利重要渠道。

2. 恶意软件将立足"社交网络"

恶意软件在行为上将有所改观，病毒化特征削弱，但手段更"高明"，包含更多的钓鱼欺骗元素。2009 年是社交网站受到攻击较多的一年，但是与 2010 年相比，这些攻击可能根本不值一提。Koobface 蠕虫等安全问题对社交网站用户形成了很大的困扰，但这些恶意软件仍然是首先感染用户的计算机，然后再窃取信息。但现在安全专家则认为，恶意软件作者将进一步拓展攻击范围，把恶意软件植入到社交网站应用内部。有了这种病毒，无论用户是否访问社交网站，黑客都能毫无限制地窃取用户的资料和登录密码。

3. 集团化、产业化的趋势

黑客制造病毒木马已呈现集团化、产业化的趋势。

（1）产业链：病毒木马编写者－专业盗号人员－销售渠道－专业玩家。

（2）病毒不再安于破坏系统，销毁数据，而是更关注财产和隐私。

（3）电子商务成为热点，针对网络银行的攻击也更加明显。

（4）病毒会更加紧盯在线交易环节，从早期的虚拟价值盗窃转向直接金融犯罪。

4. 银行木马的数量和质量都没有下降的可能性

当代的黑客，攻击的目标非常明确，是以经济犯罪为目的，银行是实现这一犯罪过程最直接也是最快捷的途径。黑客不会忽视网络银行用户，而对于越来越多的网银用户而言，在未来需要更加关注所有账号的安全，因此杀毒软件、防火墙、主动防御、身份认证等安全措施一个都不能少。

5. Web 2.0 的产品将受到挑战

（1）以博客、论坛为首的 Web 2.0 产品将成为病毒和网络钓鱼程序的首要攻击目标。

（2）社区网站上带有社会工程学性质的欺骗往往超过安全软件所保护的范畴。

（3）自动邮件发送工具日趋成熟，垃圾邮件制造者正在将目标转向音频和视频垃圾邮件。

通过上面的总结很容易看到，网络安全威胁无处不在，网络越开放，人们面临的网络威胁就越多，无视和过于紧张都不是应该有的态度，严密保护个人和企业的安全，学习安全技术或者求助于身边的安全专家都是处理这些威胁的正确方法。

思 考 题

1. 请问健壮网络的标准包括哪几个方面？
2. 概述 SNMP 网络体系的基本构成。
3. 简述网络安全的定义。网络安全问题实际包括哪两方面的内容？
4. 网络安全的五大核心要素是什么？
5. 网络安全问题从根源上分析，主要来自于哪几个方面？
6. 列出 3 种目前已广泛应用且比较成熟的网络安全技术，并对其进行简单分析和说明。

第**10**章

计算机网络新技术

10.1 云 计 算

10.1.1 云计算的概念

云计算（cloudcomputing）是基于互联网的相关服务的增加、使用和交付模式，通常涉及通过互联网来提供动态易扩展且经常是虚拟化的资源。

美国国家标准与技术研究院（NIST）定义：云计算是一种按使用量付费的模式，这种模式提供可用的、便捷的、按需的网络访问，进入可配置的计算资源共享池（资源包括网络、服务器、存储、应用软件、服务），这些资源能够被快速提供，只需投入很少的管理工作，或与服务供应商进行很少的交互。XenSystem，以及在国外已经非常成熟的 Intel 和 IBM，各种"云计算"的应用服务范围正日渐扩大，影响力也无可估量。

10.1.2 云计算的特点

1. 超大规模

"云"具有相当的规模，Google 云计算已经拥有 100 多万台服务器，Amazon、IBM、微软、雅虎等的"云"均拥有几十万台服务器。企业私有云一般拥有数百上千台服务器。"云"能赋予用户前所未有的计算能力。

2. 虚拟化

云计算支持用户在任意位置、使用各种终端获取应用服务。所请求的资源来自"云"，而不是固定的有形的实体。应用在"云"中某处运行，但实际上用户无须了解，也不用担心应用运行的具体位置，只需要一台笔记本电脑或者一部手机，就可以通过网络服务来获取服务，甚至包括完成超级计算这样的任务。

3. 高可靠性

"云"使用了数据多副本容错、计算节点同构可互换等措施来保障服务的高可靠性，使用云计算比使用本地计算机可靠。

4. 通用性

云计算不针对特定的应用，在"云"的支撑下可以构造出千变万化的应用，同一个"云"可以同时支撑不同的应用运行。

Note

5. 高可扩展性

"云"的规模可以动态伸缩，满足应用和用户规模增长的需要。

6. 按需服务

"云"是一个庞大的资源池，用户按需购买，可以像自来水、电、煤气那样计费。

7. 极其廉价

由于"云"的特殊容错措施，可以采用极其廉价的节点来构成"云"，"云"的自动化集中式管理使大量企业无须负担日益高昂的数据中心管理成本，"云"的通用性使资源的利用率较之传统系统大幅提升，因此用户可以充分享受"云"的低成本优势，经常只要花费几百美元、几天时间就能完成以前需要数万美元、数月时间才能完成的任务。

8. 潜在的危险性

云计算服务除了提供计算服务外，还必然提供存储服务。当前云计算服务被私人机构（企业）垄断，而这些机构仅仅能够提供商业信用。政府机构、商业机构（特别是银行这样持有敏感数据的商业机构）对于选择云计算服务应保持足够的警惕。一旦商业用户大规模使用私人机构提供的云计算服务，无论其技术优势有多强，都不可避免地让这些私人机构以"数据（信息）"的重要性挟制整个社会。对于信息社会而言，"信息"是至关重要的。另外，云计算中的数据对于数据所有者以外的其他云计算用户是保密的，但是对于提供云计算的商业机构而言确实毫无秘密可言。所有这些潜在的危险，是商业机构和政府机构选择云计算服务，特别是国外机构提供的云计算服务时，不得不考虑的重要问题。

10.1.3 云计算的影响

1. 对软件开发的影响

云计算环境下，软件技术、架构将发生显著变化。一是所开发的软件必须与云相适应，能够与虚拟化为核心的云平台有机结合，适应运算能力、存储能力的动态变化；二是要能够满足大量用户的使用需求，包括数据存储结构、处理能力；三是要互联网化，基于互联网提供软件的应用；四是安全性要求更高，可以抗攻击，并能保护私有信息；五是可工作于移动终端、手机、网络计算机等各种环境。

云计算环境下，软件开发的环境、工作模式也将发生变化。虽然传统的软件工程理论不会发生根本性的变革，但基于云平台的开发工具、开发环境、开发平台，将为敏捷开发、项目组内协同、异地开发等带来便利。软件开发项目组内可以利用云平台实现在线开发，并通过云实现知识积累、软件复用。

云计算环境下，软件产品的最终表现形式更为丰富多样。在云平台上，软件可以是一种服务，如 SaaS，也可以是一个 Web Services，还可以是在线下载的应用，如苹果在线商店中的应用软件等。

2. 对软件测试的影响

在云计算环境下，由于软件开发工作的变化，也必然对软件测试带来影响和变化。

Note

软件技术、架构发生变化，要求软件测试的关注点也应做出相对应的调整。软件测试在关注传统的软件质量的同时，还应该关注云计算环境所提出的新的质量要求，如软件动态适应能力、大量用户支持能力、安全性、多平台兼容性等。

云计算环境下，软件开发工具、环境、工作模式发生了转变，也就要求软件测试的工具、环境、工作模式应发生相应的转变。软件测试工具也应工作于云平台之上，测试工具的使用也应可通过云平台来进行，而不再是传统的本地方式；软件测试的环境也可移植到云平台上，通过云构建测试环境；软件测试应该可以通过云实现协同、知识共享、测试复用。

软件产品表现形式的变化，要求软件测试可以对不同形式的产品进行测试，如 Web Services 的测试，互联网应用的测试，移动智能终端内软件的测试等。

云计算的普及和应用还有很长的道路，社会认可、用户习惯、技术能力，甚至是社会管理制度等都应做出相应的改变，方能使云计算真正普及。但无论怎样，基于互联网的应用将会逐渐渗透到每个人的生活中，对人们的服务、生活都会带来深远的影响。要应对这种变化，讨论业务未来的发展模式，确定努力的方向将很有必要。

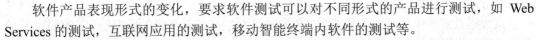

10.2 大 数 据

10.2.1 大数据的概念

大数据是指无法在一定时间内用常规软件工具对其内容进行抓取、管理和处理的数据集合。大数据技术，是指从各种各样类型的数据中快速获得有价值信息的能力。适用于大数据的技术，包括大规模并行处理（MPP）数据库、数据挖掘电网、分布式文件系统、分布式数据库、云计算平台、互联网和可扩展的存储系统。

10.2.2 大数据的特点

具体来说，大数据具有 4 个基本特征。

（1）数据体量巨大

相关资料表明，百度新首页导航每天需要提供的数据超过 1.5PB（1PB=1024TB），这些数据如果打印出来将超过 5000 亿张 A4 纸。有资料证实，到目前为止，人类生产的所有印刷材料的数据量仅为 200PB。

（2）数据类型多样

现在的数据类型不仅是文本形式，更多的是图片、视频、音频、地理位置信息等多类型的数据，个性化数据占大多数。

（3）处理速度快

数据处理遵循"1 秒定律"，可从各种类型的数据中快速获得高价值的信息。

（4）价值密度低

以视频为例，一小时的视频，在不间断的监控过程中，可能有用的数据只有一两秒。

10.2.3　大数据的作用

大数据有以下几点作用：

1.　对大数据的处理分析正成为新一代信息技术融合应用的结点

移动互联网、物联网、社交网络、数字家庭、电子商务等是新一代信息技术的应用形态，这些应用不断产生大数据。云计算为这些海量、多样化的大数据提供存储和运算平台。通过对不同来源数据的管理、处理、分析与优化，将结果反馈到上述应用中，将创造出巨大的经济和社会价值。

大数据具有催生社会变革的能量，但释放这种能量需要严谨的数据治理、富有洞见的数据分析和激发管理创新的环境。

2.　大数据是信息产业持续高速增长的新引擎

面向大数据市场的新技术、新产品、新服务、新业态会不断涌现。在硬件与集成设备领域，大数据将对芯片、存储产业产生重要影响，还将催生一体化数据存储处理服务器、内存计算等市场。在软件与服务领域，大数据将引发数据快速处理分析、数据挖掘技术和软件产品的发展。

3.　大数据利用将成为提高核心竞争力的关键因素

各行各业的决策正在从"业务驱动"转变为"数据驱动"。对大数据的分析可以使零售商实时掌握市场动态并迅速做出应对；可以为商家制定更加精准有效的营销策略提供决策支持；可以帮助企业为消费者提供更加及时和个性化的服务；在医疗领域，可提高诊断准确性和药物有效性；在公共事业领域，大数据也开始发挥促进经济发展、维护社会稳定等方面的重要作用。

4.　大数据时代科学研究的方法手段将发生重大改变

例如，抽样调查是社会科学的基本研究方法。在大数据时代，可通过实时监测、跟踪研究对象在互联网上产生的海量行为数据进行挖掘分析，揭示出规律性的内容，提出研究结论和对策。

10.2.4　大数据的分析

大数据不简简单单是数据大，使用大数据最重要的是对大数据进行分析，只有通过分析才能获取很多智能的、深入的、有价值的信息。越来越多的应用涉及大数据，而这些大数据的属性，包括数量、速度、多样性等都呈现了大数据不断增长的复杂性，所以大数据的分析方法在大数据领域就显得尤为重要，可以说是决定最终信息是否有价值的决定性因素。基于此，大数据分析普遍存在的方法理论有哪些呢？

1.　可视化分析

大数据分析的使用者有大数据分析专家，同时还有普通用户，但是二者对于大数据分析最基本的要求就是可视化分析，因为可视化分析能够直观地呈现大数据特点，同时能够非常容易被读者所接受，就如同看图说话一样简单明了。

2. 数据挖掘算法

大数据分析的理论核心就是数据挖掘算法，各种数据挖掘的算法基于不同的数据类型和格式才能更加科学地呈现出数据本身具备的特点，这些被全世界统计学家所公认的统计方法能深入数据内部，挖掘出公认的价值。也是因为有这些数据挖掘的算法，才能更快速地处理大数据，如果一个算法得花上好几年才能得出结论，那大数据的价值也就无从说起了。

3. 预测性分析

大数据分析最重要的应用领域之一就是预测性分析，从大数据中挖掘出特点，建立科学的模型，之后便可以通过模型代入新的数据，从而预测未来的数据。

4. 语义引擎

非结构化数据的多元化给数据分析带来新的挑战，人们需要一套工具系统地去分析、提炼数据。语义引擎需要设计到有足够的人工智能以足以从数据中主动地提取信息。

5. 数据质量和数据管理

大数据分析离不开数据质量和数据管理，高质量的数据和有效的数据管理，无论是在学术研究还是在商业应用领域，都能够保证分析结果真实和有价值。

大数据分析的基础理论就是以上 5 个方面，若要更加深入地分析大数据，还有很多更加有特点、更加深入、更加专业的分析方法。

10.2.5 大数据的技术

大数据的相关技术介绍如下。

- □ 数据采集：ETL 工具负责将分布的、异构数据源中的数据，如关系数据、平面数据文件等抽取到临时中间层后进行清洗、转换、集成，最后加载到数据仓库或数据集市中，成为联机分析处理、数据挖掘的基础。
- □ 数据存取：关系数据库、NoSQL、SQL 等。
- □ 基础架构：云存储、分布式文件存储等。
- □ 数据处理：自然语言处理（Natural Language Processing，NLP）是研究人与计算机交互的语言问题的一门学科。处理自然语言的关键是要让计算机"理解"自然语言，所以自然语言处理又叫作自然语言理解（Natural Language Understanding，NLU），也称为计算语言学（Computational Linguistics）。一方面，它是语言信息处理的一个分支；另一方面，它是人工智能（Artificial Intelligence，AI）的核心课题之一。
- □ 统计分析：包括假设检验、显著性检验、差异分析、相关分析、T 检验、方差分析、卡方分析、偏相关分析、距离分析、回归分析、简单回归分析、多元回归分析、逐步回归、回归预测与残差分析、岭回归、logistic 回归分析、曲线估计、因子分析、聚类分析、主成分分析、快速聚类法、判别分析、对应分析、多元对应分析（最优尺度分析）、Bootstrap 技术等。

□ 数据挖掘：分类（Classification）、估计（Estimation）、预测（Prediction）、相关性分组或关联规则（Affinity grouping or association rules）、聚类（Clustering）、描述和可视化（Description and Visualization）、复杂数据类型挖掘（Text、Web、图形、图像、视频、音频等）。

□ 模型预测：预测模型、机器学习、建模仿真。

□ 结果呈现：云计算、标签云、关系图等。

10.2.6 大数据的处理

1. 采集

大数据的采集是指利用多个数据库来接收发自客户端（Web、App 或者传感器形式等）的数据，并且用户可以通过这些数据库来进行简单的查询和处理工作。例如，电商会使用传统的关系型数据库 MySQL 和 Oracle 等来存储每一笔事务数据，除此之外，Redis 和 MongoDB 这样的 NoSQL 数据库也常用于数据的采集。

在大数据的采集过程中，其主要特点和挑战是并发数高，因为同时有可能会有成千上万的用户来进行访问和操作。例如，火车票售票网站和淘宝，它们并发的访问量在峰值时达到上百万，所以需要在采集端部署大量数据库才能支撑，并且如何在这些数据库之间进行负载均衡和分片的确需要深入的思考和设计。

2. 导入/预处理

虽然采集端本身会有很多数据库，但是如果要对这些海量数据进行有效分析，还是应该将这些来自前端的数据导入到一个集中的大型分布式数据库，或者分布式存储集群，并且可以在导入的基础上做一些简单的清洗和预处理工作。也有一些用户会在导入时使用来自 Twitter 的 Storm 来对数据进行流式计算，以满足部分业务的实时计算需求。

导入与预处理过程的特点和挑战主要是导入的数据量大，每秒钟的导入量经常会达到百兆，甚至千兆级别。

3. 统计/分析

统计与分析主要利用分布式数据库，或者分布式计算集群来对存储于其内的海量数据进行普通的分析和分类汇总等，以满足大多数常见的分析需求，在这方面，一些实时性需求会用到 EMC 的 GreenPlum、Oracle 的 Exadata，以及基于 MySQL 的列式存储 Infobright 等，而一些批处理，或者基于半结构化数据的需求可以使用 Hadoop。

统计与分析的主要特点和挑战是分析时涉及的数据量大，其对系统资源，特别是 I/O 会有极大的占用。

4. 挖掘

与前面统计和分析过程不同的是，数据挖掘一般没有什么预先设定好的主题，主要是在现有数据上进行基于各种算法的计算，从而起到预测（Predict）的效果，进而实现一些高级别数据分析的需求。比较典型的算法有用于聚类的 Kmeans、用于统计学习的 SVM 和用于分类的 NaiveBayes，主要使用的工具有 Hadoop 的 Mahout 等。该过程的特点和挑战主

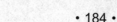

Note

要是用于挖掘的算法很复杂，并且计算涉及的数据量和计算量都很大，常用数据挖掘算法都以单线程为主。

整个大数据处理的普遍流程至少应该包括这 4 个方面的步骤，才能算得上是一个比较完整的大数据处理。

10.2.7　大数据时代存储所面对的问题

随着大数据应用的爆发性增长，已经衍生出了独特的架构，而且也直接推动了存储、网络以及计算技术的发展。毕竟处理大数据这种特殊的需求是一个新的挑战。硬件的发展最终还是由软件需求推动的，由此可以很明显地看到大数据分析应用需求正在影响着数据存储基础设施的发展。

从另一角度看，这一变化对存储厂商和其他 IT 基础设施厂商未尝不是一个机会。随着结构化数据和非结构化数据量的持续增长，以及分析数据来源的多样化，此前存储系统的设计已经无法满足大数据应用的需要。存储厂商已经意识到这一点，他们开始修改基于块和文件的存储系统的架构设计以适应这些新的要求。下面会讨论一些与大数据存储基础设施相关的属性，看看它们如何迎接大数据的挑战。

1. 容量问题

这里所说的"大容量"通常可达到 PB 级的数据规模，因此，海量数据存储系统也一定要有相应等级的扩展能力。与此同时，存储系统的扩展一定要简便，可以通过增加模块或磁盘柜来增加容量，甚至不需要停机。基于这样的需求，客户现在越来越青睐 Scale-out 架构的存储。Scale-out 集群结构的特点是每个节点除了具有一定的存储容量之外，内部还具备数据处理能力以及互联设备，与传统存储系统的烟囱式架构完全不同，Scale-out 架构可以实现无缝平滑的扩展，避免存储孤岛。

"大数据"应用除了数据规模巨大之外，还意味着拥有庞大的文件数量。因此如何管理文件系统层累积的元数据是一个难题，如果处理不当，将会影响到系统的扩展能力和性能，而传统的 NAS 系统就存在这一瓶颈。所幸基于对象的存储架构不存在这个问题，它可以在一个系统中管理十亿级别的文件数量，而且还不会像传统存储一样遭遇元数据管理的困扰。基于对象的存储系统还具有广域扩展能力，可以在多个不同的地点部署并组成一个跨区域的大型存储基础架构。

2. 延迟问题

"大数据"应用还存在实时性的问题，特别是涉及与网上交易或者金融类相关的应用。例如，网络成衣销售行业的在线广告推广服务需要实时地对客户的浏览记录进行分析，并准确进行广告投放。这就要求存储系统在必须能够支持上述特性的同时保持较高的响应速度，因为响应延迟的结果是系统会推送"过期"的广告内容给客户。这种场景下，Scale-out 架构的存储系统就可以发挥出优势，因为它的每一个节点都具有处理和互联组件，在增加容量的同时处理能力也可以同步增长。而基于对象的存储系统则能够支持并发的数据流，从而进一步提高数据吞吐量。

有很多"大数据"应用环境需要较高的 IOPS（Input/Output Operations Per Second）性能，即每秒进行读写（I/O）操作的次数，多用于数据库等场合，衡量随机访问的性能，例如 HPC 高性能计算。此外，服务器虚拟化的普及也导致了对高 IOPS 的需求，正如它改变了传统 IT 环境一样。为了迎接这些挑战，各种模式的固态存储设备应运而生，小到简单的在服务器内部做高速缓存，大到全固态介质的可扩展存储系统等都在蓬勃发展。

一旦企业认识到大数据分析应用的潜在价值，就会将更多的数据集纳入系统进行比较，同时让更多的用户分享并使用这些数据。为了创造更多的商业价值，企业往往会综合分析那些来自不同平台的多种数据对象。包括全局文件系统在内的存储基础设施就能够帮助用户解决数据访问的问题，全局文件系统允许多个主机上的多个用户并发访问文件数据，而这些数据则可能存储在多个地点的多种不同类型的存储设备上。

3. 安全问题

某些特殊行业的应用，如金融数据、医疗信息以及政府情报等都有自己的安全标准和保密性需求。虽然对于 IT 管理者来说这些并没有什么不同，而且都是必须遵从的，但是大数据分析往往需要多类数据相互参考，而在过去并不会有这种数据混合访问的情况，因此大数据应用也催生出一些新的需要考虑的安全性问题。

4. 成本问题

"大"，也可能意味着代价不菲。对于那些正在使用大数据环境的企业来说，成本控制是关键的问题。想控制成本，就意味着要让每一台设备都实现更高的效率，同时还要减少昂贵的部件。目前，重复数据删除等技术已经进入主存储市场，而且现在还可以处理更多的数据类型，这都可以为大数据存储应用带来更多的价值，提升存储效率。在数据量不断增长的环境中，通过减少后端存储的消耗，哪怕只是降低几个百分点，都能够获得明显的投资回报。此外，自动精简配置、快照和克隆技术的使用也可以提升存储的效率。

很多大数据存储系统都包括归档组件，尤其对那些需要分析历史数据或需要长期保存数据的机构来说，归档设备必不可少。从单位容量存储成本的角度看，磁带仍然是最经济的存储介质。在许多企业中，使用支持 TB 级大容量磁带的归档系统仍然是事实上的标准和惯例。

对成本控制影响最大的因素是商业化的硬件设备。因此，很多初次进入这一领域的用户以及那些应用规模最大的用户都会定制自己的"硬件平台"，而不是用现成的商业产品，这一举措可以用来平衡他们在业务扩展过程中的成本控制战略。为了适应这一需求，现在越来越多的存储产品都提供纯软件的形式，可以直接安装在用户已有的、通用的或者现成的硬件设备上。此外，很多存储软件公司还在销售以软件产品为核心的软硬一体化装置，或者与硬件厂商结盟，推出合作型产品。

5. 数据的积累

许多大数据应用都会涉及法规遵从问题，这些法规通常要求数据要保存几年或者几十年。例如，医疗信息通常是为了保证患者的生命安全，而财务信息通常要保存 7 年。有些使用大数据存储的用户却希望数据能够保存更长的时间，因为任何数据都是历史记录的一部分，而且数据的分析大都是基于时间段进行的。要实现长期的数据保存，就要求存储厂商开发出能够持续进行数据一致性检测的功能以及其他保证数据长期高可用的设备，同时还要实现数据直接在原位更新的功能需求。

6. 灵活性

大数据存储系统的基础设施规模通常都很大，因此必须经过仔细设计，才能保证存储系统的灵活性，使其能够随着应用分析软件一起扩容及扩展。在大数据存储环境中已经没有必要再做数据迁移了，因为数据会同时保存在多个部署站点。一个大型的数据存储基础设施一旦开始投入使用，就很难再调整了，因此它必须能够适应各种不同的应用类型和数据场景。

7. 应用感知

最早一批使用大数据的用户已经开发出了一些针对应用的定制的基础设施，例如，针对政府项目开发的系统，还有大型互联网服务商创造的专用服务器等。在主流存储系统领域，应用感知技术的使用越来越普遍，它也是改善系统效率和性能的重要手段，所以，应用感知技术也应该用在大数据存储环境里。

8. 小用户问题

依赖大数据的不仅仅是那些特殊的大型用户群体，作为一种商业需求，小型企业未来也一定会应用到大数据。有些存储厂商已经在开发一些小型的"大数据"存储系统，主要面向那些对成本比较敏感的用户。

10.3　物　联　网

10.3.1　物联网的定义

物联网（Internet of Things）指的是将无处不在的末端设备和设施，包括具备"内在智能"的传感器、移动终端、工业系统、楼控系统、家庭智能设施、视频监控系统等，和外在使能的，如贴上 RFID 的各种资产（Assets）、携带无线终端的个人与车辆等"智能化物件或动物"和"智能尘埃"（Mote），通过各种无线或有线的长距离或短距离通信网络实现互联互通（M2M）、应用大集成（Grand Integration）以及基于云计算的 SaaS 营运等模式，在内网、外网和互联网（Internet）环境下采用适当的信息安全保障机制，提供安全可控乃至个性化的实时在线监测、定位追溯、报警联动、调度指挥、预案管理、远程控制、安全防范、远程维保、在线升级、统计报表、决策支持、领导桌面（集中展示的 Cockpit Dashboard）等管理和服务功能，实现对"万物"的"高效、节能、安全、环保"的"管、控、营"一体化。

根据国际电信联盟的定义，物联网主要解决物品与物品（Thing to Thing，T2T）、人与物品（Human to Thing，H2T）、人与人（Human to Human，H2H）之间的互联。但是与传统互联网不同的是，H2T 是指人利用通用装置与物品之间的连接，从而使得物品连接更加简化，而 H2H 是指人之间不依赖于 PC 而进行的互联。因为互联网并没有考虑到对于任何物品连接的问题，故使用物联网来解决这个传统意义上的问题。顾名思义，物联网就是连接物品的网络，许多学者讨论物联网时，经常会引入 M2M 的概念，可以解释成为人到人（Man to Man）、人到机器（Man to Machine）、机器到机器。从本质上讲，人与机器、机器与机器的交互，大部分是为了实现人与人之间的信息交互。

10.3.2 物联网的关键技术

在物联网应用中有 3 项关键技术，即传感器技术、RFID 标签、嵌入式系统技术。

1. 传感器技术

这也是计算机应用中的关键技术。到目前为止，绝大部分计算机处理的都是数字信号。自从有计算机以来，就需要传感器把模拟信号转换成数字信号后，计算机才能处理。

2. RFID 标签

这是一种传感器技术。RFID 是融合无线射频技术和嵌入式技术为一体的综合技术，在自动识别、物品物流管理方面有着广阔的应用前景。

3. 嵌入式系统技术

此技术是综合了计算机软硬件、传感器技术、集成电路技术、电子应用技术为一体的复杂技术。经过几十年的演变，以嵌入式系统为特征的智能终端产品随处可见，小到人们身边的 MP3，大到航空航天的卫星系统。嵌入式系统正在改变着人们的生活，推动着工业生产以及国防工业的发展。如果把物联网用人体做一个简单比喻，传感器相当于人的眼睛、鼻子、皮肤等感官，网络就是神经系统，用来传递信息，嵌入式系统则是大脑，在接收到信息后要进行分类处理。这个例子很形象地描述了传感器、嵌入式系统在物联网中的位置与作用。

10.3.3 应用模式

根据物联网的实质用途，可以归结出两种基本应用模式。

1. 对象的智能标签

通过 NFC、二维码、RFID 等技术标识特定的对象，用于区分对象个体，例如，在生活中使用的各种智能卡，条码标签的基本用途就是用来获得对象的识别信息；此外，通过智能标签还可以获得对象物品所包含的扩展信息，例如，智能卡上的金额余额，二维码中所包含的网址和名称等。

2. 对象的智能控制

物联网基于云计算平台和智能网络，可以依据传感器网络用获取的数据进行决策，改变对象的行为进行控制和反馈。例如，根据光线的强弱调整路灯的亮度，根据车辆的流量自动调整红绿灯间隔等。

10.3.4 物联网发展趋势

物联网将是下一个推动世界高速发展的"重要生产力",是继通信网之后的另一个万亿级市场。

业内专家认为,物联网一方面可以提高经济效益,大大节约成本;另一方面可以为全球经济的复苏提供技术动力。美国、欧盟等都在投入巨资深入研究探索物联网。我国也正在高度关注、重视物联网的研究,工业和信息化部会同有关部门在新一代信息技术方面正在开展研究,以形成支持新一代信息技术发展的政策措施。

此外,物联网普及以后,用于动物、植物和机器、物品的传感器与电子标签及配套的接口装置的数量将大大超过手机的数量。物联网的推广将会成为推进经济发展的又一个驱动器,为产业提供了又一个潜力无穷的发展机会。按照对物联网的需求,需要按亿计的传感器和电子标签,这将大大推进信息技术元件的生产,同时增加大量的就业机会。

物联网拥有业界最完整的专业物联产品系列,覆盖从传感器、控制器到云计算的各种应用,其产品服务智能家居、交通物流、环境保护、公共安全、智能消防、工业监测、个人健康等各种领域,形成了"质量好、技术优、专业性强、成本低,满足客户需求"的综合优势,持续为客户提供有竞争力的产品和服务。

10.4 智慧城市

10.4.1 智慧城市的概念

"智慧城市"的概念、思想和模型由人类思想家与实践家倪会民于 1993 年提出。自其理念问世以来,倪会民在世界各国进行论证和落地应用。2008 年,IBM 在中国大力宣传智慧城市之后,中国政府大力鼓励,住建部推出两批试点城市。同时,国内外相关企业、研究机构和专家也纷纷开始对其进行了定义和研究。归纳起来,主要集中于以下 3 点:

1. 智慧城市建设必然以信息技术应用为主线

智慧城市可以被认为是城市信息化的高级阶段,必然涉及信息技术的创新应用,而信息技术是以物联网、云计算、移动互联和大数据等新兴热点技术为核心和代表的。

2. 智慧城市是一个复杂的、相互作用的系统

在这个系统中,信息技术与其他资源要素优化配置共同发生作用,促使城市更加智慧化地运行。

3. 智慧城市是城市发展的新兴模式

智慧城市的服务对象面向城市主体——政府、企业和个人,其结果是城市生产、生活方式的变革、提升和完善,终极表现为人类拥有更美好的城市生活。智慧城市的本质在于信息化与城市化的高度融合,是城市信息化向更高阶段发展的表现。

智慧城市包含着智慧技术、智慧产业、智慧应用项目、智慧服务、智慧治理、智慧人

文、智慧生活等内容。对智慧城市建设而言，智慧技术的创新和应用是手段和驱动力，智慧产业和智慧应用项目是载体，智慧服务、智慧治理、智慧人文和智慧生活是目标。具体来说，智慧应用项目体现在智慧交通、智能电网、智慧物流、智慧医疗、智慧食品系统、智慧药品系统、智慧环保、智慧水资源管理、智慧气象、智慧企业、智慧银行、智慧政府、智慧家庭、智慧社区、智慧学校、智慧建筑、智能楼宇、智慧油田、智慧农业等诸多方面。

10.4.2 智慧城市的产生背景

智慧城市经常与数字城市、感知城市、无线城市、智能城市、生态城市、低碳城市等区域发展概念相交叉，甚至与电子政务、智能交通、智能电网等行业信息化概念发生混淆。对智慧城市概念的解读也经常各有侧重，有的观点认为关键在于技术应用，有的观点认为关键在于网络建设，有的观点认为关键在于人的参与，也有的观点认为关键在于智慧效果，一些城市信息化建设的先行城市则强调以人为本和可持续创新。总之，智慧不仅仅是智能，智慧城市也绝不仅仅是智能城市的另外一个说法，或者说是信息技术的智能化应用，还包括人的智慧参与、以人为本、可持续发展等内涵。综合这一理念的发展源流以及对世界范围内区域信息化实践的总结，《创新2.0视野下的智慧城市》一文从技术发展和经济社会发展两个层面的创新对智慧城市进行了解析，强调智慧城市不仅仅是物联网、云计算等新一代信息技术的应用，更重要的是面向知识社会的创新2.0的方法论应用。

智慧城市通过物联网基础设施、云计算基础设施、地理空间基础设施等新一代信息技术以及维基、社交网络、Fab Lab、Living Lab、综合集成法、网动全媒体融合通信终端等工具和方法的应用，实现全面透彻的感知、宽带泛在的互联、智能融合的应用以及以用户创新、开放创新、大众创新、协同创新为特征的可持续创新。伴随网络帝国的崛起、移动技术的融合发展以及创新的民主化进程，知识社会环境下的智慧城市是继数字城市之后信息化城市发展的高级形态。

从技术发展的视角，智慧城市建设要求通过以移动技术为代表的物联网、云计算等新一代信息技术应用实现全面感知、泛在互联、普适计算与融合应用。从社会发展的视角，智慧城市还要求通过维基、社交网络、Fab Lab、Living Lab、综合集成法等工具和方法的应用，实现以用户创新、开放创新、大众创新、协同创新为特征的知识社会环境下的可持续创新，强调通过价值创造，以人为本实现经济、社会、环境的全面可持续发展。

2010年，IBM正式提出了"智慧的城市"愿景，希望为世界和中国的城市发展贡献自己的力量。IBM经过研究认为，城市由关系到城市主要功能的不同类型的网络、基础设施和环境的6个核心系统组成：组织（人）、业务/政务、交通、通信、水和能源。这些系统不是零散的，而是以一种协作的方式相互衔接。而城市本身，则是由这些系统所组成的宏观系统。

与此同时，国内不少公司也在"智慧地球"启示下提出架构体系，如"智慧城市5大核心平台体系"，已在智慧城市案例智慧徐州、智慧丰县、智慧克拉玛依等项目中得到应用。

21世纪的"智慧城市"能够充分运用信息和通信技术手段感测、分析、整合城市运行核心系统的各项关键信息，从而对于包括民生、环保、公共安全、城市服务、工商业活动在内的各种需求做出智能的响应，为人类创造更美好的城市生活。

10.4.3　智慧城市的关键技术

有两种驱动力推动智慧城市的逐步形成，一是以物联网、云计算、移动互联网为代表的新一代信息技术，二是知识社会环境下逐步孕育的开放的城市创新生态。前者是技术创新层面的技术因素，后者是社会创新层面的社会经济因素。由此可以看出创新在智慧城市发展中的驱动作用。清华大学公共管理学院党委书记、副院长孟庆国教授提出，新一代信息技术与创新 2.0 是智慧城市的两大基因，缺一不可。

智慧城市不仅需要物联网、云计算等新一代信息技术的支撑，更要培育面向知识社会的下一代创新（创新 2.0）。信息通信技术的融合和发展消融了信息和知识分享的壁垒，消融了创新的边界，推动了创新 2.0 形态的形成，并进一步推动各类社会组织及活动边界的"消融"。创新形态由生产范式向服务范式转变，也带动了产业形态、政府管理形态、城市形态由生产范式向服务范式的转变。如果说创新 1.0 是工业时代沿袭的面向生产、以生产者为中心、以技术为出发点的相对封闭的创新形态，创新 2.0 则是与信息时代、知识社会相适应的面向服务、以用户为中心、以人为本的开放的创新形态。北京市城管执法局信息装备中心主任宋刚博士在"创新 2.0 视野下的智慧城市与管理创新"的主题演讲中，从三代信息通信技术发展的社会脉络出发，对创新形态转变带来的产业形态、政府形态、城市形态、社会管理模式创新进行了精彩的演讲。他指出智慧城市的建设不仅需要物联网、云计算等技术工具的应用，也需要微博、维基等社会工具的应用，更需要 Living Lab 等用户参与的方法论及实践来推动以人为本的可持续创新，同时他结合北京基于物联网平台的智慧城管建设对创新 2.0 时代的社会管理创新进行了生动的诠释。

10.4.4　智慧城市的应用

1. 智慧公共服务

建设智慧公共服务和城市管理系统。通过加强就业、医疗、文化、安居等专业性应用系统建设，提升城市建设和管理的规范化、精准化和智能化水平，有效促进城市公共资源在全市范围共享，积极推动城市人流、物流、信息流、资金流的协调高效运行，在提升城市运行效率和公共服务水平的同时，推动城市发展转型升级。

2. 智慧城市综合体

采用视觉采集和识别系统、各类传感器、无线定位系统、RFID、条码识别、视觉标签等顶尖技术，构建智能视觉物联网，对城市综合体的要素进行智能感知、自动数据采集，涵盖城市综合体中的商业、办公、居住、旅店、展览、餐饮、会议、文娱和交通、灯光照明、信息通信和显示等方方面面，将采集的数据可视化和规范化，让管理者能进行可视化城市综合体管理。

3. 智慧政务城市综合管理运营平台

此类项目已有实际落地案例，天津市和平区的"智慧和平城市综合管理运营平台"包括指挥中心、计算机网络机房、智能监控系统、和平区街道图书馆和数字化公共服务网络系统 4 部分内容，其中，指挥中心系统囊括政府智慧大脑六大中枢系统，分别为公安应急系统、公共服务系统、社会管理系统、城市管理系统、经济分析系统和舆情分析系统，该项目为满足政府应急指挥和决策办公的需要，对区内现有监控系统进行升级换代，增加智能视觉分析设备，提升快速反应速度，做到事前预警，事中处理及时迅速，并统一数据、统一网络、建设数据中心、共享平台，从根本上有效地将政府各个部门的数据信息互联互通，并对整个和平区的车流、人流、物流实现全面的感知，该平台在和平区经济建设中将为领导的科学指挥决策提供技术支撑。

4. 智慧安居服务

开展智慧社区安居的调研试点工作，在部分居民小区为先行试点区域，充分考虑公共区、商务区、居住区的不同需求，融合应用物联网、互联网、移动通信等各种信息技术，发展社区政务、智慧家居系统、智慧楼宇管理、智慧社区服务、社区远程监控、安全管理、智慧商务办公等智慧应用系统，使居民生活"智能化发展"。加快智慧社区安居标准方面的探索推进工作，为今后全市新建楼宇和社区实行智能化管理打好基础。

5. 智慧教育文化服务

积极推进智慧教育文化体系建设。建设完善的教育城域网和校园网工程，推动智慧教育事业发展，重点建设教育综合信息网、网络学校、数字化课件、教学资源库、虚拟图书馆、教学综合管理系统、远程教育系统等资源共享数据库及共享应用平台系统。继续推进再教育工程，提供多渠道的教育培训就业服务，建设学习型社会。继续深化"文化共享"工程建设，积极推进先进网络文化的发展，加快新闻出版、广播影视、电子娱乐等行业信息化步伐，加强信息资源整合，完善公共文化信息服务体系。构建旅游公共信息服务平台，提供更加便捷的旅游服务，提升旅游文化品牌。

6. 智慧服务应用

组织实施部分智慧服务业试点项目，通过示范带动，推进传统服务企业经营、管理和服务模式创新，加快向现代智慧服务产业转型。

（1）智慧物流：配合综合物流园区信息化建设，推广射频识别（RFID）、多维条码、卫星定位、货物跟踪、电子商务等信息技术在物流行业中的应用，加快基于物联网的物流信息平台及第四方物流信息平台建设，整合物流资源，实现物流政务服务和物流商务服务的一体化，推动信息化、标准化、智能化的物流企业和物流产业发展。

（2）智慧贸易：支持企业通过自建网站或第三方电子商务平台，开展网上询价、网上采购、网上营销、网上支付等电子商务活动。积极推动商贸服务业、旅游会展业、中介服务业等现代服务业领域运用电子商务手段，创新服务方式，提高服务层次。结合实体市场的建立，积极推进网上电子商务平台建设，鼓励发展以电子商务平台为聚合点的行业性公共信息服务平台，培育发展电子商务企业，重点发展集产品展示、信息发布、交易、支付于一体的综合电子商务企业或行业电子商务网站。

（3）建设智慧服务业示范推广基地：积极通过信息化深入应用，改造传统服务业经营、管理和服务模式，加快向智能化现代服务业转型。结合城市服务业发展现状，加快推进现代金融、服务外包、高端商务、现代商贸等现代服务业发展。

7. 智慧健康保障体系建设

重点推进"数字卫生"系统建设。建立卫生服务网络和城市社区卫生服务体系，构建全市区域化卫生信息管理为核心的信息平台，促进各医疗卫生单位信息系统之间的沟通和交互。以医院管理和电子病历为重点，建立全市居民电子健康档案；以实现医院服务网络化为重点，推进远程挂号、电子收费、数字远程医疗服务、图文体检诊断系统等智慧医疗系统建设，提升医疗和健康服务水平。

8. 智慧交通

建设"数字交通"工程，通过监控、监测、交通流量分布优化等技术，完善公安、城管、公路等监控体系和信息网络系统，建立以交通诱导、应急指挥、智能出行、出租车和公交车管理等系统为重点的、统一的智能化城市交通综合管理和服务系统建设，实现交通信息的充分共享、公路交通状况的实时监控及动态管理，全面提升监控力度和智能化管理水平，确保交通运输安全、畅通。

思　考　题

1．简述云计算的基本定义。

2．分析云计算的特点。

3．简述大数据的概念，分析大数据的特点。

4．通过大数据的分析才能获取很多智能的、深入的、有价值的信息，那么大数据的分析方法在大数据领域就显得尤为重要，可以说是决定最终信息是否有价值的决定性因素。基于如此的认识，请问大数据分析中普遍使用的方法理论有哪些？

5．怎样理解物联网的定义？物联网与互联网最大的区别是什么？

6．物联网应用中的关键技术是哪 3 项？请简要分析。

7．请参考书中智慧城市的应用，提出几点较为可行的智慧城市的创新应用。

第11章

计算机网络实验

11.1 局域网组装实验

11.1.1 常见网络设备与连接线缆介绍

实验目的：了解常见的网络设备及其特点；了解常见网络传输介质及其特点。

实验器材：集线器、交换机、路由器、双绞线、同轴电缆、光缆。

小组人数：5人。

实验内容：

1. 集线器简介

集线器的英文称为 Hub。Hub 是"中心"的意思，集线器的主要功能是对接收到的信号进行再生整形放大，以扩大网络的传输距离，同时把所有节点集中在以它为中心的节点上。集线器工作于 OSI 参考模型第一层，即物理层。集线器与网卡、网线等传输介质一样，属于局域网中的基础设备，采用 CSMA/CD（一种检测协议）访问方式。

集线器属于纯硬件网络底层设备，基本上不具有类似于交换机的"智能记忆"能力和"学习"能力，也不具备交换机所具有的 MAC 地址表，所以发送数据时都是没有针对性的，而是采用广播方式发送。也就是说，当集线器要向某节点发送数据时，不是直接把数据发送到目的节点，而是把数据包发送到与集线器相连的所有节点。如图 11-1 所示为集线器。

图 11-1 集线器

2. 交换机简介

交换机也叫交换式集线器，是一种工作在 OSI 参考模型第二层，即数据链路层上的基于 MAC（网卡的介质访问控制地址）识别、能完成封装转发数据包功能的网络设备，通过对信息进行重新生成，并经过内部处理后转发至指定端口，具备自动寻址能力和交换作用。

交换机不懂得 IP 地址，但可以"学习"源主机的 MAC 地址，并将其存放在内部地址表中，通过在数据帧的始发者和目标接收者之间建立临时的交换路径，使数据帧直接由源地址到达目的地址。交换机上的所有端口均有独享的信道带宽，以保证每个端口上数据的快速有效传输。由于交换机根据所传递信息包的目的地址，将每一信息包独立地从源端口送至目的端口，而不会向所有端口发送，避免了和其他端口发生冲突，因此，交换机可以同时互不影响地传送这些信息包，并防止传输冲突，提高了网络的实际吞吐量。如图 11-2 所示为交换机。

3. 路由器简介

路由器是一种连接多个网络或网段的网络设备，能将不同网络或网段之间的数据信息进行"翻译"，以使它们能够相互"读"懂对方的数据，从而构成一个更大的网络。如图 11-3 所示为路由器。

图 11-2 交换机   图 11-3 路由器

4. 传输介质 —— 双绞线

双绞线（Twist-Pair）是综合布线工程中最常用的一种传输介质，分为两种类型：屏蔽双绞线和非屏蔽双绞线。屏蔽双绞线电缆的外层由铝铂包裹，以减小辐射，但并不能完全消除辐射，屏蔽双绞线价格相对较高，安装时要比非屏蔽双绞线电缆困难。非屏蔽双绞线电缆具有以下优点：

（1）无屏蔽外套，直径小，节省所占用的空间。

（2）重量轻，易弯曲，易安装。

（3）将串扰减至最小或加以消除。

（4）具有阻燃性。

（5）具有独立性和灵活性，适用于结构化综合布线。

双绞线采用了一对互相绝缘的金属导线以互相绞合的方式来抵御一部分外界电磁波干扰。把两根绝缘的铜导线按一定密度互相绞在一起，可以降低信号干扰的程度，每一根导线在传输中辐射的电波会被另一根线上发出的电波抵消。"双绞线"的名字也由此而来。双绞线是由 4 对双绞线一起包在一个绝缘电缆套管里的。一般双绞线扭线越密，其抗干扰能力就越强，与其他传输介质相比，双绞线在传输距离、信道宽度和数据传输速度等方面均受到一定限制，但价格较为低廉。

常见的双绞线有三类线、五类线和超五类线，以及最新的六类线，前者线径细，后者线径粗，详细型号介绍如下：

（1）一类线：主要用于传输语音（主要用于 20 世纪 80 年代初的电话线缆），不用于数据传输。

（2）二类线：传输频率为 1MHz，用于语音传输和最高传输速率为 4Mb/s 的数据传输，常见于使用 4Mb/s 规范令牌传递协议的旧的令牌网。

（3）三类线：指目前在 ANSI 和 EIA/TIA 568 标准中指定的电缆，该电缆的传输频率为 16MHz，用于语音传输及最高传输速率为 10Mb/s 的数据传输，主要用于 10BASE-T。

（4）四类线：该类电缆的传输频率为 20MHz，用于语音传输和最高传输速率为 16Mb/s 的数据传输，主要用于基于令牌的局域网和 10BASE-T/100BASE-T。

（5）五类线：该类电缆增加了绕线密度，外套一种高质量的绝缘材料，传输频率为 100MHz，用于语音传输和最高传输速率为 10Mb/s 的数据传输，主要用于 100BASE-T 和 10BASE-T 网络。这是最常用的以太网电缆。

（6）超五类线：具有衰减小，串扰少，并且具有更高的衰减与串扰的比值（ACR）和信噪比（Structural Return Loss）、更小的时延误差，性能得到很大提高，主要用于千兆位以太网（1000Mb/s）。

（7）六类线：该类电缆的传输频率为 1MHz～250MHz，六类布线系统在 200MHz 时综合衰减串扰比（PS-ACR）应该有较大的余量，提供 2 倍于超五类线的带宽。六类布线的传输性能远远高于超五类标准，最适用于传输速率高于 1Gb/s 的应用。六类线与超五类线的一个重要的不同点在于，改善了在串扰以及回波损耗方面的性能，对于新一代全双工的高速网络应用而言，优良的回波损耗性能是极重要的。六类标准中取消了基本链路模型，布线标准采用星型拓扑结构，要求的布线距离为：永久链路的长度不能超过 90m，信道长度不能超过 100m。

在双绞线产品家族中，主要的品牌有安普、西蒙、朗讯、丽特和 IBM。

非屏蔽双绞线如图 11-4 所示，屏蔽双绞线如图 11-5 所示。

图 11-4 非屏蔽双绞线

图 11-5 屏蔽双绞线

5. 传输介质——同轴电缆

同轴电缆的得名与其结构相关，也是局域网中最常见的传输介质之一，用来传递信息的一对导体是按照一层圆筒式的外导体套在内导体（一根细芯）外面，两个导体间用绝缘材料互相隔离的结构制造的，外层导体和中心轴芯线的圆心在同一个轴心上，所以叫作同轴电缆。同轴电缆之所以如此设计，也是为了防止外部电磁波干扰异常信号的传递。

同轴电缆根据其直径大小可以分为粗同轴电缆（粗缆）与细同轴电缆（细缆）。粗缆适用于比较大型的局部网络，标准距离长，可靠性高，由于安装时不需要切断电缆，因此可以根据需要灵活调整计算机的入网位置，但粗缆网络必须安装收发器电缆，安装难度大，所以总体造价高。相反，细缆安装比较简单，造价低，但由于安装过程要切断电缆，两头须装上基本网络连接头（BNC），然后接在 T 型连接器两端，所以当接头多时容易产生隐患，这是目前运行中的以太网所发生的最常见故障之一。

细缆和粗缆的比较如表 11-1 所示。

表 11-1　细缆和粗缆的比较

项　　目	细缆 10Base2	粗缆 10Base5
费用	比双绞线贵	比细缆贵
最大传输距离	185m	500m
传输速率	10Mb/s	10Mb/s
弯曲程度	一般	难
安装难度	容易	容易
抗干扰能力	很好	很好
特性	组网费用少于双绞线	组网费用少于双绞线

同轴电缆如图 11-6 所示。

6. 传输介质 —— 光缆

光缆又称光纤，是以光脉冲的形式来传输信号，以玻璃或有机玻璃等为网络传输介质，由纤维芯、包层和保护套组成，如图 11-7 所示。

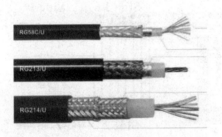

图 11-6　同轴电缆　　　　　　　　图 11-7　光缆

光纤可分为单模光纤和多模光纤。单模光纤只提供一条光路，加工复杂，但具有更大的通信容量和更远的传输距离；多模光纤使用多条光路传输同一信号，通过光的折射来控制传输速度。

7. 实验总结

通过本次实验，学生了解了常见的网络设备以及常见的网络传输介质，对于以后的局域网组装实验有着积极的作用。

8. 实验自测

（1）是否了解集线器、交换机、路由器的特点和功能？

（2）是否能够识别常见的网络电缆？

Note

11.1.2 双绞线的制作与测试

实验目的：掌握双绞线的制作与测试。

实验器材：测线仪、压线钳、非屏蔽双绞线、RJ45 水晶头。

小组人数：1 人。

实验内容：

1. TIA/EIA 标准

T568A 标准线序：绿白—绿—橙白—蓝—蓝白—橙—棕白—棕。

T568B 标准线序：橙白—橙—绿白—蓝—蓝白—绿—棕白—棕。

T568A/T568B 线序如图 11-8 所示。

2. 直通线/交叉线

（1）直通线：双绞线两端所使用的制作线序相同（同为 T568A/T568B）即为直通线，用于连接异种设备，例如，计算机与交换机相连。

直通线线序如图 11-9 所示。

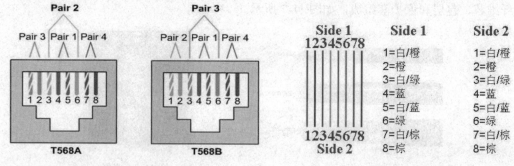

图 11-8　T568A/T568B 线序　　　　　　　图 11-9　直通线线序

直通线连接如图 11-10 所示。

（2）交叉线：双绞线两端所使用的制作线序不同（两端分别使用 T568A 和 T568B）即为交叉线，用于连接同种设备，例如，计算机直接相连。

交叉线线序如图 11-11 所示。

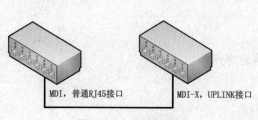

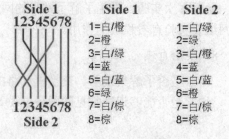

图 11-10　直通线连接　　　　　　　　　图 11-11　交叉线线序

交叉线连接如图 11-12 所示。

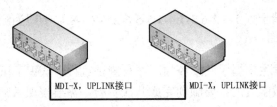

MDI-X, UPLINK接口　　　　　MDI-X, UPLINK接口

图 11-12　交叉线连接

3. 直通线制作

（1）使用压线钳上组刀片轻压双绞线并旋转，剥去双绞线两端外保护皮 2cm～5cm。

（2）按照线序中白线顺序分开 4 组双绞线，并将此 4 组线排列整齐。

（3）分别分开各组双绞线并将已经分开的导线逐一捋直待用。

（4）导线分开后交换四号线与六号线位置。

（5）将导线收集起来并上下扭动，以使其排列整齐。

（6）使用压线钳下组刀片截取 1.5cm 左右排列整齐的导线。

（7）将导线并排送入水晶头。

（8）使用压线钳凹槽压制排列整齐的水晶头即可。

各步骤注意事项：

（1）剥去外保护皮时，注意压线钳力度不宜过大，否则容易伤害到导线。

（2）4 组线最好在导线的底部排列在同一个平面上。

（3）捋直的作用是便于制作水晶头。

（4）交换四号线和六号线位置是为了达到线序要求。

（5）上下扭动能够使导线自然并列在一起。

（6）导线顺序按面向水晶头引脚，自左向右的顺序。

（7）压制的力度不宜过大，以免压碎水晶头；压制前观察前横截面是否能看到铜芯，侧面是否为整条导线在引脚下方，双绞线外保护皮是否在三角棱的下方，符合以上 3 个条件后方可压制。

压线钳如图 11-13 所示。

测线仪如图 11-14 所示。

图 11-13　压线钳

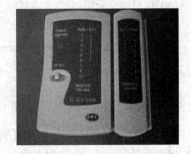

图 11-14　测线仪

4. 双绞线的测试

直通线：测线仪指示灯 1-1 2-2 3-3 4-4 5-5 6-6 7-7 8-8 显示即为测试成功。

交叉线：测线仪指示灯 1-3 2-6 3-1 4-4 5-5 6-2 7-7 8-8 显示即为测试成功。

5. 实验总结

通过本次实验，学生掌握了双绞线的制作与测试过程，认识了压线钳、测线仪等仪器和制作工具，达到了教学目的。要顺利完成此次实验，需要授课教师的详细讲解。

6. 实验自测

（1）是否掌握双绞线缆制作的步骤？
（2）制作的线缆测试后是否可以正常使用？
（3）是否了解平行线和交叉线的区别？
（4）是否记住了 T568A 和 T568B 的线序？
（5）是否了解 T568A 和 T568B 的线序之间的关系？

11.1.3　对等网的组建与文件共享

实验目的：掌握对等网的组建；掌握文件共享。
实验器材：交叉线、测线仪、计算机（两台为一组）、Windows XP 系统。
小组人数：2 人。
实验内容：
创建对等网及在对等网中进行文件共享。

1. 对等网的概念

每台计算机的地位平等，都允许使用其他计算机内部的资源，这种网就称为对等局域网，简称对等网，又称点对点网络，指不使用专门的服务器，各终端机既是服务提供者（服务器），又是网络服务申请者。组建对等网的重要元件之一是网卡，各联网计算机均需配置一块网卡。

2. 对等网的组建

首先要有交叉线，用测线仪测试一下交叉线是否可用（见 11.1.2 节），然后用交叉线把两台 Windows XP 系统的计算机连接起来。
对等网如图 11-15 所示。

图 11-15　对等网

连接后给两台计算机设置相同网段的 IP 地址，例如，192.168.28.101 和 192.168.28.103。设置完 IP 地址后使用 ping 命令进行测试。测试成功结果如图 11-16 所示。
最后，打开"网上邻居"窗口，单击"网络任务"中的"查看工作组计算机"超链接，如图 11-17 所示。

图 11-16　对等网测试成功

图 11-17　查看工作组计算机

右侧窗口将显示相连的两台计算机的名称，如图 11-18 所示。

双击 Luobo-152ba447e，会出现如图 11-19 所示的界面。

图 11-18　显示计算机名

图 11-19　双击 Luobo-152ba447e 后弹出的界面

这说明对等网已经建好，但是没有开启"网络共享和安全"功能。开启方法如下：右击任意文件夹，在弹出的快捷菜单中选择"共享和安全"命令，出现如图 11-20 所示的界面。

单击"网络共享和安全"中的"网络安装向导"超链接，出现如图 11-21 所示的界面。

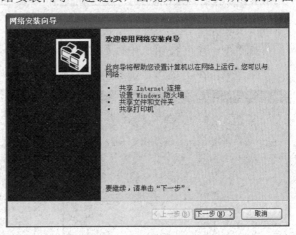

图 11-20　"共享"选项卡

图 11-21　网络安装向导

单击"下一步"按钮，出现如图 11-22 所示的界面。选中"此计算机通过居民区的网关或网络上的其他计算机连接到 Internet"单选按钮。

单击"下一步"按钮，出现如图 11-23 所示的界面，然后为这台计算机命名（任意）。

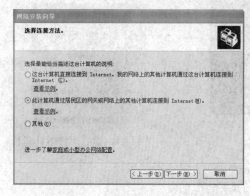

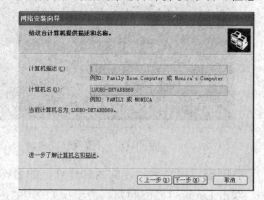

图 11-22　"选择连接方法"界面　　　　图 11-23　"给这台计算机提供描述和名称"界面

单击"下一步"按钮，出现如图 11-24 所示的界面，输入工作组名（取默认设置或自己命名）。注意，两台计算机的工作组合必须相同。

单击"下一步"按钮，选择启用文件和打印机共享（必需），如图 11-25 所示。

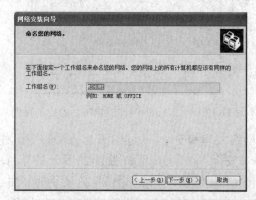

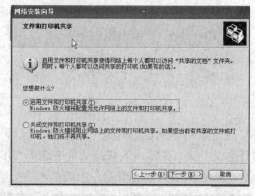

图 11-24　"命名您的网络"界面　　　　　图 11-25　"文件和打印机共享"界面

单击"下一步"按钮，出现如图 11-26 所示的界面。

单击"下一步"按钮，出现如图 11-27 所示的界面。

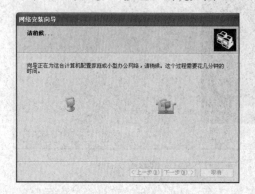

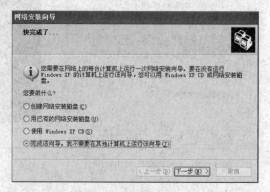

图 11-26　配置网络　　　　　　　　　图 11-27　设置是否运行向导

单击"完成"按钮，出现如图 11-28 所示的界面。

3．在对等网中共享文件

首先，选择要共享的文件，右击，在弹出的快捷菜单中选择"共享和安全"命令，出现如图 11-29 所示的界面。

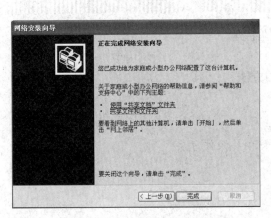

图 11-28 完成网络安装向导设置

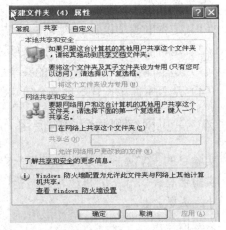

图 11-29 "共享"选项卡

选中"在网络上共享这个文件夹"复选框并输入共享名（也可以默认）。如果允许他人更改共享的文件，就选中"允许网络用户更改我的文件"复选框，单击"应用"按钮或"确定"按钮，共享文件完成，文件夹图标将变成如图 11-30 所示样式。

📝 **注意**

有时会出现如图 11-31 所示的界面。

 共享文档

图 11-30 共享文件夹图标

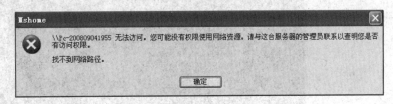

图 11-31 提示界面

解决方法 1：选择"开始"→"运行"命令，在弹出的对话框中输入 secpol.msc，启动"本地安全策略"，选择"本地策略"下"用户权利分配"，打开"拒绝从网络访问这台计算机"界面，删除 guest 用户。

解决方法 2：打开"控制面板"→"网络和 Internet 连接"→"Windows 防火墙"→"例外"界面，选中"文件和打印机共享"复选框。

4．实验总结

Windows 网上邻居互访的基本条件：

（1）双方计算机打开，且设置了网络共享资源。

（2）双方的计算机添加了"Microsoft 网络文件和打印共享"服务。

（3）双方都正确设置了网内 IP 地址，且必须在一个网段中。

（4）双方的计算机中都关闭了防火墙，或者防火墙策略中没有阻止网上邻居访问的策略。

5. 实验自测

（1）是否掌握了设置 IP 地址的方法？

（2）是否能够 ping 通局域网内的其他主机？

（3）是否能够实现文件资源的共享？

（4）是否掌握了设置本地安全策略的方法？

11.1.4 常见网络测试命令的使用

实验目的：掌握一些常见命令的含义和相关操作方法。

实验器材：装有系统的计算机。

小组人数：1 人。

实验内容：

1. ipconfig/all 命令的使用

ipconfig 命令是经常使用的命令，可以查看网络连接的情况，如本机的 IP 地址、子网掩码、DNS 配置，DHCP 配置等。"/all"是显示所有配置的参数。

选择"开始"→"运行"命令，在弹出的对话框中输入 cmd 并按 Enter 键，弹出 C:\WINDOWS\system32\cmd.exe 窗口，然后输入 ipconfig/all 并按 Enter 键，如图 11-32 所示。

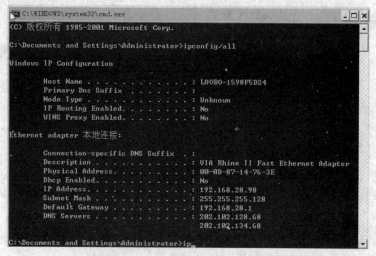

图 11-32　ipconfig/all 命令返回结果

图 11-32 显示相应的地址，如 IP 地址、子网掩码等。若显示如图 11-33 所示信息，则表明不能上网（即数据报：发送=4 接受=0 丢失=4）。

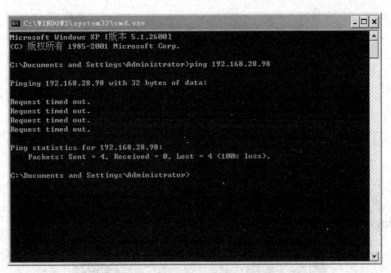

图 11-33 网络连通失败信息

2. ping 命令的使用

常用参数选项介绍如下。

- ❑ ping IP-t：连续对 IP 地址执行 ping 命令，直到被用户按 Ctrl+C 快捷键中断。
- ❑ -a：以 IP 地址格式来显示目标主机的网络地址。
- ❑ -l 2000：指定 ping 命令中的数据长度为 2000 B，而不是默认的 323B。
- ❑ -n：执行特定次数的 ping 命令。
- ❑ -f：在包中发送"不分段"标志。该包将不被路由上的网关分段。
- ❑ -i ttl：将"生存时间"字段设置为 ttl 指定的数值。
- ❑ -v tos：将"服务类型"字段设置为 tos 指定的数值。
- ❑ -r count：在"记录路由"字段中记录发出报文和返回报文的路由。指定的 count 值最小可以是 1，最大可以是 9。
- ❑ -s count：指定由 count 指定的转发次数的时间邮票。
- ❑ -j computer-list：经过由 computer-list 指定的计算机列表的路由报文。中间网关可能分隔连续的计算机（松散的源路由）。允许的最大 IP 地址数目是 9。
- ❑ -k computer-list：经过由 computer-list 指定的计算机列表的路由报文。中间网关可能分隔连续的计算机（严格源路由）。允许的最大 IP 地址数目是 9。
- ❑ -w timeout：以毫秒为单位指定超时间隔。
- ❑ destination-list：指定要校验连接的远程计算机。

选择"开始"→"运行"命令，在弹出的对话框中输入 cmd 并按 Enter 键，弹出 C:\WINDOWS\system32\cmd.exe 窗口，输入 ping 后按 Enter 键，显示相应的内容，如图 11-34 所示。

Note

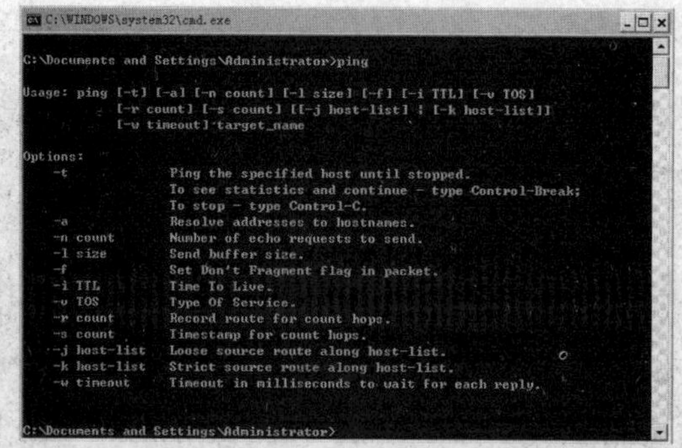

图 11-34   ping 命令返回结果

（1）ping-t 的使用如图 11-35 所示。格式为 ping IP-t。

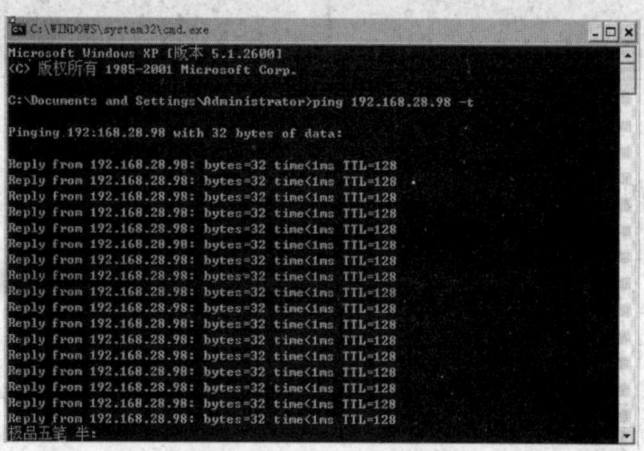

图 11-35   ping-t 命令返回结果

出现上面这些内容表示可以正常访问 Internet。下面解释一下 TTL。TTL 即生存时间，指定数据报被路由器丢失之前允许通过的网段数量，是由发送主机设置的，以防止数据包不断在 IP 互联网络上永不终止地循环。转发 IP 数据包时，要求路由器至少将 TTL 减小 1。

注意

网速≈（发送的字节数/返回的时间[毫秒]）字节/秒。

如果本地计算机的 TTL 是 251，则说明此计算机的注册表被人修改了，如图 11-36 所示。

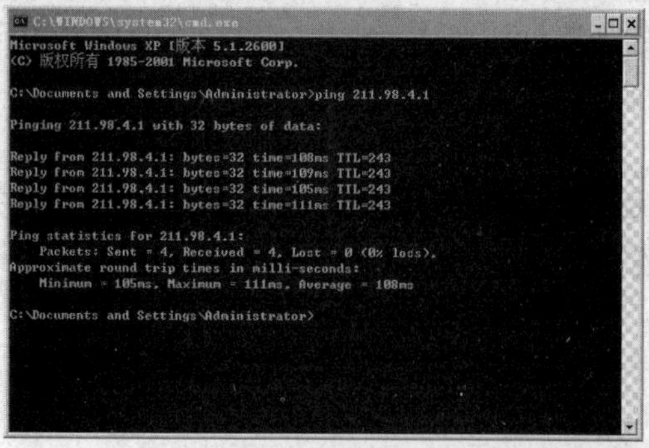

图 11-36   TTL

（2）ping-n 的使用。例如，ping 192.168.28.101-n 3 表示可以向这个 IP 地址 ping 3 次才终止操作。n 代表次数。

（3）ping-l 的使用。如图 11-37 所示，表示向这个用户发送 2000B，可按 Ctrl+C 快捷键终止操作。

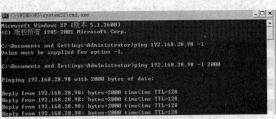

图 11-37　ping-l 命令的使用

（4）ping-l-t 的组合使用如图 11-38 所示，表示向这个 IP 地址连续发送 2000B。

图 11-38　ping-l-t 命令的使用

3. netstat 命令的使用

netstat 是 DOS 命令，这是一个监控 TCP/IP 网络的非常有用的工具，可以显示路由表、实际的网络连接以及每一个网络接口设备的状态信息。netstat 命令用于显示与 IP、TCP、UDP 和 ICMP 协议相关的统计数据，一般用于检验本机各端口的网络连接情况。

选择"开始"→"运行"命令，在弹出的对话框中输入 cmd 并按 Enter 键，弹出 `C:\WINDOWS\system32\cmd.exe` 窗口，输入 netstat 后按 Enter 键，如图 11-39 所示。

图 11-39　netstat 命令的返回结果

（1）netstat-a 命令的使用如图 11-40 所示。

图 11-40　netstat-a 命令的使用

（2）netstat-e 命令的使用如图 11-41 所示。

图 11-41　netstat-e 命令的使用

（3）netstat-n 命令的使用如图 11-42 所示。

图 11-42　netstat-n 命令的使用

4.　tracert 命令的使用

tracert（跟踪路由）是路由跟踪实用程序，用于确定 IP 数据报访问的目标路径。tracert 命令用 IP 生存时间（TTL）字段和 ICMP 错误消息来确定从一个主机到网络上其他主机的路由。

❑　-d：指定不将 IP 地址解析到主机名称。

❑　-hmaximum_hops：指定跃点数以跟踪到称为 target_name 的主机的路由。

❑　-j host-list：指定 tracert 实用程序数据包所采用路径中的路由器接口列表。

❑　-w timeout：等待 timeout 为每次回复所指定的毫秒数。

tracert 命令的返回结果如图 11-43 所示。

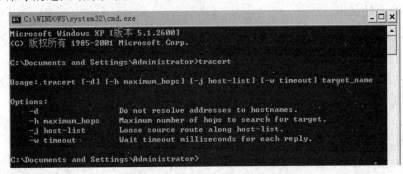

图 11-43　tracert 命令的返回结果

5.　nslookup 命令的使用

nslookup 是 Windows NT/2000 中连接 DNS 服务器、查询域名信息的一个非常有用的命令，是由 local DNS 的 cache 中直接读出来的，而不是 local DNS 向真正负责这个 domain 的 name server 问来的。

nslookup 命令必须在安装了 TCP/IP 协议的网络环境之后才能使用。

如图 11-44 所示的结果显示，正在工作的 DNS 服务器的主机名为 ns.sdjnptt.net.cn，其 IP 地址是 202.102.128.68。

```
C:\Documents and Settings\Administrator>nslookup www.baidu.com
Server:  ns.sdjnptt.net.cn
Address:  202.102.128.68

Non-authoritative answer:
Name:    www.a.shifen.com
Addresses:  123.235.44.30, 123.235.44.31
```

图 11-44　解析域名

把 123.235.44.38 地址反向解析成 www.baidu.com，如图 11-45 所示。

```
C:\Documents and Settings\Administrator>nslookup 123.235.44.38
Server:  ns.sdjnptt.net.cn
Address:  202.102.128.68

*** ns.sdjnptt.net.cn can't find 123.235.44.38: Non-existent domain
```

图 11-45　解析 IP 地址

如果出现以下提示，说明测试主机在目前的网络中根本没有找到可以使用的 DNS 服务器：

> *** Can't find server name for domain: No response from server
> *** Can't repairpc.nease.net : Non-existent domain

如果出现以下提示，则说明网络中 DNS 服务器 ns-px.online.sh.cn 在工作，却不能实现域名 www.baidu.com 的正确解析。

> Server：ns-px.online.sh.cn
> Address： 202.96.209.5
> *** ns-px.online.sh.cn can't find www.baidu.com Non-existent domain

6. arp 命令的使用

ARP 协议是 Address Resolution Protocol（地址解析协议）的缩写。在局域网中，网络中实际传输的是"帧"，帧里面是有目标主机的 MAC 地址的。

- ❑ -a：通过询问 TCP/IP 显示当前 ARP 项。如果指定了 inet_addr，则只显指定计算机的 IP 和物理地址。
- ❑ -g：与-a 相同。
- ❑ inet_addr：以加点的十进制标记指定 IP 地址。
- ❑ -N：显示由 if_addr 指定的网络界面 ARP 项。
- ❑ if_addr：指定需要修改其地址转换表接口的 IP 地址（如果存在）。如果不存在，将使用第一个可适用的接口。
- ❑ -d：删除由 inet_addr 指定的项。
- ❑ -s：在 ARP 缓存中添加项，将 IP 地址 inet_addr 和物理地址 ether_addr 关联。物理地址由以连字符分隔的 6 个十六进制字节给定。使用带点的十进制标记指定 IP 地址。项是永久性的，即在超时到期后项自动从缓存删除。
- ❑ ether_addr：指定物理地址。

arp 命令的返回结果如图 11-46 所示。

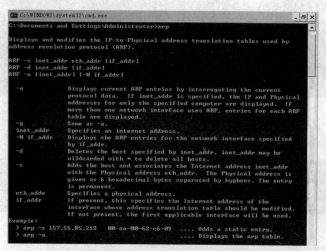

图 11-46　arp 命令的返回结果

arp 命令的工作原理如图 11-47 所示。

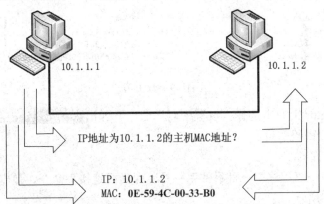

图 11-47　arp 命令的工作原理

主机 10.1.1.1 要同 10.1.1.2 通信，首先查找自己的 ARP 缓存，若没有 10.1.1.2 的缓存记录，则发出如下广播包："我是主机 10.1.1.1，我的 MAC 是 00-58-4C-00-03-B0，IP 为 10.1.1.2 的主机请告知你的 MAC"。

IP 为 10.1.1.2 的主机响应这个广播，应答 ARP 广播为："我是 10.1.1.2，我的 MAC 是 0E-59-4C-00-33-B0"。

于是，主机 10.1.1.1 刷新自己的 ARP 缓存，然后发出该 IP 包。

7. telnet 命令的使用

telnet 是 TCP/IP 网络（例如 Internet）登录和仿真程序，它最初是由 ARPANET 开发的，但是现在主要用于 Internet 会话。telnet 的基本功能是，允许用户登录进入远程主机系统。起初，telnet 只是让用户的本地计算机与远程计算机连接，从而成为远程主机的一个终端。telnet 的一些较新的版本在本地执行更多的处理，于是可以提供更好的响应，并且减少了通过链路发送到远程主机的信息数量。

（1）如果在家想远程学校的机器，可以在桌面上右击"我的电脑"，在弹出的快捷菜单中选择"管理"命令，并选择"本地用户和组"，如图 11-48 所示。

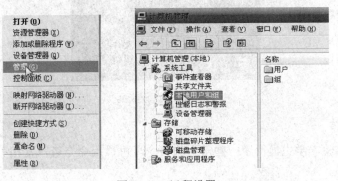

图 11-48　远程设置

双击用户，如图 11-49 所示。

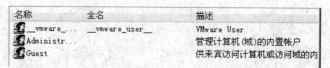

名称	全名	描述
__vmware_...	__vmware_user__	VMware User
Administr...		管理计算机(域)的内置帐户
Guest		供来宾访问计算机或访问域的内

图 11-49　双击用户

在 Administrator 上右击选择"设置密码"命令，弹出 为 Administrator 设置密码 对话框，单击"继续"后设置密码即可。

（2）远程计算机。

选择"开始"→"程序"→"附件"→"远程桌面连接"命令，弹出"远程桌面连接"窗口，如图 11-50 所示。

在"计算机"下拉列表框中输入要远程的计算机的 IP 地址，单击"连接"按钮，弹出如图 11-51 所示界面。

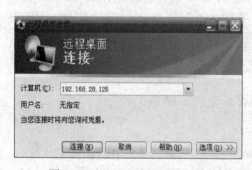

图 11-50　"远程桌面连接"窗口

图 11-51　"登录到 Windows"对话框

输入用户名和密码，单击"确定"按钮即可弹出远程桌面，如图 11-52 所示。

图 11-52　远程桌面

8．实验总结

通过这次实验，学生懂得了一些常用的命令。可以用命令查一些相关的参数。

9．实验自测

（1）是否掌握了 ipconfig 命令的使用方法？

（2）是否掌握了 ping 命令的使用方法？

（3）是否掌握了 netstat 命令的使用方法？

（4）是否掌握了 nslookup 命令的使用方法？

（5）是否掌握了 tracert 命令的使用方法？

（6）是否掌握了 arp 命令的使用方法？

（7）是否掌握了 telnet 命令的使用方法？

11.1.5 Server-U 使用

实验目的： 掌握文件服务器软件 Server-U 的使用方法。

实验器材： Server-U 7.3.0.2 安装文件、计算机。

小组人数： 1 人。

实验内容：

1. Server-U 概述

Server-U 是一种被广泛运用的 FTP 服务器端软件，支持 9x/ME/NT/2000 等全 Windows 系列，设置简单，功能强大，性能稳定。FTP 服务器用户通过 Server-U，用 FTP 协议能在 Internet 上共享文件。Server-U 并不是简单地提供文件的下载，还为用户的系统安全提供了相当全面的保护。例如，用户可以为自己的 FTP 设置密码、各种用户级的访问许可等。

Server-U 不仅完全遵从通用 FTP 标准，也包括众多的独特功能，可为每个用户提供文件共享完美解决方案。Server-U 可以设定多个 FTP 服务器、限定登录用户的权限、登录主目录及空间大小等，功能非常完备，还具有非常完备的安全特性，支持 SSL FTP 传输，以及在多个 Server-U 和 FTP 客户端通过 SSL 加密连接保护用户的数据安全等。

2. Server-U 的下载及安装

（1）下载 Server-U 的安装包。

（2）Server-U 的安装。

① 双击打开安装包。

② 出现"选择安装语言"对话框。

③ 选择要使用的语言，单击"确定"按钮，弹出安装向导对话框，单击"下一步"按钮。

④ 接受许可协议，单击"下一步"按钮。

⑤ 选择 Server-U 的安装路径，如图 11-53 所示。

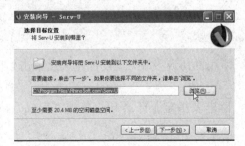

图 11-53 选择安装路径

⑥ 选择 Server-U 快捷方式的存放路径及名称，如图 11-54 所示，单击"下一步"按钮。

⑦ 选择要执行的附加任务，默认即可。单击"下一步"按钮，如图 11-55 所示。

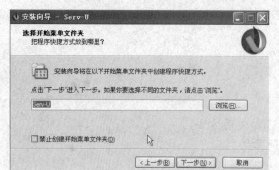

图 11-54 选择快捷方式的存放路径及名称

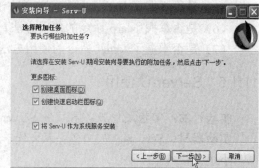

图 11-55 选择附加任务

⑧ 此时安装向导提示准备安装，检查无误后单击"安装"按钮。

⑨ 安装完成后出现"其他 RhinoSoft.com 产品"窗口，直接单击"关闭"按钮即可。

⑩ 设置 Windows 防火墙，如图 11-56 所示，单击"下一步"按钮。

⑪ 完成安装，运行 Server-U。

3. 账户的创建与管理

（1）创建域

① 完成上述安装后将启动 Server-U 控制台，完成加载管理控制台后，若当前没有现存域，会提示用户是否创建新域，单击"是"按钮启动域创建向导。

② 在"名称"文本框中输入域的名称，如图 11-57 所示。

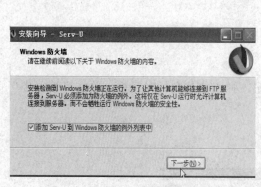

图 11-56 设置 Windows 防火墙

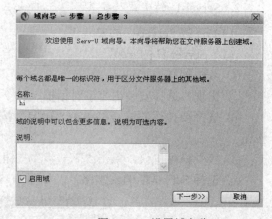

图 11-57 设置域名称

③ 设置用户访问该域所用的协议及端口，设置完成后单击"下一步"按钮，如图 11-58 所示。

④ IP 地址建议留空，除非要指定服务器 IP，单击"完成"按钮，如图 11-59 所示。

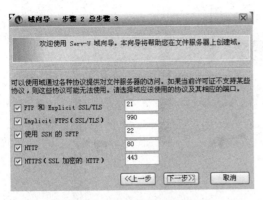

图 11-58 设置域的协议及端口

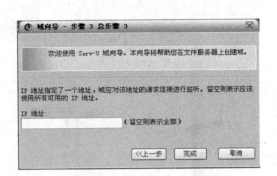

图 11-59 设置服务器 IP

⑤ 弹出是否创建用户对话框,如果创建用户则单击"是"按钮,否则单击"否"按钮,在这里单击"是"按钮,如图 11-60 所示。

⑥ 提示是否使用向导创建用户,如果启用,则单击"是"按钮。

⑦ 弹出用户向导对话框,输入用户名,单击"下一步"按钮,如图 11-61 所示。

图 11-60 创建用户

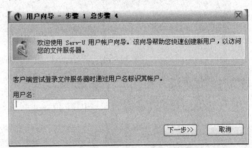

图 11-61 设置用户名

⑧ 输入密码,单击"下一步"按钮,若输入密码,则用户登录服务器时需要输入密码,这样可增加其安全性。

⑨设置用户登录成功后显示的文件夹或文件,单击"浏览"按钮,选择用户要访问的目录,如图 11-62 所示。

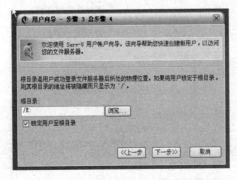

图 11-62 设置登录后显示的文件

⑩ 选择完成后,单击"下一步"按钮,设置用户的访问权限,单击"完成"按钮。

⑪ 创建完成后,在域用户里将显示所创建的用户,在该窗口中可以进行用户的添加、

删除及其对用户的设置，如图 11-63 所示。

Note

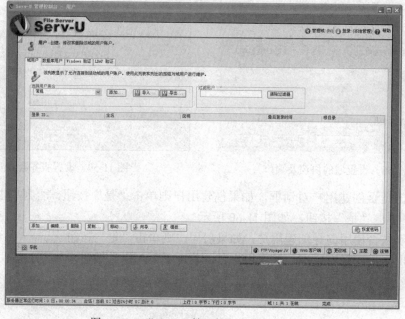

图 11-63   "Serv-U 管理控制台-用户"窗口

⑫ 在创建完域后，单击左上角的 Serv-U，在出现的界面中选择"管理域"下的选项可对用户进行添加、删除等操作，如图 11-64 所示。

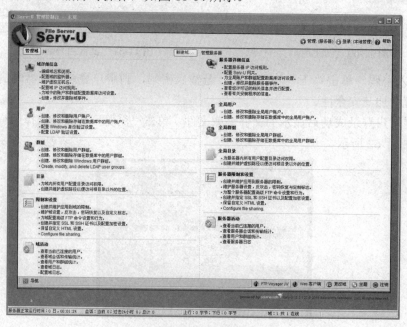

图 11-64   管理域

（2）对 Server-U 管理平台设置密码

① 在 Server-U 管理控制台中，选择"管理服务器"中的"服务器限制和设置"选项。

② 在出现的界面中选择"设置"选项卡，单击图 11-65 所示的"更改管理密码"按钮。

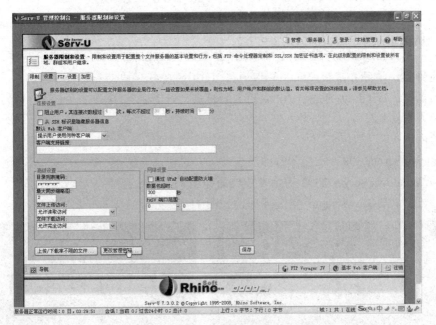

图 11-65　单击"更改管理密码"按钮

③ 由于原密码默认为空，所以直接在新密码和验证密码中填写新密码，单击"确定"按钮，如图 11-66 所示。

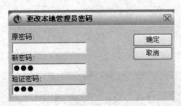

图 11-66　设置密码

④ 提示密码已更改，这样再次打开服务器时将提示用户输入密码。

4. 注意事项

（1）在安装 Server-U 时，选择的安装路径最好不要在 C 盘目录下，一般来说，C 盘是用户存放系统的，如果里面的文件过多，会导致系统运行缓慢，甚至出现死机等问题。

（2）在设置用户访问该域的协议及端口时，如果本机上安装了 IIS，就只选择第一项 21 号端口即可，否则，系统无法启动。

5. 实验自测

（1）是否掌握了 Server-U 的配置方法？

（2）配置的服务器是否可以正常工作？

Note

11.2　Windows Server 2003 系统实验

11.2.1　Windows Server 2003 安装

实验目的：学习并掌握 Windows Server 2003 的安装、启动和关机方法。

实验器材：Windows Server 2003 的安装光盘、计算机。

小组人数：1 人。

实验内容：

Windows Server 2003 安装图解如下。

（1）Windows Server 2003 初始安装界面如图 11-67 所示。

（2）进入 Windows setup 安装界面，如图 11-68 所示。

图 11-67　初始安装界面　　　　　　图 11-68　Windows setup 安装界面

（3）进入 Windows Server 2003 安装程序界面，如图 11-69 所示。

图 11-69　Windows Server 2003 安装程序界面

（4）给磁盘分区，选中未划分的空间，按 C 键，如图 11-70 所示。

（5）给磁盘划分大小，按 Enter 键，如图 11-71 所示。

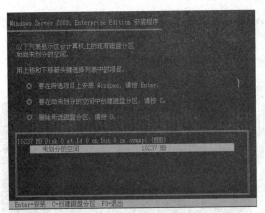
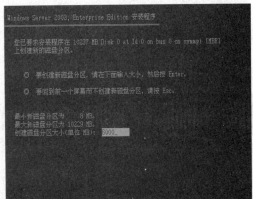

图 11-70　磁盘分区 1　　　　　　　　　　图 11-71　磁盘分区 2

（6）选中未划分的空间，按 C 键，如图 11-72 所示。

（7）给磁盘划分大小，按 Enter 键，如图 11-73 所示。

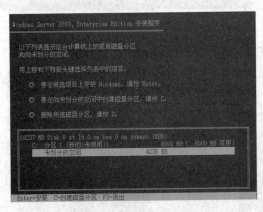
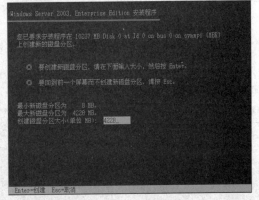

图 11-72　磁盘分区 3　　　　　　　　　　图 11-73　磁盘分区 4

（8）分区完成，按 Enter 键。选择"用 NTFS 文件系统格式化磁盘分区"选项，如图 11-74 所示。

（9）进入"请稍候，安装程序正在格式化"界面，如图 11-75 所示。

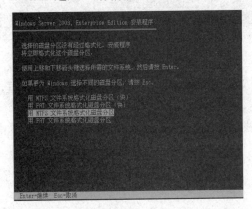

图 11-74　选择"用 NTFS 文件系统格式化磁盘分区"选项　　　图 11-75　安装程序格式化

（10）进入安装程序正在将文件复制到 Windows 安装文件夹界面，复制完成后将会重启，如图 11-76 所示。

（11）重启后，进入安装 Windows 界面（大约需要 30min），安装完成后重启，如图 11-77 所示。

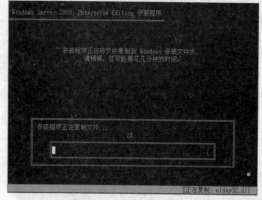

图 11-76　复制文件　　　　　　　　　　图 11-77　安装 Windows 界面

（12）安装完成后，桌面上只有安全配置向导和回收站，如图 11-78 所示。

（13）怎样才能看到常见的桌面显示呢？右击桌面，在弹出的快捷菜单中选择"属性"命令，出现"显示 属性"对话框，如图 11-79 所示。

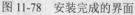
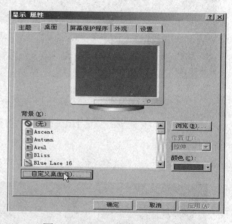

图 11-78　安装完成的界面　　　　　　　　图 11-79　"显示 属性"对话框

（14）选择"桌面"选项卡，单击"自定义桌面"按钮，出现"桌面项目"对话框，如图 11-80 所示。

（15）选中"我的文档"、"网上邻居"、"我的电脑"和 Internet Explorer 复选框，单击"确定"按钮，就会看到常见的桌面了，如图 11-81 所示。

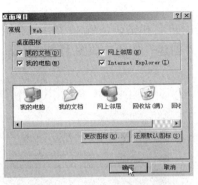
图 11-80　"桌面项目"对话框

图 11-81　常见桌面

11.2.2　用户的创建、删除与登录

实验目的：掌握 Windows Server 2003 操作系统用户的创建、删除与登录。

实验器材：Windows Server 2003。

小组人数：1 人。

实验内容：

1. 用户的创建

（1）在 Windows Server 2003 中新建一个用户账户，需要选择"开始"→"所有程序"→"管理工具"→"计算机管理"命令，如图 11-82 所示，或右击"我的电脑"，在弹出的快捷菜单中选择"管理"命令。

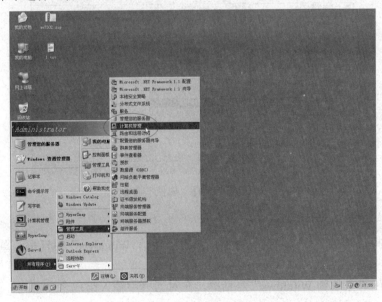
图 11-82　选择创建账户命令

（2）在弹出的"计算机管理"窗口中单击左边的"本地用户和组"，将其展开，然后

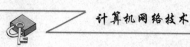

右击"用户",在弹出的快捷菜单中选择"新用户"命令,如图 11-83 所示,或选中"用户"后,选择"操作"→"新用户"命令。

(3)在弹出的"新用户"对话框中输入需要的用户名和密码,选中"用户不能更改密码"复选框(原因详见"注意事项"部分),单击"创建"按钮,如图 11-84 所示。

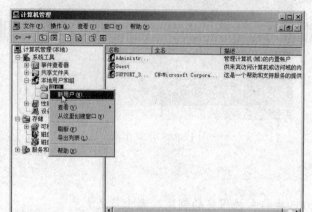

图 11-83　选择"新用户"命令

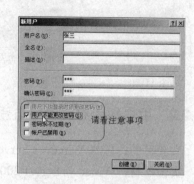

图 11-84　选中"用户不能更改密码"复选框

(4)此时,在"计算机管理"窗口的右窗格中就出现"张三"这一账户。

(5)还可以对创建的用户进行修改,右击用户名,在弹出的快捷菜单中选择"属性"命令,如图 11-85 所示,弹出"新用户"窗口。

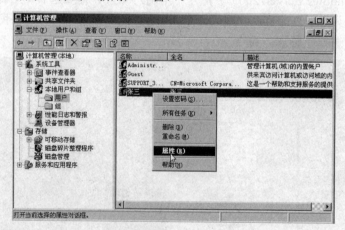

图 11-85　选择"属性"命令

2．用户的登录

(1)选择"开始"→"注销"命令,弹出"注销 Windows"对话框,单击"注销"按钮。

(2)弹出"登录到 Windows"对话框,在对话框中输入用户名及密码,单击"确定"按钮,如图 11-86 所示。

(3)此时已经切换到"张三"用户下,如图 11-87 所示。

图 11-86　"登录到 Windows"对话框　　　　图 11-87　切换到"张三"账户

3. 用户的删除

如果要删除用户，直接右击要删除的用户，在弹出的快捷菜单中选择"删除"命令即可，如图 11-88 所示，或者是单击工具栏上的"删除"按钮删除用户。

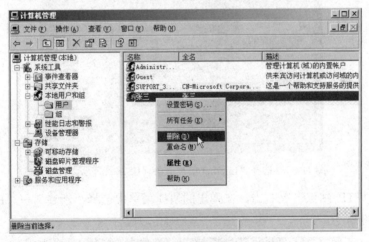

图 11-88　用户的删除

4. 注意事项

在"新用户"对话框中有 4 个复选框，在这里简单讲解一下各复选框的作用。

（1）用户下次登录时须更改密码：用户首次登录时使用管理员分配的密码，当用户再次登录时，强制用户更改密码。用户更改的密码只有自己知道，这样可保证安全使用。

（2）用户不能更改密码：只允许用户使用管理员分配的密码。

（3）密码永不过期：密码默认的有效期为 42 天，超过 42 天系统会提示用户更改密码。选中此复选框表示系统永远不会提示用户修改密码。

（4）账户已禁用：选中此复选框表示任何人都无法使用这个账户登录，适用于某员工离职时，防止他人冒用该账户登录。

11.2.3　FTP 文件服务器配置与管理

实验目的：掌握 FTP 服务器配置与管理。

实验器材：Windows Server 2003 和 IIS。

小组人数：1 人。

实验内容：

FTP 站点的建立与 FTP 的配置介绍如下。

1. 站点的建立

（1）选择"开始"→"程序"→"管理工具"→"Internet 信息服务（IIS）管理器"命令，如图 11-89 所示。

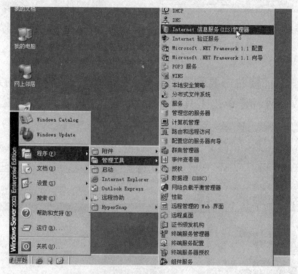

图 11-89　选择"Internet 信息服务（IIS）管理器"命令

（2）在"FTP 站点"上右击，在弹出的快捷菜单中选择"新建"→"FTP 站点"命令，如图 11-90 所示。

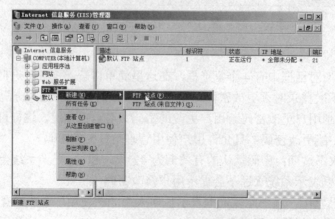

图 11-90　选择"FTP 站点"命令

Note

（3）弹出"FTP 站点创建向导"对话框，单击"下一步"按钮，如图 11-91 所示。

（4）进入"FTP 站点描述"界面，输入 FTP 站点的描述，单击"下一步"按钮，如图 11-92 所示。

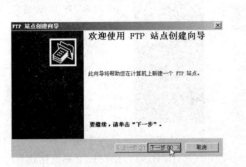

图 11-91 "FTP 站点创建向导"对话框

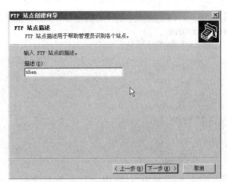

图 11-92 设置站点描述

（5）进入"IP 地址和端口设置"界面，输入此 FTP 站点使用的 IP 地址（为本机地址），端口号默认为 21，单击"下一步"按钮，如图 11-93 所示。

（6）进入"FTP 用户隔离"界面，选中"隔离用户"单选按钮，单击"下一步"按钮，如图 11-94 所示。

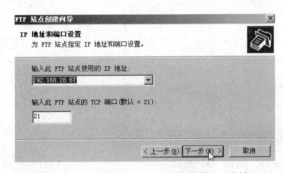

图 11-93 设置 FTP 站点使用的 IP 地址

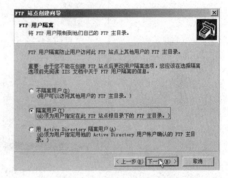

图 11-94 设置 FTP 用户隔离

（7）进入"FTP 站点主目录"界面，单击"浏览"按钮，在弹出的"浏览文件夹"对话框中选择目录，单击"确定"按钮，如图 11-95 所示。

（8）单击"下一步"按钮，如图 11-96 所示。

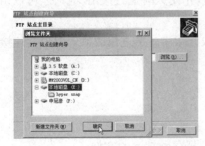

图 11-95 设置 FTP 站点主目录

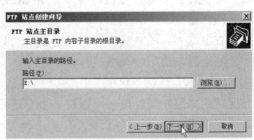

图 11-96 单击"下一步"按钮

（9）进入"FTP 站点访问权限"界面，选中"写入"复选框，单击"下一步"按钮，如图 11-97 所示。

（10）操作完成，如图 11-98 所示。

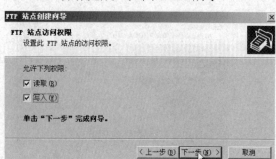

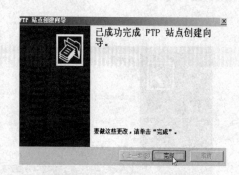

图 11-97　选中"写入"复选框

图 11-98　完成 FTP 站点创建

2. 配置 FTP 服务器

（1）右击 shen 站点，在弹出的快捷菜单中选择"属性"命令，如图 11-99 所示。

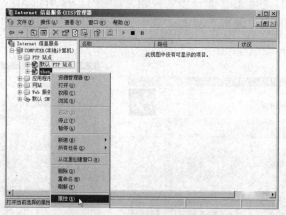

图 11-99　选择"属性"命令

（2）设置 FTP 站点标识，连接限制和日志记录，如图 11-100 所示。

① "FTP 站点标识"区域。

❑　描述：可以在此文本框中输入文字说明。

❑　IP 地址：若此计算机内有多个 IP 地址，可以指定只有通过某 IP 地址才可以访问 FTP 站点。

❑　TCP 端口：FTP 默认的端口是 21，可以修改此数字，不过修改后，用户要连接此站点时，必须输入端口号。

② "FTP 站点连接"区域。

该区域用来限制同时最多可以有多少个连接。

③ "启用日志记录"区域。

该区域用来设置将所有连接到此 FTP 站点的记录都存到指定的文件。

（3）验证用户身份，如图 11-101 所示。

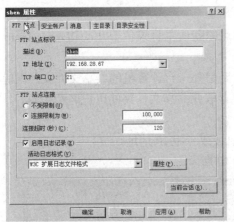

图 11-100　设置 FTP 站点属性

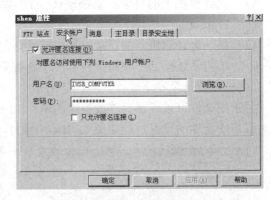

图 11-101　设置身份验证

① 匿名身份验证。

可以配置 FTP 服务器以允许对 FTP 资源进行匿名访问。

② 基本身份验证。

要使用基本的 FTP 身份验证与 FTP 服务器建立 FTP 连接，用户必须使用与有效 Windows 用户账户对应的用户名与密码进行登录。

（4）设置 FTP 站点消息，如图 11-102 所示。

❏ 标题：当用户连接 FTP 站点时，首先会看到设置在"标题"列表框中的文字。标题消息在用户登录到站点前出现，当站点中含有敏感信息时，该消息非常有用。可以用标题显示一些较为敏感的消息。默认情况下，这些消息是空的。

❏ 欢迎：当用户登录到 FTP 站点时会看到此消息。

❏ 退出：当用户注销时会看到此消息。

❏ 最大连接数：如果 FTP 站点有连接数目的限制，而且目前的数目已经达到此数目，当再有用户连接到此 FTP 站点时，会看到此消息。

图 11-102　设置 FTP 站点消息

Note

（5）设置主目录与目录格式列表，如图 11-103 所示。

设置"此资源的内容来源"这一项。

- 此计算机上的目录：系统默认 FTP 站点的默认主目录位于 LocalDrive:\Inetpub\Ftproot。

- 另一台计算机上的目录：将主目录指定到另外一台计算机的共享文件夹，同时需单击"连接为"按钮来设置一个有权限存取此共享文件夹的用户名和密码。

（6）设置目录安全性。

目录安全性可以设置允许或拒绝的单个 IP 地址或一组 IP 地址。

目录安全性的设置过程如图 11-104～图 11-110 所示。

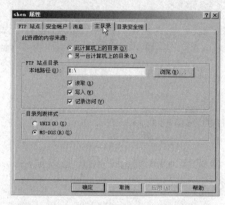

图 11-103　设置主目录与目录格式列表

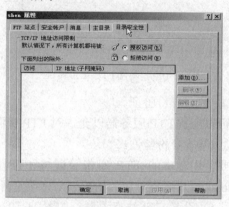

图 11-104　选择"目录安全性"选项卡

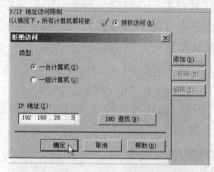

图 11-105　"拒绝访问"对话框

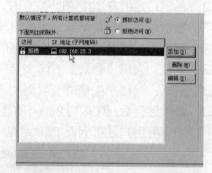

图 11-106　设置拒绝访问的 IP 地址

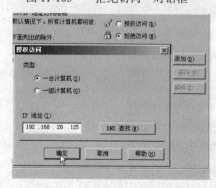

图 11-107　"授权访问"对话框 1

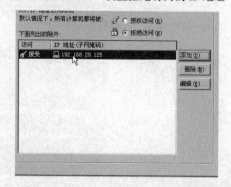

图 11-108　设置授权访问的 IP 地址 1

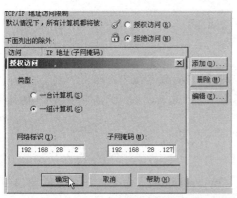

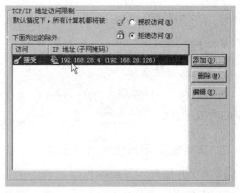

图 11-109　"授权访问"对话框 2　　　　　图 11-110　设置授权访问的 IP 地址 2

11.2.4　WWW 网页服务器配置与管理

实验目的：掌握 FTP 服务器配置与管理，WWW 服务的基本概念、工作原理及安装。

实验器材：Windows Server 2003 和 IIS。

小组人数：1 人。

实验内容：

WWW 是 Internet 上集文本、声音、动画、视频等多种媒体信息于一身的信息服务系统，整个系统由 Web 服务器、浏览器（Browser）及通信协议 3 部分组成。采用的协议是超文本传输协议。HTML 对 Web 网页的内容、格式及 Web 页中的超链接进行描述，Web 页采用超级文本（HyperText 的格式进行链接）。

1. IIS 安装

安装 IIS，具体安装步骤如下。

（1）选择"控制面板"中的"添加或删除程序"，单击"添加删除 Windows 组件"按钮，弹出"Windows 组件向导"对话框，如图 11-111 所示。

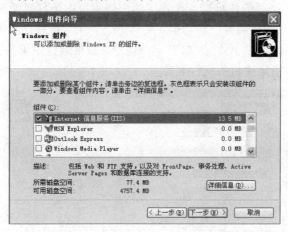

图 11-111　"Windows 组件向导"对话框

（2）选中"Internet 信息服务（IIS）"复选框，单击"下一步"按钮开始安装，单击

"完成"按钮结束。

注意

> 系统自动安装组件，完成安装后，系统在管理工具的程序组中会添加一项"Internet
> 服务管理器"，此时服务器的 WWW、FTP 等服务会自动启动。系统只有在安装了 IIS 后，
> IIS 5.0 才会自动默认安装。

2. WWW 服务器的配置和管理

选择"开始"→"程序"→"管理工具"→"Internet 选项"命令，在弹出的窗口中显
示此计算机已安装好的 Internet 服务，而且都已自动启动运行，其中 Web 站点有两个，分
别是默认 Web 站点和管理站点。

1）设置 Web 站点

（1）使用 IIS 默认站点

① 将制作好的主页文件（HTML 文件）复制到\Inetpub\wwwroot 目录，该目录是安装
程序为默认的 Web 站点预设的发布目录。

② 将主页文件袋名称改为 IIS 默认要打开的主页文件是 Default.htm 或 Default.asp,而
不是一般常用的 Index.html。

注意

> 完成这两步后打开本机或客户机浏览器,在地址栏里输入此计算机的 IP 地址或主机的
> FQDN 名字（前提是 DNS 服务器中有该主机的纪录）来浏览站点,测试 Web 服务器是否
> 安装成功,是否运转正常。站点运行后若要维护系统或更新网站数据,可以暂停或停止站
> 点的运行,完成后再重新启动。

（2）添加新的 Web 站点

① 右击要创建新站点的计算机，在弹出的快捷菜单中选择"新建"→"Web 站点"
命令，弹出"Web 站点创建向导"对话框，单击"下一步"按钮，出现如图 11-112 所示界
面，输入新建 Web 站点的 IP 地址和 TCP 端口地址。如果通过主机头文件将其他站点添加
到单一 IP 地址，必须指定主机头文件名称。

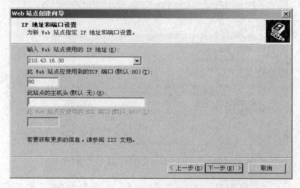

图 11-112 "IP 地址和端口设置"界面

② 单击"下一步"按钮，出现如图 11-113 所示界面，输入站点名的主目录路径，然后单击"下一步"按钮，选择 Web 站点的访问权限，再单击"下一步"按钮完成设置。

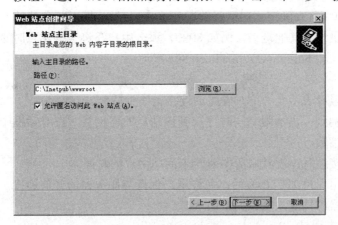

图 11-113　"Web 站点主目录"界面

2）Web 站点的管理

（1）本地管理

选择"打开"→"程序"→"管理工具"→"Internet 服务管理器"命令，打开"Internet 信息服务"窗口，在所管理的站点上右击，在弹出的快捷菜单中选择"属性"命令，进入该站点的属性对话框，如图 11-114 所示。

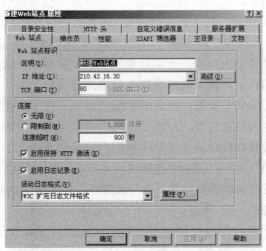

图 11-114　"新建 Web 站点属性"对话框

①"Web 站点"选项卡。

在"Web 站点"选项卡上可设置标识参数、连接、启用日志记录，主要有以下内容。

❑　Web 站点标识

➢　说明：在"说明"文本框中输入对该站点的说明文字，用于表示站点名称，这个名称会出现在 IIS 的树状目录中，通过该名称识别站点。

➢　IP 地址：设置此站点使用的 IP 地址，如果构建此站点的计算机中设置了多个

Note

IP 地址，可以选择对应的 IP 地址。若站点要使用多个 IP 地址或与其他站点共用一个 IP 地址，则可以通过高级按钮设置。

➢ TCP 端口：确定正在运行的服务的端口。默认情况下公认的 WWW 端口是 80。如果设置其他端口，例如 8080，那么用户在浏览该站点时必须输入这个端口号，如 http:www.zzpi.edu.cn:8080。

❑ 连接

➢ 无限：表示允许同时发生的连接数不受限制。

➢ 限制到：表示限制同时连接到该站点的连接数，在对话框中输入允许的最大连接数。

➢ 连接超时：设置服务器断开未活动用户的时间。

➢ 启用保持 HTTP 激活：允许用户保持与服务器的开放连接，禁用则会降低服务器的性能，默认为激活状态。

❑ 启用日志记录

表示要记录用户活动的细节，在"活动日志格式"下拉列表框中可选择日志文件使用的格式。单击"属性"按钮可进一步设置记录用户信息所包含的内容，例如，用户的 IP、访问时间、服务器名称，默认的日志文件保存在\winnt\system32\logfiles 子目录下。应该注重日志功能的使用，通过日志可以监视访问本服务器的用户、内容等，对不正常连接和访问可加以监控和限制。

② "主目录"选项卡。

可以设置 Web 站点所提供的内容来自何处，内容的访问权限以及应用程序在此站点执行许可。Web 站点的内容包含各种为用户浏览的文件，例如 HTTP 文件、ASP 程序文件等，这些数据必须指定一个目录来存放，而主目录所在的位置有 3 种选择。

❑ 此计算机上的目录：表示站点内容来自本地计算机。

❑ 另一计算机上的共享位置：站点的数据也可以不在本地计算机上，而在局域网上其他计算机中的共享位置，注意要在网络目录文本框中输入其路径，并单击"连接为"按钮设置有权访问此资源的域用户账号和密码。

❑ 重定向到 URL（U）：表示将连接请求重定向到别的网络资源，如某个文件、目录、虚拟目录或其他的站点等。选择此项后，在"重定向到 URL"文本框中输入上述网络资源的 URL 地址。

❑ 执行许可：此项权限可以决定对该站点或虚拟目录资源进行何种级别的程序执行。"无"只允许访问静态文件，如 HTML 或图像文件；"纯文本"只允许运行脚本，如 ASP 脚本；"脚本和可执行程序"可以访问或执行各种文件类型，如服务器端存储的 CGI 程序。

❑ 应用程序保护：选择运行应用程序的保护方式。可以是与 Web 服务在同一进程中运行（低），与其他应用程序在独立的共用进程中运行（中），或者在与其他进程不同的独立进程中运行（高）。

③ "操作员"选项卡。

使用该选项卡可以设置哪些账户拥有管理此站的权利，默认只有 Administrators 组成

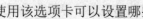

员才能管理 Web 站点，而且无法利用"删除"按钮来解除该组的管理权利。如果是该组的成员，可以在每个站点的这个选项中利用"添加"及"删除"按钮来个别设置操作员。虽然操作员具有管理站点的权利，但其权限与服务管理员仍有差别。

　　④ "性能"选项卡。

❑　性能调整：Web 站点连接的数目愈大，占有的系统资源愈多。在这里预先设置的 Web 站点每天的连接数，将会影响到计算机预留给 Web 服务器使用的系统资源。合理设置连接数可以提高 Web 服务器的性能。

❑　启用宽带限制：如果计算机上设置了多个 Web 站点，或还提供其他的 Internet 服务，如文件传输、电子邮件等，那么就有必要根据各个站点的实际需要来限制每个站点可以使用的宽带。要限制 Web 站点所使用的宽带，只要选择"启用宽带限制"选项，在"最大网络使用"文本框中输入设置数值即可。

❑　启用进程限制：选择该选项以限制该 Web 站点使用 CPU 处理时间的百分比。如果选择了该项但未选择"强制行限制"，结果将是在超过指定限制时间时把事件写入事件记录中。

　　⑤ "文档"选项卡。

　　启动默认文档：默认文档可以是 HTML 文件或 ASP 文件，当用户通过浏览器连接至 Web 站点时，若未指定要浏览哪一个文件，则 Web 服务器会自动传送该站点的默认文档供用户浏览，例如，通常将 Web 站点主页 default.htm、default.asp 和 index.htm 设为默认文档，当浏览 Web 站点时会自动连接到主页上。如果不启用默认文档，则会将整个站点内容以列表形式显示出来，供用户自己选择。

　　⑥ "HTTP 头"选项卡。

　　在"HTTP 头"选项卡上，如果选择了"允许内容过期"选项，便可进一步设置此站点内容过期的时间，当用户浏览此站点时，浏览器会对比当前日期和过期日期，来决定显示硬盘中的网页暂存文件，或是向服务器要求更新网页。

　　（2）远程站点管理

　　远程管理就是系统管理员可以在任何地方，从任何一个终端客户端，可以是 Windows 2000 Professional、Windows 2000 Server 或是 Windows 98，来管理 Windows 2000 域与计算机，它们可以直接运行系统管理工具来进行管理工作，这些操作就好像在本机上一样。要实现这些管理，首先要安装终端服务，设置终端服务器与终端客户端，才可以进行远程管理和远程控制。

　　3．实验总结

　　通过本次实验，学生能够更好地掌握 WWW 服务器的配置与管理方法。

11.2.5　DHCP 服务器配置与管理

　　实验目的：掌握 DHCP 服务器软件的安装，DHCP 服务器的设置，DHCP 服务器的管理等。

　　实验器材：Windows Server 2003 操作系统。

小组人数：1人。

实验内容：

1. DHCP 服务器的简介

DHCP 是 Windows 2000 Server 和 Windows Server 2003（SP1）系统内置的服务组件之一。DHCP 服务能为网络内的客户端计算机自动分配 TCP/IP 配置信息（如 IP 地址、子网掩码、默认网关和 DNS 服务器地址等），从而帮助网络管理员省去手动配置相关选项的工作。

2. 安装 DHCP 服务器

（1）选择"开始"→"设置"→"控制面板"→"更改或删除程序"→"添加/删除windows 组件"命令，在弹出的对话框的"组件"列表框中选中"网络服务"复选框，单击"详细信息"按钮，如图 11-115 所示。

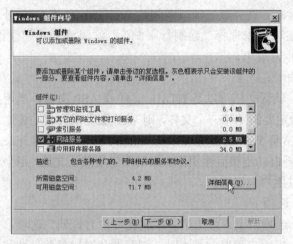

图 11-115   "Windows 组件向导"对话框

在弹出的对话框中选中"动态主机配置协议（DHCP）"复选框，单击"确定"按钮，如图 11-116 所示。

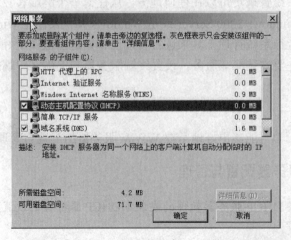

图 11-116   "网络服务"对话框

（2）单击"下一步"按钮，系统会根据要求配置组件。

（3）安装完成时，在"完成 Windows 组件向导"界面中单击"确定"按钮。

3. DHCP 服务器的配置

（1）选择"开始"→"管理工具"→DHCP 命令，弹出如图 11-117 所示的窗口。

（2）右击服务器的名称，在弹出的快捷菜单中选择"新建作用域"命令，如图 11-118 所示，弹出"欢迎使用新建作用域向导"界面。

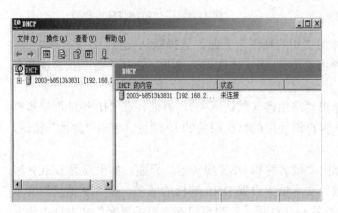

图 11-117 DHCP 窗口

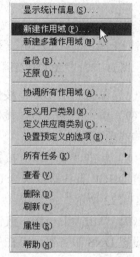

图 11-118 选择"新建作用域"命令

（3）单击"下一步"按钮，弹出"作用域名"界面，在"名称"和"描述"文本框中输入相应的信息，如图 11-119 所示。

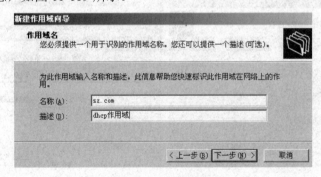

图 11-119 "作用域名"界面

（4）单击"下一步"按钮，弹出"IP 地址范围"界面，在"起始 IP 地址"文本框中输入作用域的起始 IP 地址，在"结束 IP 地址"文本框中输入作用域的结束 IP 地址，如图 11-120 所示。

（5）单击"下一步"按钮，弹出"添加排除"界面，在"起始 IP 地址"和"结束 IP 地址"文本框中输入要排除的 IP 地址或范围，单击"添加"按钮。排除的 IP 地址不会被服务器分配给客户机，如图 11-121 所示。

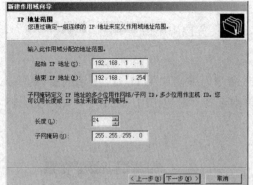

图 11-120 "IP 地址范围"界面

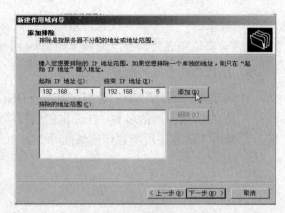

图 11-121 "添加排除"界面

（6）单击"下一步"按钮，弹出"租约期限"界面，选择默认设置。

（7）单击"下一步"按钮，弹出"配置 DHCP 选项"界面，选择"是，我想现在配置这些选项"。

（8）单击"下一步"按钮，弹出"路由器（默认网关）"界面，在"IP 地址"文本框中设置 DHCP 服务器发送给 DHCP 客户机使用的默认网关的 IP 地址，单击"添加"按钮，如图 11-122 所示。

（9）单击"下一步"按钮，弹出"域名称和 DNS 服务器"界面，如果要为 DHCP 客户机设置 DNS 服务器，可在"父域"文本框中设置 DNS 解析的域名，在"IP 地址"文本框中添加 DNS 服务器的 IP 地址，如图 11-123 所示；也可以在"服务器名"文本框中输入服务器的名称后单击"解析 annie 自动查询 IP 地址"按钮。

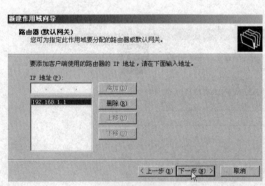

图 11-122 "路由器（默认网关）"界面

图 11-123 "域名称和 DNS 服务器"界面

（10）单击"下一步"按钮，弹出"WINS 服务器"界面。在"IP 地址"文本框中添加 WINS 服务器的 IP 地址，如图 11-124 所示。

（11）单击"下一步"按钮，弹出"激活作用域"界面，选择"是，我想现在激活此作用域"。

（12）单击"下一步"按钮，弹出"新建作用域向导完成"界面，单击"完成"按钮。

（13）选择"开始"→"管理工具"→DHCP 命令，弹出 DHCP 窗口，如图 11-125 所示。

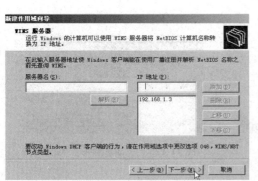

图 11-124 "WINS 服务器"界面

图 11-125 DHCP 窗口

4. DHCP 服务器的管理

（1）DHCP 服务器的停止与启动。

在如图 11-126 所示的菜单中选择"所有任务"命令，在其子菜单中可以启动、停止或暂停 DHCP 服务器。

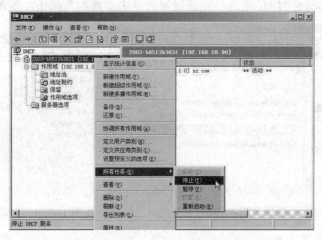

图 11-126 "所有任务"命令

（2）修改作用域地址池。

对于已经设立的作用域的地址池可以修改其设置，步骤如下。

① 在 DHCP 窗口中的左边选择"地址池"并右击，然后在弹出的快捷菜单中选择"新建排除范围"，如图 11-127 所示命令。

② 弹出"添加排除"对话框，从中可以设置数值地址池中要排除的 IP 地址的范围，如图 11-128 所示。

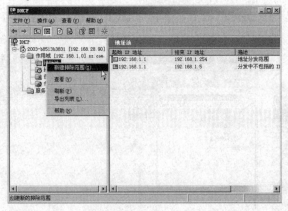

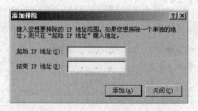

图 11-127　选择"新建排除范围"命令　　　图 11-128　"添加排除"对话框

（3）建立保留。

如果主机作为服务器为其他用户提供网络服务，IP 地址最好能够固定。这时可以把 IP 地址设为静态 IP 而不用动态 IP，此外也可以让 DHCP 服务器为其分配固定的 IP 地址。

① 在 DHCP 窗口中的左边右击"保留"，在弹出的快捷菜单中选择"新建保留"命令，如图 11-129 所示。

② 弹出"新建保留"对话框，在"保留名称"文本框中输入名称，在 MAC 地址文本框中输入客户机的网卡 MAC 地址，完成设置后单击"添加"按钮，如图 11-130 所示。

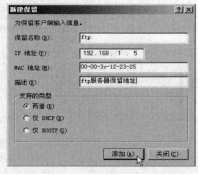

图 11-129　选择"新建保留"命令　　　图 11-130　"新建保留"对话框

5. 测试是否配置成功

在命令提示符下执行 C:/ipconfig/all 命令可以看到 IP 地址、WINS、DNS、域名是否正确。

11.2.6　DNS 服务器配置与管理

实验目的：学习并掌握 DNS 的安装、配置与管理。

实验器材：Windows Server 2003 的安装光盘、计算机。

小组人数：1 人。

实验内容：

1．DNS 域名系统的基本概念

（1）什么是域名解析

DNS 是域名系统（Domain Name System）的缩写，指在 Internet 中使用的分配名字和地址的机制。域名系统允许用户使用友好的名字而不是难以记忆的数字——IP 地址来访问 Internet 上的主机。

域名解析就是将用户提出的名字变换成网络地址的方法和过程，从概念上讲，域名解析是一个自上而下的过程。

（2）DNS 域名空间与 Zone

DNS 域名空间树型结构如图 11-131 所示。

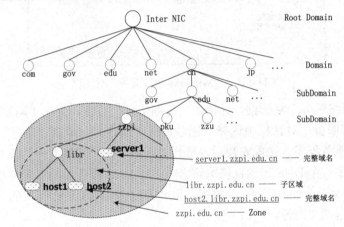

图 11-131　DNS 域名空间树型结构

域名服务器的安装步骤如下。

① 右击桌面上的"网上邻居"图标，在弹出的快捷菜单中选择"属性"命令，打开"网络连接"窗口，右击"本地连接"，在弹出的快捷菜单中选择"属性"命令，打开"Internet 协议（TCP/IP）属性"对话框，如图 11-132 所示。

图 11-132　"Internet 协议（TCP/IP）属性"对话框

② 选择"控制面板"中的"添加/删除程序"选项，选择"添加/删除 Windows 组件"即可打开"Windows 组件向导"对话框，如图 11-133 所示。

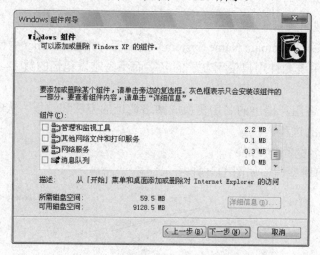

图 11-133 "Windows 组件向导"对话框

③ 选中"网络服务"复选框，并单击"详细信息"按钮，弹出"网络服务"对话框。

④ 在"网络服务"对话框中选择"域名系统（DNS）"，单击"确定"按钮，系统开始自动安装相应服务程序。完成安装后，选择"开始"→"程序"→"管理工具"命令，应用程序组中会多一个 DNS 选项，使用该选项进行 DNS 服务器的管理与设置，而且会创建一个%systemroot%\system32\dns 文件夹，其中存储与 DNS 运行有关的文件，如缓存文件、区域文件、启动文件等。

2. DNS 服务器的配置与管理

（1）Windows Server 2003 的 DNS 服务器支持的区域类型

① 标准主要区域。该区域存放此区域内所有主机数据的正本，其区域文件采用标准DNS 规格的一般文本文件。当在 DNS 服务器内创建一个主要区域与区域文件后，这个 DNS服务器就是这个区域的主要名称服务器。

② 标准辅助区域。该区域存放区域内所有主机数据的副本，这份数据从其主要区域利用区域转送的方式复制过来，区域文件是采用标准 DNS 规格的一般文本文件，不可以修改。创建辅助区域的 DNS 服务器为辅助名称服务器。

③ Active Directory 集成的区域。该区域主机数据存放在域控制器的 Active Directory内，这份数据会自动复制到其他的域控制器内。

（2）添加正向搜索区域

在创建新的区域之前，首先检查一下 DNS 服务器的设置，确认已将"IP 地址""主机名""域"分配给了 DNS 服务器。检查完 DNS 的设置，按如下步骤创建新的区域。

① 选择"开始"→"程序"→"管理工具"→DNS，打开 DNS 管理窗口。

② 选取要创建区域的 DNS 服务器，右击"正向搜索区域"，在弹出的快捷菜单中选择"新建区域"命令，如图 11-134 所示，出现"欢迎使用新建区域向导"对话框，单击"下

一步"按钮。

③ 在出现的对话框中选择要建立的区域类型，这里选择"标准主要区域"，单击"下一步"按钮，注意只有在域控制器的 DNS 服务器才可以选择"Active Directory 集成的区域"选项。

④ 出现如图 11-135 所示的"区域名"界面时，输入新建主区域的区域名，例如 zzpi.edu.cn，然后单击"下一步"按钮，文本框中会自动显示默认的区域文件名。如果不接受默认的名字，也可以输入不同的名称。

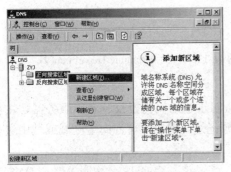
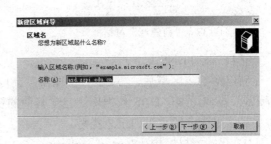

图 11-134　选择"新建区域"命令　　　　　图 11-135　"区域名"界面

⑤ 在出现的对话框中单击"完成"按钮，结束区域添加。新创建的主区域显示在所属 DNS 服务器的列表中，且在完成创建后，"DNS 管理器"将为该区域创建一个 SOA 记录，同时也为所属的 DNS 服务器创建一个 NS 或 SOA 记录，并使用所创建的区域文件保存这些资源记录，如图 11-136 所示。

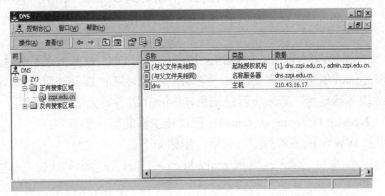

图 11-136　保存资源记录

（3）添加 DNS domain

一个较大的网络，可以在 zone 内划分多个子区域，Windows Server 2003 中为了与域名系统一致也称为域（Domain）。例如，一个校园网中，计算机系有自己的服务器，为了方便管理，可以为其单独划分域，如增加一个 ComputerDepartment 域，在这个域下可添加主机记录以及其他资源记录（如别名记录等）。

首先选择要划分子域的 zone，如 zzpi.edu.cn，右击，在弹出的快捷菜单中选择"新建域"命令，出现如图 11-137 所示对话框，在其中输入域名 ComputerDepartment，单击"确定"按钮完成操作。

在 zzpi.edu.cn 下面出现 ComputerDepartment 域，如图 11-138 所示。

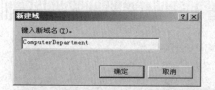

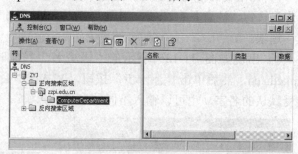

图 11-137　"新建域"对话框　　　　图 11-138　显示 ComputerDepartment 域

（4）添加 DNS 记录

创建新的主区域后，"域服务管理器"会自动创建起始机构授权、名称服务器、主机等记录。除此之外，DNS 数据库还包含其他的资源记录，用户可自行向主区域或域中进行添加。这里先介绍常见的记录类型。

① 起始授权机构（Start of Authority，SOA）：该记录表明 DNS 名称服务器是 DNS 域中的数据表的信息来源，该服务器是主机名字的管理者，创建新区域时，该资源记录自动创建，且是 DNS 数据库文件中的第一条记录。

② 名称服务器（Name Server，NS）：为 DNS 域标识 DNS 名称服务器，该资源记录出现在所有 DNS 区域中。创建新区域时，该资源记录自动创建。

③ 主机地址 A（Address）：该资源将主机名映射到 DNS 区域中的一个 IP 地址。

④ 指针 PTR（Point）：该资源记录与主机记录配对，可将 IP 地址映射到 DNS 反向区域中的主机名。

⑤ 邮件交换器资源记录 MX（Mail Exchange）：为 DNS 域名指定了邮件交换服务器。在网络中存在 E-mail 服务器，需要添加一条 MX 记录对应的 E-mail 服务器，以便 DNS 能够解析 E-mail 服务器地址。若未设置此记录，E-mail 服务器无法接收邮件。

⑥ 别名 CNAME（Canonical Name）：仅仅是主机的另一个名字。

例如，添加 WWW 服务器的主机记录，步骤如下。

① 选中要添加主机记录的主区域 zzpi.edu.cn，右击，在弹出的快捷菜单中选择"新建主机"命令。

② 出现如图 11-139 所示对话框，在"名称"文本框中输入新添加的计算机的名称，此处 WWW 服务器的名称是 web（安装操作系统时由管理员命名）。在"IP 地址"文本框中输入相应的主机 IP 地址。

如果要将新添加的主机 IP 地址与反向查询区域相关联，选中"创建相关的指针（PRT）记录"复选框，将自动生成相关反向查询记录，即由地址解析名称。

可重复上述操作添加多个主机，添加完毕后，单击"确定"按钮关闭对话框，会在DNS 管理器中增添相应的记录，如图 11-140 所示，表示 web（计算机名）是 IP 地址为210.43.16.36 的主机名。由于计算机名为 web 的这台主机添加在 zzpi.edu.cn 区域下，网络用户可以直接使用 web.zzpi.edu.cn 访问这台主机。

图 11-139　"新建主机"对话框

图 11-140　增添记录

Note

DNS 服务器具备动态更新功能，当一些主机信息（主机名称或 IP 地址）更改时，更改的数据会自动传送到 DNS 服务器端。这要求 DNS 客户端也必须支持动态更新功能。

首先在 DNS 服务器端必须设置可以接收客户端动态更新的要求，其设置是以区域为单位的，右击要启用动态更新的区域，在快捷菜单中选择"属性"命令，在弹出的如图 11-141 所示的对话框中选择是否要动态更新。

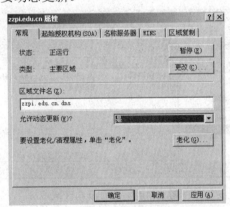

图 11-141　"zzpi.edu.cn 属性"对话框

（5）添加反向搜索区域

反向区域可以让 DNS 客户端利用 IP 地址反向查询其主机名称，例如，客户端可以查询 IP 地址为 210.43.16.17 的主机名称，系统会自动解析为 dns.zzpi.edu.cn。

添加反向区域的步骤如下。

① 选择"开始"→"程序"→"管理工具"→DNS 命令，打开 DNS 管理窗口。

② 选取要创建区域的 DNS 服务器，右击"反向搜索区域"，在弹出的快捷菜单中选择"新建区域"命令，出现"欢迎使用新建区域向导"对话框，单击"下一步"按钮。

③ 在出现的对话框中选择要建立的区域类型，这里选择"标准主要区域"，单击"下一步"按钮。注意，只有在域控制器中的 DNS 服务器才可以选择"Active Directory 集成的区域"。

④ 出现如图 11-142 所示对话框时，直接在"网络 ID"文本框中输入此区域支持的网

Note

络 ID，如 210.43.16，它会自动在"反向搜索区域名称"处设置区域名 16.43.210.in-addr.arpa。

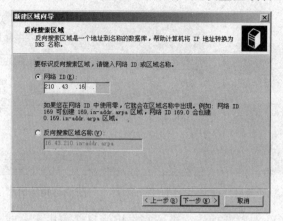

图 11-142 "新建区域向导"对话框

⑤ 单击"下一步"按钮，文本框中会自动显示默认的区域文件名。如果不接受默认的名字，也可以输入不同的名称，单击"下一步"按钮完成。查看如图 11-143 所示窗口，其中的 210.43.16.x Subnet 就是所创建的反向区域。

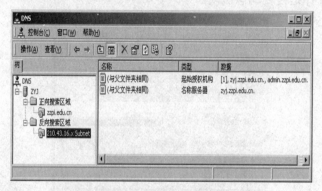

图 11-143 查看反向区域

反向搜索区域必须有记录数据以便提供反向查询的服务，添加反向区域的记录的步骤如下。

① 选中要添加主机记录的反向主区域 210.43.16.x Subnet，右击，在弹出的快捷菜单中选择"新建指针"命令。

② 弹出如图 11-144 所示的对话框，输入主机 IP 地址和主机的 FQNA 名称，例如，Web 服务器的 IP 是 210.43.16.36，主机完整名称为 web.zzpi.edu.cn。

可重复以上步骤，添加多个指针记录。添加完毕后，在 DNS 管理器中会增添相应的记录，如图 11-145 所示。

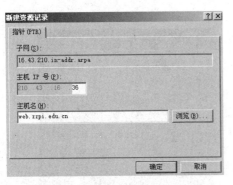

图 11-144 "新建资源记录"对话框

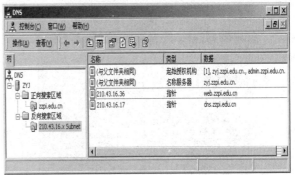

图 11-145 查看增加的记录

（6）设置转发器

DNS 负责本网络区域的域名解析，对于非本网络的域名，可以通过上级 DNS 解析。通过设置"转发器"，将自己无法解析的名称转到下一个 DNS 服务器。

设置步骤：首先选中"DNS 管理器"中的 DNS 服务器，右击，在弹出的快捷菜单中选择"属性"→"转发器"命令，在弹出的对话框中添加上级 DNS 服务器的 IP 地址。

如图 11-146 所示为本网用户向 DNS 服务器请求的地址解析，若本服务器数据库中没有，转发由 202.146.146.75 解析。

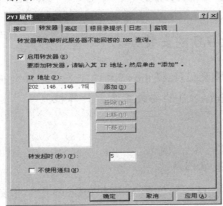

图 11-146 用户向 DNS 服务器请求地址解析

（7）DNS 客户端的设置

在安装 Windows Professional 2003 和 Windows Server 2003 的客户机上，运行"控制面板"中的"网络和拨号连接"，在打开的窗口中右击"本地连接"，在弹出的快捷菜单中选择"属性"命令，在"本地连接属性"对话框中选择"Internet 协议（TCP/IP）"→"属性"命令，出现如图 11-147 所示对话框，在"首选 DNS 服务器"文本框中输入 DNS 服务器的 IP 地址，如果还有其他的 DNS 服务器提供服务，在"备用 DNS 服务器"文本框中输入另外一台 DNS 服务器的 IP 地址。

在有安装 Windows 98 操作系统的客户机上，运行"控制面板"中的"网络"，打开网络属性对话框，选择对话框中的"Internet 协议（TCP/IP）"→"属性"命令，出现如图 11-148 所示的对话框，分别设置"IP 地址""DNS 配置""网关"等选项卡。

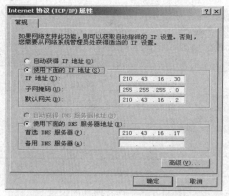
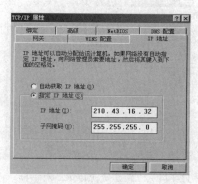

图 11-147　"Internet 协议（TCP/IP）属性"对话框　　　　图 11-148　"TCP/IP 属性"对话框

3. 实验总结

当组建 Intranet 时，若与 Internet 连接，必须安装 DNS 服务器实现域名解析功能，本节主要介绍了 DNS 域名系统的基本概念、域名解析的原理与模式，详细介绍了如何设置与管理 DNS 服务器。

11.3　Linux 网络操作系统实验

11.3.1　Red Hat Linux 9.0 的安装

实验目的：学习并掌握 Red Hat Linux 9.0 的安装、启动和关机方法。

实验器材：Red Hat Linux 9.0 的安装光盘、计算机。

小组人数：1 人。

实验内容：

1. Red Hat Linux 9.0 安装图解

（1）选择安装方式，包括图形安装（直接按 Enter 键）和文本安装（输入 linux text），如图 11-149 所示。

图 11-149　选择安装方式

（2）选择 OK 为检查光盘，选择 Skip 为跳过检查。此处确认光盘没有问题，选择 Skip，如图 11-150 所示。

（3）直接单击 Next 按钮，如图 11-151 所示。

图 11-150　选择是否检查光盘

图 11-151　单击 Next 按钮

（4）选择"Chinese（Simplified）（简体中文）"语言，如图 11-152 所示。

（5）选择键盘。此处选择 U.S. English，单击"下一步"按钮，如图 11-153 所示。

图 11-152　设置语言类型

图 11-153　选择键盘

（6）选择鼠标，如图 11-154 所示。

（7）选择安装类型，如图 11-155 所示。这里选择"服务器"是想说明选择哪种类型并无影响。

图 11-154　选择鼠标

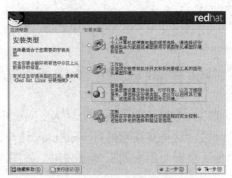

图 11-155　选择安装类型

（8）硬盘分区设置，这里选择"用 Disk Druid 手工分区"，如图 11-156 所示。

（9）如果硬盘只有一个分区，会看到如图 11-157 所示界面，如果不是，则可以将其他分区删除，再单击"新建"按钮。

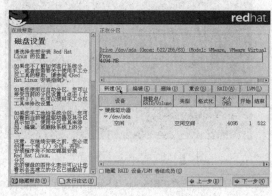

图 11-156　设置硬盘分区　　　　图 11-157　对磁盘分区

（10）单击"新建"按钮可以添加一个分区，此处首先添加一个/boot 分区（相当于 Windows 下的引导分区），类型为 ext3（相当于 FAT32、NTFS），大小为 100，如图 11-158 所示。

（11）再单击"新建"按钮建立一个 swap 文件系统（内存交换区），在"文件系统类型"下拉列表框中选择 swap，内存为 1024，如图 11-159 所示。这里要注意一下，内存大小可以设成所使用计算机内存大小的双倍，但要考虑到以后可能要加内存，我们就设高一点。

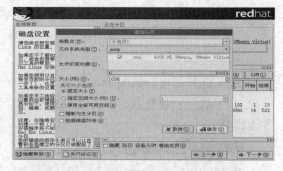

图 11-158　添加分区　　　　图 11-159　建立 swap 文件系统

（12）继续建立一个"/"Linux 下的根分区，这里将大小设为 1000，如图 11-160 所示。

（13）上面新建的几个分区为 Linux 中必需的分区，下面继续把剩下的硬盘空间分成一个分区。这里要注意的是/mnt/linux 这个路径，就是此处的分区路径（相当于 E 盘），选中"使用全部可用空间"单选按钮，如图 11-161 所示。

图 11-160　建立"/"根分区

图 11-161　为剩余硬盘空间分区

（14）完成上述操作步骤后，单击"下一步"按钮，如图 11-162 所示。

（15）继续单击"下一步"按钮，如图 11-163 所示。

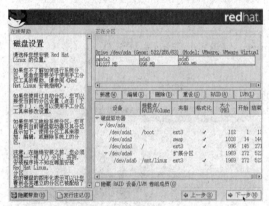

图 11-162　单击"下一步"按钮

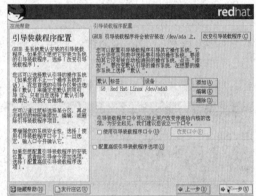

图 11-163　继续单击"下一步"按钮

（16）进行网络配置，单击"编辑"按钮，如图 11-164 所示。

（17）取消选中"使用 DHCP 进行配置"复选框，其他参数按照说明填写，如图 11-165 所示。

图 11-164　配置网络

图 11-165　编辑接口

（18）完成接口编辑后，"网络设备"列表框中显示相应数据，如图 11-166 所示。

（19）这里选中"无防火墙"单选按钮，如图 11-167 所示。如果以后要设置"防火墙"，可以手动写规则。

图 11-166　显示接口数据

图 11-167　设置防火墙

（20）设置附加语言支持，这里选中 Chinese（P.R. of China）复选框，单击"下一步"按钮，如图 11-168 所示。

（21）选择时区，如图 11-169 所示，单击"下一步"按钮。

图 11-168　设置附加语言支持

图 11-169　设置时区

（22）设置根口令。这里设定 root 超级用户的密码，如图 11-170 所示。

（23）如果只想做电影服务器和 FTP 服务器，则只选中"FTP 服务器"和"开发工具"复选框，系统将只安装"FTP 服务器"（用来传电影）和"开发工具"（开发包，是 linux 下经常用到的），如图 11-171 所示。

（24）单击"下一步"按钮，开始安装 Red Hat Linux，如图 11-172 所示。

（25）软件包安装进程如图 11-173 所示。

图 11-170　设置根口令

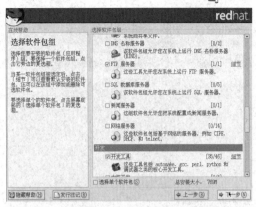

图 11-171　选择软件包组

图 11-172　安装 Red Hat Linux

图 11-173　软件包安装

（26）提示插入第 2 张光盘，如图 11-174 所示。

（27）提示插入第 3 张光盘，如图 11-175 所示。

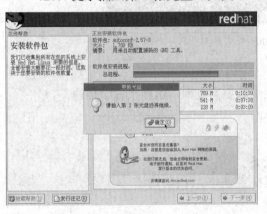

图 11-174　插入第 2 张光盘

图 11-175　插入第 3 张光盘

（28）可选择创建引导盘，也可不创建，单击"下一步"按钮，如图 11-176 所示。

（29）安装完成，如图 11-177 所示。

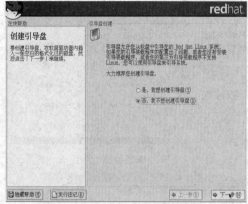

图 11-176　设置是否创建引导盘　　　　　图 11-177　软件包安装完成

（30）启动 Linux，启动界面如图 11-178 所示。

图 11-178　Linux 启动界面

2．实验总结

通过本次实验，学生掌握了 Linux 操作系统的安装过程，达到了教学目的。

11.3.2　Linux 命令行的使用

实验目的：掌握用户与用户组的创建与管理。

实验环境：在虚拟计算机的 Linux 操作系统中进行实际操作。

小组人数：1 人。

实验内容：

1．用户账号管理

（1）添加用户

① 命令用法。在 Linux 中，创建或添加新用户使用 useradd 命令来实现。useradd 命

令的用法为:

```
useradd [option] username
```

该命令的选项较多,常用的如图 11-179 所示。

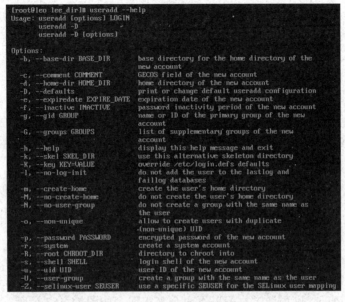

图 11-179　useradd 命令及参数

② 应用实例。

例如,若要创建一个名为 zhangsan 的用户,并作为 student 用户组的成员,则操作命令如图 11-180 所示。

```
[root@linux root]# useradd -g student zhangsan
[root@linux root]# tail -1 /etc/passwd     显示最后1行的内容
zhangsan:x:505:101::/home/zhangsan:/bin/bash
```

图 11-180　应用实例

添加用户时,若未用-g 参数指定用户组,则系统会自动创建一个与用户账号同名的私有用户组。若不需要创建该私有用户组,则可选用-n 参数。

例如,添加一个名为 lisi 的账号,但不指定用户组,其操作结果如图 11-181 所示。

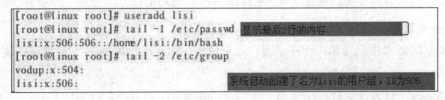

图 11-181　创建 lisi 账号且不指定用户组

创建用户账户时,系统会自动创建该账户对应的主目录,该目录默认放在/home 目录下,若要改变位置,可利用-d 参数来指定;对于用户登录时所使用的 shell,默认为/bin/bash,

若要更改，则使用-s 参数指定。

（2）创建账户属性

对于已创建好的账户，可使用 usermod 命令来修改和设置账户的各项属性，包括登录名、主目录、用户组、登录 shell 等。usermod 各命令的用法为：

> usermod [option] username

命令参数选项大部分与添加用户时所使用的参数相同，参数的功能也一样，下面按用途介绍该命令的几个参数。

① 变用户账户名。

若要改变用户名，可使用-l（L 的小写）参数来实现，用法为：

> usermod –l 新用户名 原用户名

例如，如果将 lisi 更名为 lidasi，则操作命令如图 11-182 所示。

```
[root@linux root]# usermod -l lidasi lisi
[root@linux root]# tail -1 /etc/passwd
lidasi:x:506:506::/home/lisi:/bin/bash
```

图 11-182 将 lisi 更名为 lidasi

从输出结果可见，用户名已更改为 lidasi，但主目录仍为原来的/home/lisi，若也要将其更改为/home/lidasi，则可通过执行以下命令来实现，如图 11-183 所示。

图 11-183 将主目录更改为/home/lidasi

若要将 lidasi 加入 student 用户组，则实现的命令是 usermod -g student lidasi，如图 11-184 所示。

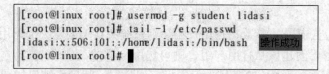

图 11-184 将 lidasi 加入 student 用户组

② 锁定账户。

如要临时禁止用户登录，可将该用户账户锁定。锁定账户可利用-L 参数来实现，其实现命令为：

> usermod -L 要锁定的账户

例如，若要锁定 lidasi 账户，则操作命令为 usermod -L lidasi。

Linux 锁定账户，是通过在密码文件 shadow 的密码字段前加"！"来标识该用户被锁定。

③ 解锁账户。

要解锁账户，可使用带-U 参数的 usermod 命令来实现，其用法为：

> usermod -U 要解锁的账户

例如，若要解除对 lidasi 账户的锁定，则操作命令为 usermod -U lidasi。

（3）删除账户

要删除账户，可使用 userdel 命令来实现，其用法为：

> userdel [-r] 账户名

其中，-r 为可选项，若带有该参数，则在删除该账户的同时，一并删除该账户对应的主目录。

2. 用户密码管理

（1）设置用户登录密码。

Linux 的账户必须设置密码后，才能使用用户登录系统。设置账户登录密码使用 passwd 命令，其用法为：

> passwd [账户名]

若指定了账户名称，则设置指定账户的登录密码，原密码自动被覆盖。只有 root 用户才有权设置指定账户的密码，一般用户只能设置或修改自己账户的密码，使用不带账户名的 passwd 命令来实现设置当前用户的密码。

例如，若要设置 lidasi 账户的登录密码，操作命令如图 11-185 所示。

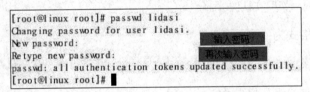

图 11-185　设置 lidasi 账户的登录密码

设置账户登录密码后，该账户就可登录系统了，按 Alt+F2 快捷键，选择第 2 号虚拟控制台，然后利用 lidasi 账户登录，以检查能否登录。

（2）锁定账户密码，格式为：

> passwd -l 账户名

解锁账户密码，格式为：

> passwd -u 要解锁的账户

查询密码状态，格式为：

> passwd -S 账户名

例如，若要对 lidasi 账户进行设置，操作命令如图 11-186 所示。

```
[root@linux root]# passwd -l lidasi    锁定账户密码
Locking password for user lidasi.
passwd: Success
[root@linux root]# passwd -u lidasi    解锁账户密码
Unlocking password for user lidasi.
passwd: Success.
[root@linux root]# passwd -S lidasi    查询密码状态
Password set, MD5 crypt.
[root@linux root]# passwd -d lidasi    删除账户密码
Removing password for user lidasi.
passwd: Success
[root@linux root]#
```

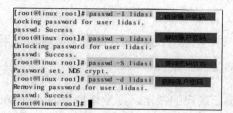

图 11-186　设置 lidasi 账户

3．用户组的管理

（1）创建用户组，格式为：

```
groupadd [-r] 用户组名称
```

若命令带有-r 参数，则创建系统用户组，该类用户组的 GID 值小于 500；若没有-r 参数，则创建普通用户组，其 GID 值大于或等于 500。

例如，要创建一个名为 sysgroup 的系统用户组，则操作命令如图 11-187 所示。

```
[root@linux root]# groupadd -r sysgroup
[root@linux root]# tail -1 /etc/group
sysgroup:x:102:
[root@linux root]#
```

图 11-187　操作命令

（2）修改用户组属性。

改变用户组名称，格式为：

```
groupmod  -n 新用户组名 原用户组名
```

重设用户组的 GID，格式为：

```
groupmod  -g  new_GID 用户组名称
```

删除用户组，格式为：

```
groupdel 用户组名
```

添加用户到指定的组，格式为：

```
gpasswd -a 用户账户  用户组名
```

从指定的组中删除某账户，格式为：

```
gpasswd -d 用户账户名 用户组名
```

例如，将 sysgroup 用户组更名为 teacher 用户组，并且重设用户组的 GID 值，操作命令如图 11-188 所示。

```
[root@linux root]# groupmod -n teacher sysgroup
[root@linux root]# tail -1 /etc/group
teacher:x:102:
[root@linux root]# groupmod -g 501 teacher
[root@linux root]# grep teacher /etc/group
teacher:x:501:
```

图 11-188　将用户组 sysgroup 更名为 teacher

其他属性请读者按照上述格式练习。

11.3.3 vi 编辑器的使用

实验目的：掌握 vi 编辑器的基本命令，能够对 vi 进行基本操作。

实验器材：Linux 操作系统。

小组人数：1 人。

实验内容：

1. 什么是 vi 编辑器

vi 是 visual interface 的简称，在 Linux 上的地位就像 Edit 程序在 DOS 上一样，可以执行输出、删除、查找、替换、块操作等众多文本操作，而且用户可以根据自己的需要对其进行定制，这是其他编辑程序所没有的。vi 不是一个排版程序，不像 Word 或 WPS 那样可以对字体、格式、段落等其他属性进行编排，它只是一个文本编辑程序。

2. 进入 vi 及 vi 的两种模式及退出 vi 的命令

（1）启动 Red Hat Linux 操作系统，选择"红帽"→"系统工具"→"终端"命令（也可以在文本界面下输入），在系统提示字符下输入"vi〈档案名称〉"进入 vi 编辑器，vi 可以自动载入要编辑的文件或是开启一个新文件（如果该文件不存在或缺少文件名）。进入 vi 后屏幕左方会出现波浪符号，凡是列首有该符号，就代表此列目前是空的。如图 11-189 所示是在窗口的左下角显示的名为 wenjian 的新建文档。

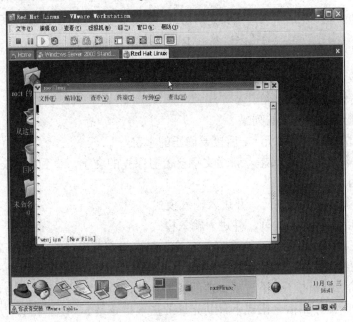

图 11-189 显示 wenjian 文档

（2）vi 编辑器的两种模式。

vi 存在两种模式：指令模式和输入模式。在指令模式下输入的字符将作为指令来处理，如输入 a，vi 即认为是在当前位置插入字符。而在输入模式下，vi 则把输入的字符当作插入的字符来处理。从指令模式切换到输入模式，只需输入相应的命令即可（如 a、A），而要从输入模式切换到指令模式，则需在输入模式下按 Esc 键，如果不明确现在处于什么模式，可以多按几次 Esc 键，系统如果发出滴滴声，就表示已处于指令模式下。

（3）退出 vi。

在指令模式下输入 ":q"、":q!"、":wq" 或 ":x"（注意 ":"），就会退出 vi。其中，":wq" 和 ":x" 是存盘退出，而 ":q" 是直接退出，如果文件已有新的变化，vi 会提示用户保存文件，":q" 命令也会失效，这时可以用 ":w" 命令保存文件后再用 ":q" 命令退出，或用 ":wq" 或 ":x" 命令退出。如果不想保存改变后的文件，就需要用 ":q!" 命令，这个命令将不保存文件而直接退出 vi。

3. 基本编辑

配合一般键盘上的功能键，例如方向键、Insert 键、Delete 键等，现在用户应该已经可以利用 vi 来编辑文件了。当然，vi 还提供其他功能让文字的处理更为方便。所谓编辑，一般认为是文字的新增、修改以及删除，甚至包括文字区块的搬移、复制等。这里先介绍 vi 的删除与修改。

注意

> 在 vi 的原始观念里，输入与编辑是不同的。编辑是在指令模式下操作的，先利用指令移动光标来定位要进行编辑的地方，然后才下指令进行编辑。

删除与修改文件的命令介绍如下。

- □ x：删除光标所在字符。
- □ dd：删除光标所在的列。
- □ r：修改光标所在字元，r 后接要修正的字符。
- □ R：进入选取替换状态，新增文字会覆盖原先的文字，直到按 Esc 键回到指令模式下为止。
- □ s：删除光标所在字元，并进入输入模式。
- □ S：删除光标所在的列，并进入输入模式。

其实呢，在 PC 上根本没有这么麻烦！输入跟编辑都可以在输入模式下完成。例如，要删除字元，直接按 Delete 键即可。而插入状态与取代状态可以直接用 Insert 键切换，无须使用指令模式的编辑指令。不过就如前面所提到的，这些指令几乎是每台终端机都能用，而不是仅仅在 PC 上。在指令模式下移动光标的基本指令是 h、j、k 和 l。想来各位读者现在也应该能猜到只要直接用 PC 的方向键就可以了，而且无论在指令模式或输入模式下都可以。当然 PC 键盘也有不足之处。有个很好用的指令——u 可以恢复被删除的文字，而 U 指令则可以恢复光标所在列的所有改变。这与某些计算机上的 Undo 按键功能相同。

4. vi 的详细指令表

（1）进入 vi 的命令。

❏ vi filename：打开或新建文件，并将光标置于第一行行首。

❏ vi +n filename：打开文件，并将光标置于第 n 行行首。

❏ vi + filename：打开文件，并将光标置于最后一行行首。

❏ vi +/pattern filename：打开文件，并将光标置于第一个与 pattern 匹配的串处。

❏ vi -r filename：在上次正用 vi 编辑时发生系统崩溃，恢复 filename。

❏ vi filename...filename：打开多个文件，依次进行编辑。

（2）移动光标类命令。

❏ h：光标左移一个字符。

❏ l：光标右移一个字符。

❏ space：光标右移一个字符。

❏ Backspace：光标左移一个字符。

❏ k 或 Ctrl+P：光标上移一行。

❏ j 或 Ctrl+N ：光标下移一行。

❏ Enter ：光标下移一行。

❏ w 或 W：光标右移一个字至字首。

❏ b 或 B：光标左移一个字至字首。

❏ e 或 E：光标右移一个字至字尾。

❏)：光标移至句尾。

❏ (：光标移至句首。

❏ }：光标移至段落开头。

❏ {：光标移至段落结尾。

❏ nG：光标移至第 n 行行首。

❏ n+：光标下移 n 行。

❏ n-：光标上移 n 行。

❏ n$：光标移至第 n 行行尾。

❏ H：光标移至屏幕顶行。

❏ M：光标移至屏幕中间一行。

❏ L：光标移至屏幕最后行。

❏ 0：（注意是数字零）光标移至当前行行首。

❏ $：光标移至当前行行尾。

（3）屏幕翻滚类命令。

❏ Ctrl+U：向文件首翻半屏。

Note

- □ Ctrl+D：向文件尾翻半屏。
- □ Ctrl+F：向文件尾翻一屏。
- □ Ctrl+B：向文件首翻一屏。
- □ nz：将第 n 行滚动至屏幕顶部，不指定 n 时将当前行滚动至屏幕顶部。

（4）插入文本类命令。

- □ i：在光标前。
- □ I：在当前行首。
- □ a：光标后。
- □ A：在当前行尾。
- □ o：在当前行之下新开一行。
- □ O：在当前行之上新开一行。
- □ r：替换当前字符。
- □ R：替换当前字符及其后的字符，直至按 Esc 键。
- □ s：从当前光标位置处开始，以输入的文本替代指定数目的字符。
- □ S：删除指定数目的行，并以所输入文本代替。
- □ ncw 或 nCW：修改指定数目的字。
- □ nCC：修改指定数目的行。

（5）删除命令。

- □ ndw 或 ndW：删除光标处开始及其后的 n-1 个字。
- □ do：删至行首。
- □ d$：删至行尾。
- □ ndd：删除当前行及其后 n-1 行。
- □ x 或 X：删除一个字符，x 删除光标后的，X 删除光标前的。
- □ Ctrl+U：删除输入方式下所输入的文本。

（6）搜索及替换命令。

- □ /pattern：从光标开始处向文件尾搜索 pattern。
- □ ?pattern：从光标开始处向文件首搜索 pattern。
- □ n：在同一方向重复上一次搜索命令。
- □ N：在反方向上重复上一次搜索命令。
- □ :s/p1/p2/g：将当前行中所有 p1 均用 p2 替代。
- □ :n1,n2s/p1/p2/g：将第 n1～n2 行中所有 p1 均用 p2 替代。
- □ :g/p1/s//p2/g：将文件中所有 p1 均用 p2 替换。

（7）选项设置。

- □ all：列出所有选项设置情况。
- □ term：设置终端类型。

- ❑ ignorance：在搜索中忽略大小写。
- ❑ list：显示制表位（Ctrl+I）和行尾标志（$）。
- ❑ number：显示行号。
- ❑ report：显示由面向行的命令修改过的数目。
- ❑ terse：显示简短的警告信息。
- ❑ warn：在转到别的文件时若没保存当前文件则显示 NO write 信息。
- ❑ nomagic：允许在搜索模式中使用前面不带"\"的特殊字符。
- ❑ nowrapscan：禁止 vi 在搜索到文件两端时，又从另一端开始。
- ❑ mesg：允许 vi 显示其他用户用 write 写到自己终端上的信息。

（8）最后行方式命令。

- ❑ :n1,n2 co n3：将 n1～n2 行之间的内容复制到第 n3 行下。
- ❑ :n1,n2 m n3：将 n1～n2 行之间的内容移至第 n3 行下。
- ❑ :n1,n2 d：将 n1～n2 行之间的内容删除。
- ❑ :w：保存当前文件。
- ❑ :e filename：打开文件 filename 进行编辑。
- ❑ :x：保存当前文件并退出。
- ❑ :q：退出 vi。
- ❑ :q!：不保存文件并退出 vi。
- ❑ :!command：执行 shell 命令 command。
- ❑ :n1,n2 w!command：将文件中 n1～n2 行的内容作为 command 的输入并执行之，若不指定 n1 和 n2，则表示将整个文件内容作为 command 的输入。
- ❑ :r!command：将命令 command 的输出结果放到当前行。

（9）寄存器操作。

- ❑ "?nyy：将当前行及其下 n 行的内容保存到寄存器"?"中，其中"?"为一个字母，n 为一个数字。
- ❑ "?nyw：将当前行及其下 n 个字保存到寄存器"?"中，其中"?"为一个字母，n 为一个数字。
- ❑ "?nyl：将当前行及其下 n 个字符保存到寄存器"?"中，其中"?"为一个字母，n 为一个数字。
- ❑ "?p：取出寄存器"?"中的内容并将其放到光标位置处。这里"?"可以是一个字母，也可以是一个数字。
- ❑ ndd：将当前行及其下共 n 行文本删除，并将所删内容放到 1 号删除寄存器中。

为便于记忆和查看 vi 编辑器的使用，给出图 11-190 以供参考。

Note

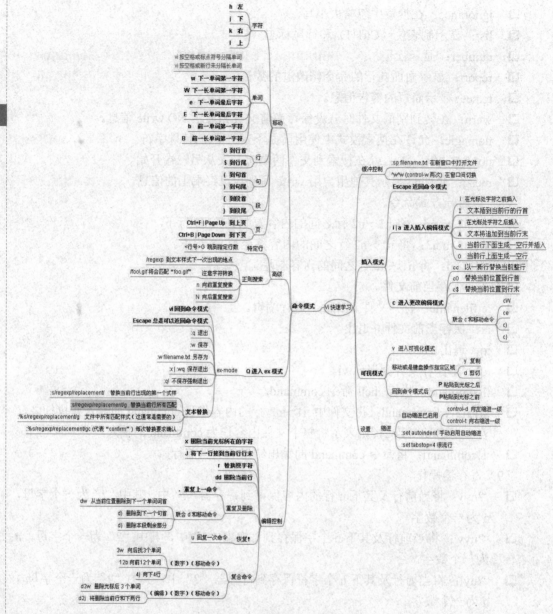

图 11-190 vi 编辑器的使用示意图

11.3.4 Linux 网络配置与管理

实验目的：掌握 Linux 网络的配置与管理。

实验器材：Red Hat Linux。

小组人数：1 人。

实验内容：

（1）选择"系统"→"系统设置"→"网络"命令，如图 11-191 所示。

（2）弹出"网络配置"窗口，如图 11-192 所示。

图 11-191　选择"网络"命令　　　　　　图 11-192　"网络配置"窗口

（3）创建一个网络连接，选择"网络配置"窗口中的"设备"选项卡，单击"新建"按钮，如图 11-193 所示。

（4）弹出"添加新设备类型"窗口，如图 11-194 所示。

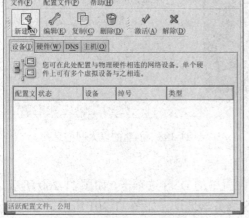

图 11-193　选择"设备"选项卡　　　　　图 11-194　"添加新设备类型"窗口

（5）在"设备类型"列表框中选择"以太网连接"选项，单击"前进"按钮，如图 11-195 所示。

（6）进入"选择以太网设备"界面，系统检测到一个网卡，并根据网络连接类型将其命名为 eth0。选中该以太网卡，单击"前进"按钮，如图 11-196 所示。

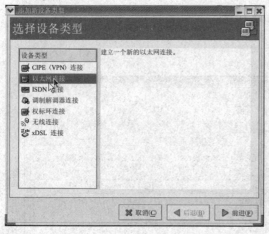

图 11-195　选择"以太网连接"选项　　　　　　图 11-196　选择网卡

　　（7）进入"配置网络设置"界面，在其中选中"静态设置的 IP 地址"单选按钮，然后配置好地址、子网掩码、默认网关，单击"前进"按钮，如图 11-197 所示。

　　（8）单击"应用"按钮后就创建了以太网连接，如图 11-198 所示。

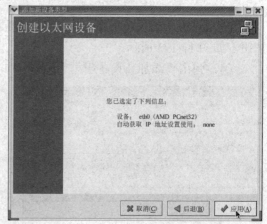

图 11-197　设置静态 IP 地址　　　　　　　　图 11-198　创建的以太网信息

　　（9）如图 11-199 所示显示了创建好的以太网连接。

　　（10）创建完后还需要填写 DNS，选择网络配置中的 DNS 选项卡，如图 11-200 所示。

　　（11）在该选项卡中可以设置主机名和 DNS 服务器地址，如图 11-201 所示。

　　（12）填写好 DNS 以后再选择"设备"选项卡，可以看到网络连接处于不活跃的状态，选中该连接前面的复选框，接下来单击工具栏中的"激活"按钮即可激活该网络连接，如图 11-202 所示。

图 11-199　完成以太网创建

图 11-200　选择 DNS 选项卡

图 11-201　填写 DNS 信息

图 11-202　单击"激活"按钮

　　按照以上的步骤进行设置后，基本可以实现与 Internet 的连接。此时用户可以测试网络是否通畅，打开终端窗口，输入以下命令：

　　ping -c 5 www.baidu.com

　　该命令向 www.baidu.com 网站发送 5 个封装包，以检测网络是否通畅，如果网络连接是可用的，会返回如图 11-203 所示的信息。

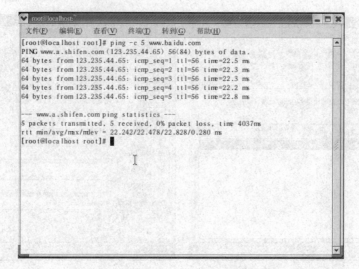

图 11-203　网络连接可用

11.3.5　FTP 服务器的配置与管理

实验目的： 掌握 FTP 服务器的配置与管理。

实验器材： Linux 操作系统。

小组人数： 1 人。

实验内容：

1. VSFTP 服务器的概念及其特点

（1）VSFTP 是一个基于 GPL 发布的类 UNIX 系统上使用的 FTP 服务器软件，其全称是 Very Secure FTP，从此名称可以看出，编制者的初衷是代码的安全。

（2）VSFTP 的特点如下。

① VSFTP 是一个安全、高速、稳定的 FTP 服务器。

② VSFTP 可以作为基于多个 IP 的虚拟 FTP 主机服务器。

③ 匿名服务设置十分方便。

④ 匿名 FTP 的根目录不需要任何特殊的目录结构、系统程序或其他的系统文件。

⑤ 不执行任何外部程序，从而减少了安全隐患。

⑥ 支持虚拟用户，并且每个虚拟用户可以具有独立的属性配置。

⑦ 可以设置从 inetd 中启动，或者独立的 FTP 服务器两种运行方式。

⑧ 支持两种认证方式（PAP 或 xinetd/ tcp_wrappers）。

⑨ 支持带宽限制。

2. VSFTP 的启动

选择"开始"→"系统工具"→"终端"命令，在窗口中输入 service vsftpd start 命令，如图 11-204 所示。

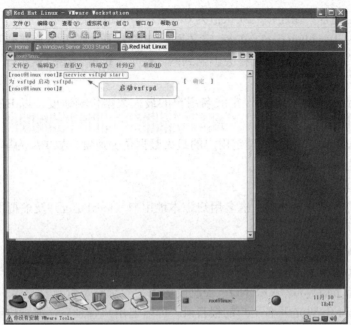

图 11-204 输入 service vsftpd start 命令

如果在安装系统时未安装 FTP 服务器，在添加/删除程序中按提示安装即可，此过程不再赘述。

3. VSFTPD 的配置

如果允许用户匿名访问，需创建用户 ftp 和目录/var/ftp，命令如下：

```
# mkdir /var/ftp
# useradd -d /var/ftp ftp
```

VSFTPD 的配置文件存放在/etc/vsftpd/vsftpd.conf 中，可根据实际需要对如下信息进行配置。

1）连接选项

监听地址和控制端口。

① listen_address=IP address：定义主机在哪个 IP 地址上监听 FTP 请求，即在哪个 IP 地址上提供 FTP 服务。

② listen_port=port_value：指定 FTP 服务器监听的端口号，默认值为 21。

2）性能与负载控制

（1）超时选项

① idle_session_timeout=：空闲用户会话的超时时间，若超过这段时间没有数据的传送或是指令的输入，则会被迫断线，默认值是 300s。

② accept_timeout=numerical value：接受建立联机的超时设定，默认值为 60s。

（2）负载选项

① max_clients= numerical value：定义 FTP 服务器最大的并发连接数。当超过此连接

数时，服务器拒绝客户端连接。默认值为 0，表示不限最大连接数。

② max_per_IP= numerical value：定义每个 IP 地址最大的并发连接数目。超过这个数目将会拒绝连接。此选项的设置将会影响到网际快车、迅雷之类的多线程下载软件。默认值为 0，表示不限制。

③ anon_max_rate=value：设定匿名用户的最大数据传输速度，以 B/s 为单位，默认为无。

④ local_max_rate=value：设定用户的最大数据传输速度，以 B/s 为单位，默认为无。此选项对所有的用户都生效。

3）用户选项

VSFTPD 的用户分为 3 类：匿名用户、本地用户（local user）及虚拟用户（guest）。

（1）匿名用户

① anonymous_enable=YES|NO：控制是否允许匿名用户登录。

② ftp_username=：匿名用户使用的系统用户名。默认情况下，值为 FTP。

③ no_anon_password= YES|NO：控制匿名用户登录时是否需要密码。

④ anon_root=：设定匿名用户的根目录，即匿名用户登录后，被定位到此目录下。主配置文件中默认无此项，默认值为/var/ftp/。

⑤ anon_world_readable_only= YES|NO：控制是否只允许匿名用户下载可阅读的文档。设为 YES，只允许匿名用户下载可阅读的文件；设为 NO，允许匿名用户浏览整个服务器的文件系统。

⑥ anon_upload_enable= YES|NO：控制是否允许匿名用户上传文件。除了这个参数外，匿名用户要能上传文件，还需要满足两个条件，write_enable 参数为 YES；在文件系统上，FTP 匿名用户对某个目录有写权限。

⑦ anon_mkdir_write_enable= YES|NO：控制是否允许匿名用户创建新目录。在文件系统上，FTP 匿名用户必须对新目录的上层目录拥有写权限。

⑧ anon_other_write_enbale= YES|NO：控制匿名用户是否拥有除了上传和新建目录之外的其他权限，如删除、更名等。

⑨ chown_uploads= YES|NO：是否修改匿名用户所上传文件的所有权。若为 YES，匿名用户上传的文件所有权改为另一个不同的用户所有，用户由 chown_username 参数指定。

⑩ chown_username=whoever：指定拥有匿名用户上传文件所有权的用户。

（2）本地用户

① local_enable= YES|NO：控制 VSFTPD 所在系统的用户是否可以登录 VSFTPD。

② local_root=：定义本地用户的根目录。当本地用户登录时，将被更换到此目录下。

（3）虚拟用户

① guest_enable= YES|NO：启动此功能将所有匿名登录者都视为 guest。

② guest_username=：定义 VSFTPD 的 guest 用户在系统中的用户名。

选项启动后才能生效，默认值为 YES，禁止文中的用户登录，同时不向这些用户发出输入口令的指令。若值为 NO，则只允许在文中的用户登录 FTP 服务器。

（4）目录访问控制

① chroot_list_enable= YES|NO：锁定某些用户在自己的目录中，而不可以转到系统的其他目录。

② chroot_list_file=/etc/vsftpd/chroot_list：指定被锁定在主目录的用户的列表文件。

③ chroot_local_users= YES|NO：将本地用户锁定在主目录中。

④ # /usr/sbin/vsftpd/etc/vsftpd/vsftpd2.comf &：启动虚拟 FTP 服务器。

11.4　路由器和交换机部分

11.4.1　认识路由器端口及终端登录

实验目的： 了解路由器端口类型；掌握路由器登录方式。

实验器材： Cisco 2521 和 Cisco 2621 XM。

小组人数： 1 人。

实验内容：

1. 路由器简介

路由器是一种连接多个网络或网段的网络设备，能将不同网络或网段之间的数据信息进行"翻译"，以使其能够相互"读"懂对方的数据，从而构成一个更大的网络。路由器是连接本地网络与互联网的网关设备，实现了本地网络访问远程网络资源的功能。

2. 路由器端口介绍

Cisco 2621 XM 路由器后面板端口如图 11-205 所示。

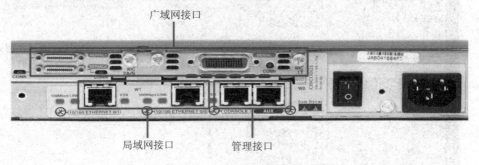

图 11-205　Cisco 2621 XM 路由器后面板端口

广域网接口（WAN Connections）：用于将本地网络数据转发到广域网上。每个接口均应该为之配置 IP 地址，以便在互联网上定位该路由器。

局域网接口（LAN Connections）：用于连接本地网络，是本地网络的网关，任何访问远程网络的请求均经过此接口。

管理接口（Management Port）：路由器的管理端口，通过终端线和超级终端，将路由器管理接口与计算机 COM 口相连，通过计算机配置路由器。

3. 登录路由器

使用终端线实现路由器和计算机的连接。

使用终端线连接路由器 Cisco1721 与计算机，如图 11-206 所示。

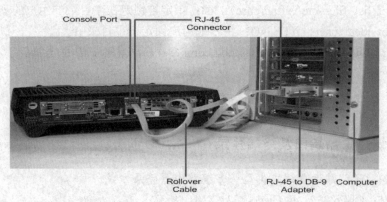

图 11-206　使用终端线连接路由器 Cisco1721 与计算机

通过运行超级终端程序，如图 11-207 所示。选择"开始"→"程序"→"附件"→"通讯"→"超级终端"命令即可。

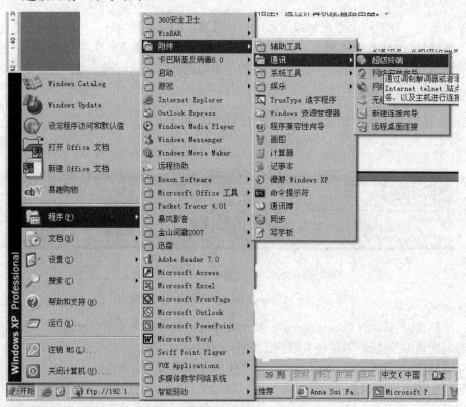

图 11-207　启动超级终端程序

在输入本地区号后单击"确定"按钮，即可出现如图 11-208 所示的界面。

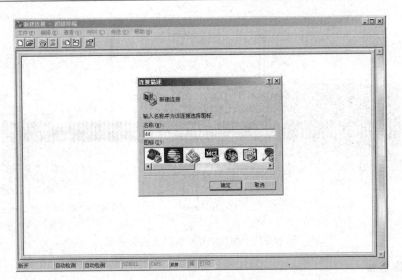

图 11-208 设置连接名称和图标

建立连接时，COM1/COM2 口即为计算机 9 针串口，TCP/IP 为使用 Telnet IP 登录路由器时使用的选项，如图 11-209 所示。

选择 COM1 并单击"确定"按钮，终端连接的 COM1 口设置（单击"还原默认值"按钮即可）如图 11-210 所示。

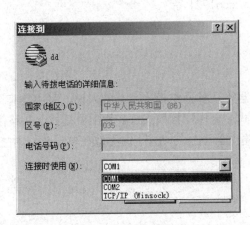

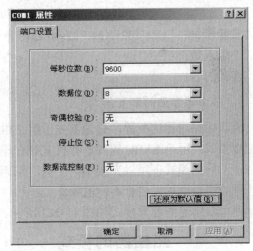

图 11-209 设置登录端口   图 11-210 COM1 口参数设置

单击"确定"按钮后，按 Enter 键即可完成使用终端线登录路由器。

注意

路由器后面板的 Console 端口为权限最高的控制端口，通过终端线连接；其并排的 AUX 端口为辅助端口，通过 Modem 可实现远程连接，具有和 Console 端口相同的管理功能，但权限比 Console 端口小。具体登录方式不再举例。使用 AUX 端口连接路由器，如图 11-211 所示。

Note

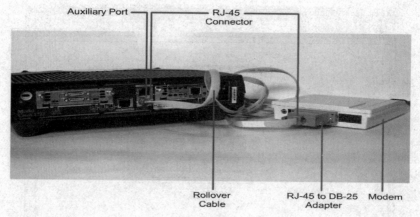

图 11-211 使用 AUX 端口连接路由器

4. 实验总结

通过本次实验，能够加深学生对于路由器的认识和路由器端口的辨别，并且掌握路由器的登录方法，达到了教学目的。

11.4.2 路由器命令行及初始化配置

实验目的： 掌握路由器 IOS 中问号（？）及 Tab 键的使用；掌握路由器常用配置模式之间的转换；掌握路由器的初始化配置。

实验器材： Cisco 2621XM、Cisco 2501 和 Cisco1721 等。

小组人数： 1人。

实验内容：

1. 路由器常见的配置模式

要掌握路由器的配置，必须首先了解路由器的几种操作模式。总的来说，路由器有 4 种配置模式：用户 EXEC 模式、特权 EXEC 模式、全局配置模式、其他配置模式。在路由器各个不同的模式下可以完成不同配置，实现路由器不同的功能，这类似在 Windows 中打开不同的窗口就可以进行不同的操作。

路由器常见的配置模式如图 11-212 所示。

路由器的模式

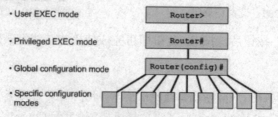

· User EXEC mode
· Privileged EXEC mode
· Global configuration mode
· Specific configuration modes

图 11-212 路由器常见的配置模式

用户 EXEC 模式：这是"只能看"模式，用户只能查看一些路由器的信息，不能更改。

```
Router>
```

特权 EXEC 模式：这种模式支持调试和测试命令，详细检查路由器，配置文件操作和访问配置模式。

```
Rouer>enable <enter>
Router#
```

全局配置模式：这种模式实现强大的执行简单配置任务的单行命令。

```
Rouer#configure terminal <enter>
Router(config)#
```

其他配置模式：这些模式提供更多详细的端口、路由协议等多行配置。

```
Router(config)#interface fastEthernet 0/1
Router(config-if)#exit                    //端口配置子模式
Router(config)#router rIP
Router(config-rouer)#                     //路由配置子模式
```

读者应熟悉几种配置模式的转换。

2．路由器命令行

路由器使用的是文本方式的操作系统，其各项功能能均需使用命令行进行配置；这种命令行的配置方式称为 CLI - Command-Line Interface，即命令行接口。

配置路由器虽然需要使用命令行进行，但其命令的使用并不困难，这里有很多小的窍门可以使用。

（1）问号的使用

问号是路由器 IOS 中常用的使用技巧。在用户对某个命令记忆模糊或忘记时，可以使用问号来查找需要的命令。

例如：

```
Router>?                           //查看当前模式下所有的可用命令
enable            Enter Privileged mode
exit              Exit from EXEC mode
fastboot          Select fast-reload option
terminal          Change terminal settings
Router>f?                          //查看以 f 开头的命令
fastboot          Select fast-reload option
```

（2）Tab 键

该键经常使用，能够将标示命令的几个字母补全为一个命令。

例如：

```
Router>f<tab>                      //按 Tab 键后补全 f 为 fastboot
Router>fastboot
```

3. 路由器初始化配置

对于新出厂的路由器都会提示使用系统配置对话来进行路由器的初始化配置，如下：

```
--- System Configuration Dialog ---
At any point you may enter a question mark '?' for help.
Use ctrl-c to abort configuration dialog at any prompt.
Default settings are in square brackets '[]'.
Would you like to enter the initial configuration dialog? [yes]:
```

但一般不推荐使用这样的配置方式，而是使用 Ctrl+C 快捷键退出，如下：

```
Router>
```

如果对一台新的路由器进行最初的配置，具体配置过程如下：

```
Router>enable                                    //输入 enable 进入特权模式
Router#config t                                  //进入全局配置模式
Router(config)#hostname R1                       //路由器重命名为 R1
Router(config)#banner motd #                     //更改欢迎消息
Enter the text message ,end with #
Welcome to my lab!!! #
Router(config)#no IP domain-lookup               //关闭路由器域名查找
Router(config)#no logging console                //关闭日志文件从 console 口输出
Router(config)#logging syn<tab>                  //设置日志同步
Router(config)#enable password ciscolab          //设置特权明文密码 cisco
Router(config)#enable secret cisco               //设置特权密文密码 cisco
Router(config)#line console 0                    //进入终端线配置子模式
Router(config-line)#login                        //设置登录
Router(config-line)#password cisco               //设置终端登录密码 cisco
Router(config-line)#line vty 0 4                 //设置远程登录虚拟线路
Router(config-line)#login                        //设置登录
Router(config-line)#password cisco               //设置登录密码 cisco
Router(config)#interface Ethernet 0              //进入端口配置子模式
Router(config-if)#no IP add                      //注销以前的 IP 地址
Router(config-if)#IP add 192.168.28.120 255.255.255.0   //设置 IP 地址
Router(config-if)#no shutdown                     //打开端口
```

以上就是路由器的最初配置，请读者加练习。

4. 实验总结

通过本次实验，学生可以掌握路由器的命令行使用技巧和路由器的最初配置，达到了教学目的。

11.4.3　静态路由及动态路由配置

实验目的：掌握路由器静态路由的配置和路由器常用动态路由的配置。

实验器材：Cisco 2621 XM、Packet Tracer 5.0 等。

小组人数：1 人。

实验内容：

1. 静态路由

静态路由是由管理员手动输入的一种路由，由管理员为路由器指定数据报的转发。

2. 动态路由

动态路由是路由器相互交换路由信息，并更新路由表。网络上有拓扑变化时，路由器自主更新路由表。

常见的动态路由有距离矢量路由协议和链路状态路由协议，其中比较有代表性的是 RIP 协议和 OSPF 协议。前者是一种距离矢量路由协议，以经过路由器的个数（即跳数）作为唯一的路由好坏的度量标准。后者是一种距离矢量的路由协议，综合带宽、负载、可靠性等多种因素。

3. 综合实验

参考如图 11-213 的拓扑图，分别使用静态路由与动态路由实现源与目标主机之间通信。

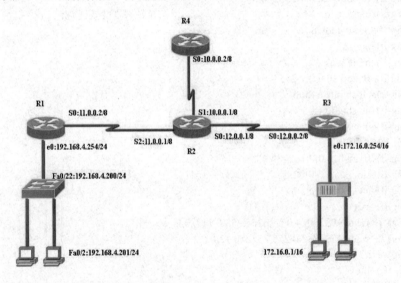

图 11-213　拓扑图

4. 各路由器静态路由配置命令（PC 配置省略）

（1）路由器 R1 配置

```
Router#config t
Router(config)#hostname R1              //设置主机名
R1(config)#inter s0                     //进入端口配置子模式
R1(config-if)#no IP add
R1(config-if)#IP add 11.0.0.2 255.0.0.0
R1(config-if)#no shutdown
R1(config-if)#inter e0
R1(config-if)#no IP add
R1(config-if)#IP add 192.168.4.254 255.255.255.0
```

```
R1(config-if)#no shutdown
R1(config-if)#exit
R1(config)#IP route 10.0.0.0 255.0.0.0 11.0.0.1          //设置到达网络 10.0.0.0 的路由
R1(config)#IP route 12.0.0.0 255.0.0.0 11.0.0.1          //设置到达网络 12.0.0.0 的路由
R1(config)#IP route 172.16.0.0 255.255.0.0 11.0.0.1      //设置到达网络 172.0.0.0 的路由
R1(config)#exit
R1#show IP route                                         //查看路由表，观察静态路由
------输出省略--------
R1#copy running-config startup-config                    //保存设置
------输出省略--------
```

（2）路由器 R2 配置

```
Router#config t
Router(config)#hostname R2
R2(config)#inter s0
R2(config-if)#no IP add
R2(config-if)#IP add 12.0.0.1 255.0.0.0
R2(config-if)#clock rate 64000                           //DCE 端需配置时钟
R2(config-if)#no shutdown
R2(config-if)#inter s1
R2(config-if)#no IP add
R2(config-if)#IP add 10.0.0.1 255.0.0.0
R2(config-if)#clock rate 64000
R2(config-if)#no shutdown
R2(config-if)#inter s2
R2(config-if)#no IP add
R2(config-if)#IP add 11.0.0.1 255.0.0.0
R2(config-if)#clock rate 64000
R2(config-if)#no shutdown
R2(config-if)#exit
R2(config)#IP route 192.168.4.0 255.255.255.0 11.0.0.2
R2(config)#IP route 172.16.0.0 255.255.0.0 12.0.0.2
R2(config)#exit
R2#show IP route
------输出省略--------
R2#copy running-config startup-config
------输出省略--------
```

（3）路由器 R3 配置

```
Router#config t
Router(config)#hostname R3
R3(config)#inter s0
R3(config-if)#no IP add
R3(config-if)#IP add 12.0.0.2 255.0.0.0
R3 (config-if)#no shutdown
R3(config-if)#inter e0
R3(config-if)#no IP add
R3(config-if)#IP add 192.168.4.254 255.255.255.0
```

```
R3(config-if)#no shutdown
R3(config-if)#exit
R3(config)#IP route 10.0.0.0 255.0.0.0 12.0.0.1
R3(config)#IP route 11.0.0.0 255.0.0.0 12.0.0.1
R3(config)#IP route 192.168.4.0 255.255.255.0 12.0.0.1
R3(config)#exit
R3#show IP route
-----输出省略-------
R1#copy running-config startup-config
------输出省略-------
```

5. 动态路由配置——RIP 协议配置

（1）路由器 R1 配置

```
Router#config t
Router(config)#hostname R1                          //设置主机名
R1(config)#inter s0                                 //进入端口配置子模式
R1(config-if)#no IP add
R1(config-if)#IP add 11.0.0.2 255.0.0.0
R1(config-if)#no shutdown
R1(config-if)#inter e0
R1(config-if)#no IP add
R1(config-if)#IP add 192.168.4.254 255.255.255.0
R1(config-if)#no shutdown
R1(config-if)#exit
R1(config)#router rIP                               //宣告使用 rIP 协议
R1(config-router)#network 10.0.0.0                  //宣告直连网络 10.0.0.0
R1(config-router)#network 192.168.4.0               //宣告直连网络 192.168.4.0
R1(config-router)#exit
R1(config)#exit
R1#show IP route                                    //查看路由表，观察动态路由
------输出省略-------
R1#show IP protocol                                 //查看所配置的协议
------输出省略-------
R1#copy running-config startup-config               //保存设置
------输出省略-------
```

（2）路由器 R2 配置

```
Router#config t
Router(config)#hostname R2
R2(config)#inter s0
R2(config-if)#no IP add
R2(config-if)#IP add 12.0.0.1 255.0.0.0
R2(config-if)#clock rate 64000                      //DCE 端需配置时钟
R2(config-if)#no shutdown
R2(config-if)#inter s1
R2(config-if)#no IP add
R2(config-if)#IP add 10.0.0.1 255.0.0.0
```

```
R2(config-if)#clock rate 64000
R2(config-if)#no shutdown
R2(config-if)#inter s2
R2(config-if)#no IP add
R2(config-if)#IP add 11.0.0.1 255.0.0.0
R2(config-if)#clock rate 64000
R2(config-if)#no shutdown
R2(config-if)#exit
R2(config)#router rIP                          //宣告使用 rIP 协议
R2(config-router)#network 10.0.0.0             //宣告直连网络 10.0.0.0
R2(config-router)#network 11.0.0.0             //宣告直连网络 11.0.0.0
R2(config-router)#network 12.0.0.0             //宣告直连网络 12.0.0.0
R2(config-router)#exit
R2(config)#exit
R2#show IP route
------输出省略--------
R1#show IP protocol                            //查看所配置的协议
------输出省略--------
R2#copy running-config startup-config
------输出省略--------
```

（3）路由器 R3 配置

```
Router#config t
Router(config)#hostname R3
R3(config)#inter s0
R3(config-if)#no IP add
R3(config-if)#IP add 12.0.0.2 255.0.0.0
R3 (config-if)#no shutdown
R3(config-if)#inter e0
R3(config-if)#no IP add
R3(config-if)#IP add 172.16.0.254 255.255.0.0
R3(config-if)#no shutdown
R3(config-if)#exit
R1(config)#router rIP                          //宣告使用 rIP 协议
R1(config-router)#network 12.0.0.0             //宣告直连网络 12.0.0.0
R1(config-router)#network 172.16.0.0           //宣告直连网络 172.16.0.0
R1(config-router)#exit
R3(config)#exit
R3#show IP route
------输出省略--------
R1#copy running-config startup-config
------输出省略--------
```

6. 实验总结

通过本次实验，学生了解静态路由与动态路由的配置过程，达到了教学目的。

11.4.4 访问控制列表的使用

实验目的：掌握标准访问控制列表的配置；掌握扩展访问控制列表的配置；掌握命名访问控制列表的配置。

实验器材：Cisco 2621XM Boson Netsim。

小组人数：1 人。

实验内容：

1. 什么叫访问控制列表

访问控制列表是应用在路由器接口的指令列表。这些指令列表用来告诉路由器哪些数据包可以收，哪些数据包需要拒绝。至于数据包是被接收还是拒绝，可以由类似于源地址、目的地址、端口号等的特定指示条件来决定。

下面是对几种访问控制列表的简要总结。

（1）标准 IP 访问控制列表

一个标准 IP 访问控制列表匹配 IP 包中的源地址或源地址中的一部分，可对匹配的包采取拒绝或允许两个操作。编号范围为 1～99 的访问控制列表是标准 IP 访问控制列表。

（2）扩展 IP 访问控制列表

扩展 IP 访问控制列表比标准 IP 访问控制列表具有更多的匹配项，包括协议类型、源地址、目的地址、源端口、目的端口、建立连接和 IP 优先级等。编号范围为 100～199 的访问控制列表是扩展 IP 访问控制列表。

（3）命名的 IP 访问控制列表

所谓命名的 IP 访问控制列表是以列表名代替列表编号来定义 IP 访问控制列表，同样包括标准和扩展两种列表，定义过滤的语句与编号方式中相似。

访问控制是网络安全防范和保护的主要策略，其主要任务是保证网络资源不被非法使用和访问，它是保证网络安全重要的核心策略之一。访问控制涉及的技术也比较广，包括入网访问控制、网络权限控制、目录级控制以及属性控制等多种手段。

2. 标准访问控制列表的配置

（1）标准控制列表命令语法如下。

① 使用标准版本的 access-list 全局配置命令来定义一个带有数字的标准 ACL。这个命令用在全局配置模式下如下所示。

```
Router(config)# access-list access-list-number {deny | permit} source [source-wildcard ] [log]
```

例如：

```
access-list 1 permit 172.16.0.0    0.0.255.255
```

使用这个命令的 no 形式，可以删除一个标准 ACL。语法是：

```
Router(config)# no access-list access-list-number
```

例如：

```
no access-list 1
```

② 将 ACL 作用到端口的命令是：

```
Router(config)#interface ethernet 0
Router(config-if)#IP access-group access-list-number in/out
```

③ 查看配置的 ACL 的命令是：

```
Router#show access-lists <cr>                     //使用 show 命令查看所配置的 acl
```

（2）ACL 实例分析如图 11-214 所示。

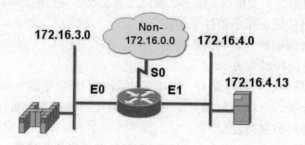

图 11-214   ACL 实例分析

实例 1：E0 和 E1 端口只允许来自于网络 172.16.0.0 的数据包被转发，其余的将被阻止。
参考答案：

```
Router(config)#access-list 1 permit 172.16.0.0   0.0.255.255        //设置允许语句
(implicit deny all - not visible in the list)            //因为 ACL 启用后默认启用的语句是 deny any
(access-list 1 deny 0.0.0.0     255.255.255.255)
Router(config)#interface ethernet 0                      //进入端口配置模式
Router(config-if)#IP access-group 1 out                  //设置 E0 端口流出方向的 acl
Router(config-if)#interface ethernet 1                   //进入 E1 端口配置模式
Router(config-if)#IP access-group 1 out                  //设置 E1 端口流出方向的 acl
```

实例 2：E0 端口不允许来自于特定地址 172.16.4.13 的数据流，其他的数据流将被转发。

```
Router(config)#access-list 1 deny 172.16.4.13 0.0.0.0
Router(config)#access-list 1 permit 0.0.0.0   255.255.255.255
(implicit deny all)
(access-list 1 deny 0.0.0.0     255.255.255.255)
Router(config)#interface ethernet 0                      //进入端口配置模式
Router(config-if)#IP access-group 1 out                  //设置 E0 端口流出方向的 acl
```

实例 3：E0 端口不允许来自于特定子网 172.16.4.0 的数据，而转发其他的数据。

```
Router(config)#access-list 1 deny 172.16.4.0    0.0.0.255
Router(config)#access-list 1 permit any
(implicit deny all)
```

```
(access-list 1 deny 0.0.0.0    255.255.255.255)
Router(config)#interface ethernet 0
Router(config-if)#IP access-group 1 out
```

（3）实验练习如图 11-215 所示。

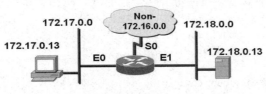

图 11-215　实验练习

使用 Boson Netsim 创建拓扑，并满足以下条件：

① 拒绝来自源网络 172.16.0.0 的全部数据，允许其他网段数据。

② 拒绝来自源网络 172.17.0.0、172.18.0.0 的全部数据。

3．扩展访问控制列表的配置

（1）命令语法。

```
access-list access-list-number   { permit | deny } protocol source  source-wildcard [operator  port]
destination destination-wildcard [ operator port ]   [ established ] [log]
```

（2）配置实例，如图 11-216 所示。

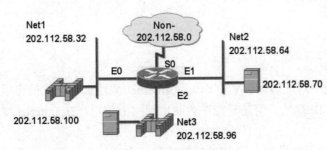

图 11-216　配置实例

① Net1 可以使用所有的协议访问所有的子网和 Internet，不接受任何非本子网 Telnet 的访问。不接收所有非 202.112.58.0 设备的 HTTP 和 FTP 访问。

② Net2 和 Net3 在 202.112.58.0 网内可以使用所有的协议，但不能使用 Internet。

③ Net2 中的服务器 202.112.58.70 只接收来自 Net3 和 Net2 设备的访问。

④ 某日，Net3 中的主机 202.112.58.100 因为大量发送广播包，被网管人员取消了访问权限。

这里仅给出了①的解决办法，②～④请学生考虑。具体解决过程如下：

```
<ACL getway-acl-out 允许转发特定子网 202.112.58.32 的数据流>
Router(config)# IP access-list standard getway-acl-out
Router(config sta-nacl) # permit 202.112.58.32 0.0.0.31
Router(config sta-nacl) # deny any
```

Note

```
<ACL 101 禁止 telnet 数据流访问 202.112. 58.32 子网>
Router(config)# access-list 101 deny tcp any 202.112.58.32 0.0.0.31 eq 23
Router(config)# access-list 101 permit IP any any
Router(config)# IP access-list extended getway-acl-in
Router(config ext-nacl) # deny tcp any 202.112.58.32 0.0.0.31 eq 80
Router(config ext-nacl) # deny tcp any 202.112.58.32 0.0.0.31 eq 20
Router(config ext-nacl) # deny tcp any 202.112.58.32 0.0.0.31 eq 21
Router(config ext-nacl) # permit IP any 202.112.58.32 0.0.0.31
Router(config ext-nacl) # deny IP any any
Router(config)# int s0
Router(config-if)#IP access-group getway-acl-in in
Router(config-if)#IP access-group getway-acl-out out
Router(config)# int e0
Router(config-if)#IP access-group 101 out
```

4. 实验总结

本次实验使学生掌握了标准访问控制列表和扩展访问控制列表的使用，加深了对路由器的网络管理功能的理解，达到了教学目的。

11.4.5 NAT 配置

实验目的：掌握 NAT 的配置与管理。

实验器材：Cisco 2621 XM 等。

小组人数：1 人。

实验内容：

1. 什么是 NAT

NAT 翻译为网络地址转换。私有地址是 Internet 地址机构指定的可以在不同的企业内部网上重复使用的 IP 地址，但是只能在企业内部网上使用，在 Internet 中私有地址不能被路由。

随着 Internet 的不断发展，IP 地址短缺成为一个突出的问题，由于私有地址可以在不同的企业网内重复使用，这在很大程度上缓解了 IP 地址短缺的矛盾，但是私有地址被路由到互联网前须转换成公网可以识别的 IP 地址，这个过程即 NAT。

2. NAT 的配置

静态地址转换：在私有地址和公有地址之间实行固定不变的一对一转换，即有多少个私有地址就有多少个公有地址，这样的转换不能达到节省 IP 地址的目的。

动态地址转换：一个私有地址要与外部主机进行通信时，NAT 转换器从地址池中动态分配一个未使用的公有地址，在公有地址和私有地址间形成一种暂时的映射关系。

端口地址转换：私有地址在进行地址转换的同时也进行传输层端口的转换。

如图 11-217 所示，源地址是私有地址，访问互联网上的服务器。

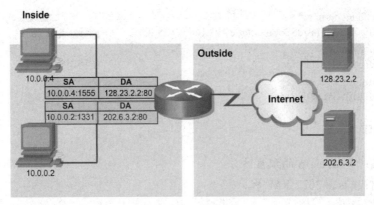

图 11-217　源地址

如图 11-218 所示，经地址转换后，私有地址被转换为公网地址 179.9.8.80，只是端口号不同。

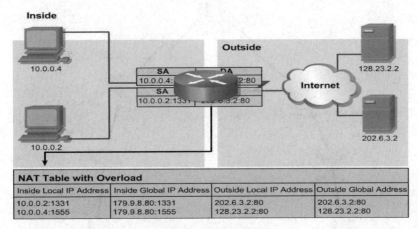

图 11-218　私有地址转换

下面介绍地址转换的配置与管理。

静态地址的转换如图 11-219 所示。

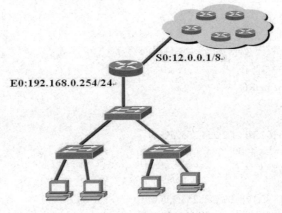

图 11-219　静态地址转换

Note

```
Router#configure terminal
Rouer(config)#IP nat inside source static 192.168.0.1 12.0.0.2          //静态地址转换
Rouer(config)#inter e0
Router(config-if)#IP nat inside                                        //指定内部接口
Rouer(config-if)#inter s0
Rouer(config-if)#IP nat outside                                        //指定外部接口
```

11.4.6 eigrp 配置

实验目的：掌握 eigrp 的配置方法。

实验器材：Cisco 2621 XM 等。

小组人数：1 人。

实验内容：

配置 eigrp，如图 11-220 所示。

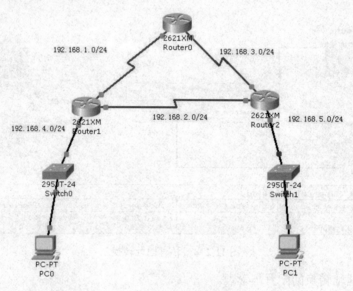

图 11-220 配置 eigrp

1. R0 的配置

```
Router>en
Router#confi t
Router(config)#hostname R0
R0(config)#interface s0/0
R0(config-if)#no shut
R0(config-if)#IP add 192.168.1.2 255.255.255.0
R0(config-if)#clock rate 64000
R0(config)#interface s0/1
R0(config-if)#no shut
R0(config-if)#IP add 192.168.3.2 255.255.255.0
R0(config-if)#clock rate 64000
```

```
R0(config)#router eigrp 1
R0(config-router)#network 192.168.1.0
R0(config-router)#network 192.168.3.0
R0#copy running-config startup-config
```

2. R1 的配置

```
Router>en
Router#confi t
Router(config)#hostname R1
R1(config)#interface fa0/0
R1(config-if)#no shut
R1(config-if)#IP address 192.168.4.1 255.255.255.0
R1(config-if)#inter s0/0
R1(config-if)#no shut
R1(config-if)#IP address 192.168.1.1 255.255.255.0
R1(config-if)#int s0/1
R1(config-if)#no shut
R1(config-if)#IP address 192.168.2.1 255.255.255.0
R1(config)#router eigrp 1
R1(config-router)#network 192.168.1.0
R1(config-router)#network 192.168.2.0
R1(config-router)#network 192.168.4.0
R1#copy running-config startup-config
```

3. R2 的配置

```
Router>en
Router#conf t
Router(config)#hostname R2
R2(config)#interface fa0/0
R2(config-if)#no shut
R2(config-if)#IP add 192.168.5.1 255.255.255.0
R2(config-if)#int s0/0
R2(config-if)#no shut
R2(config-if)#IP add 192.168.2.2 255.255.255.0
R2(config-if)#clock rate 64000
R2(config-if)#int s0/1
R2(config-if)#no shut
R2(config-if)#IP add 192.168.3.1 255.255.255.0
R2(config-if)#exit
R2(config)#router eigrp 1
R2(config-router)#network 192.168.2.0
R2(config-router)#network 192.168.3.0
R2(config-router)#network 192.168.5.0
R2#copy running-config startup-config
```

11.4.7 交换机初始化配置

实验目的：掌握交换机基本的命令行配置。

实验器材：Catalyst 2960 等。

小组人数：1 人。

实验内容：

1. 实验拓扑

本实验拓扑图如图 11-221 所示。

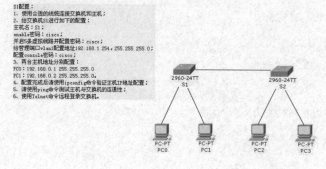

图 11-221 实验拓扑图

2. 交换机初始化配置命令行参考

S1：

```
Switch>enable                                    //输入 enable 进入特权模式
Switch#config t                                  //进入全局配置模式
Switch(config)#hostname S1                       //交换机重命名为 S1
S1(config)#banner motd #                         //更改欢迎消息
Enter the text message ,end with #
Welcome to my lab!!! #
S1(config)#no logging console                    //关闭日志文件从 console 口输出
S1(config)#enable secret cisco                   //设置 enable 密文密码 cisco
S1(config)#line console 0                        //进入 console 配置子模式
S1(config-line)#login                            //设置登录
S1(config-line)#password cisco                   //设置 console 登录密码 cisco
S1(config-line)#line vty 0 4                      //设置 5 条远程登录虚拟线路
S1(config-line)#login                            //设置登录
S1(config-line)#password cisco                   //设置登录密码 cisco
S1(config)#interface VLAN 1                       //进入端口配置子模式
S1(config-if)#no IP add                          //注销以前的 IP 地址
S1(config-if)#IP add 192.168.0.254 255.255.255.0 //设置 IP 地址
S1(config-if)#no shutdown                         //打开端口
```

S2:

```
Switch>enable                              //输入 enable 进入特权模式
Switch#config t                            //进入全局配置模式
Switch(config)#hostname S2                 //交换机重命名为 S2
S2(config)#banner motd #                   //更改欢迎消息
Enter the text message ,end with #
Welcome to my lab!!! #
S2(config)#no logging console              //关闭日志文件，从 console 口输出
S2(config)#enable secret cisco             //设置 enable 密文密码 cisco
S2(config)#line console 0                  //进入 console 配置子模式
S2(config-line)#login                      //设置登录
S2(config-line)#password cisco             //设置 console 登录密码 cisco
S2(config-line)#line vty 0 4               //设置 5 条远程登录虚拟线路
S2(config-line)#login                      //设置登录
S2(config-line)#password cisco             //设置登录密码 cisco
S2(config)#interface VLAN 1                //进入端口配置子模式
S2(config-if)#no IP add                    //注销以前的 IP 地址
S2(config-if)#IP add 192.168.0.254 255.255.255.0    //设置 IP 地址
S2(config-if)#no shutdown                  //打开端口
```

11.4.8　VTP 配置

实验目的： 了解 VTP 的工作模式；掌握 VTP 配置；掌握 VLAN 操作；掌握 VLAN 间路由。

实验器材： Cisco 2621 XM、WIC-2T 广域网接口卡和 Catalyst 2960 等。

小组人数： 1 人。

实验内容：

1．VTP 简介

VTP（VLAN Trunking Protocol），即 VLAN 中继协议，也被称为虚拟局域网干道协议。它是一个 OSI 参考模型第二层的通信协议，主要用于管理在同一个域的网络范围内 VLAN 的建立、删除和重命名。在一台 VTP Server 上配置一个新的 VLAN 时，该 VLAN 的配置信息将自动传播到本域内的其他所有交换机。这些交换机会自动接收这些配置信息，使其 VLAN 的配置与 VTP Server 保持一致，从而减少在多台设备上配置同一个 VLAN 信息的工作量，而且保持了 VLAN 配置的统一性。

VTP 有 3 种工作模式：VTP Server、VTP Client 和 VTP Transparent。新交换机出厂时的默认配置是预配置为 VLAN1，VTP 模式为服务器。一般情况下，一个 VTP 域内的整个网络只设一个 VTP Server。VTP Server 维护该 VTP 域中所有 VLAN 信息列表，VTP Server 可以建立、删除或修改 VLAN。VTP Client 虽然也维护所有 VLAN 信息列表，但其 VLAN 的配置信息是从 VTP Server 学到的，VTP Client 不能建立、删除或修改 VLAN。VTP Transparent 相当于一台独立的交换机，不参与 VTP 工作，不从 VTP Server 学习 VLAN 的配置信息，而只拥有本设备上自己维护的 VLAN 信息。VTP Transparent 可以建立、删除和

修改本机上的 VLAN 信息。

2. VTP 域的工作模式

（1）服务器模式

提供 VTP 消息，包括 VLAN ID 和名字信息；学习相同域名的 VTP 消息；转发相同域名的 VTP 消息；可以添加、删除和更改 VLAN，VLAN 信息写入 NVRAM。

（2）客户机模式

请求 VTP 消息；学习相同域名的 VTP 消息；转发相同域名的 VTP 消息；不可以添加、删除和更改 VLAN，VLAN 信息不会写入 NVRAM。

（3）透明模式

不提供 VTP 消息；不学习 VTP 消息；转发 VTP 消息；可以添加、删除和更改 VLAN，只在本地有效，VLAN 信息写入 NVRAM。

3. VTP 的优点

保证了 VLAN 信息的一致性；提供一个交换机到另一个交换机在整个管理域中增加虚拟局域网的方法。

4. 实验拓扑

实验拓扑，如图 11-222 所示。

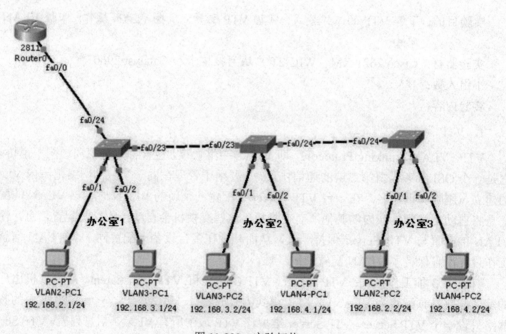

图 11-222　实验拓扑

5. 实验内容

请按照如表 11-2 所示的地址表给 PC 机配置 IP 地址。

表 11-2 地址表

主 机 名	IP 地址	子 网 掩 码	默 认 网 关
VLAN2-PC1	192.168.2.1	255.255.255.0	192.168.2.254
VLAN3-PC1	192.168.3.1	255.255.255.0	192.168.3.254
VLAN2-PC2	192.168.2.2	255.255.255.0	192.168.2.254
VLAN3-PC2	192.168.3.2	255.255.255.0	192.168.3.254
VLAN4-PC1	192.168.4.1	255.255.255.0	192.168.4.254
VLAN4-PC2	192.168.4.2	255.255.255.0	192.168.4.254

请参考办公室一、二、三交换机的配置过程，各交换机的初始化配置略。

（1）开启各交换机的主干端口。

办公室一：

```
Switch>en
Switch#config t
Switch(config)#hostname office1
office1(config)#inter fa0/23
office1(config-if)#switchport mode trunk
office1(config-if)#switchport trunk allowed vlan all
office1(config-if)#inter fa0/24
office1(config-if)#switchport mode trunk
office1(config-if)#switchport trunk allowed vlan all
office1(config-if)#exit
```

办公室二：

```
Switch>en
Switch#config t
Switch(config)#hostname office2
Office2(config)#inter fa0/23
Office2(config-if)#switchport mode trunk
Office2(config-if)#switchport trunk allowed vlan all
Office2(config-if)#inter fa0/24
Office2(config-if)#switchport mode trunk
Office2(config-if)#switchport trunk allowed vlan all
Office2(config-if)#exit
```

办公室三：

```
Switch>en
Switch#config t
Switch(config)#hostname office3
Office3(config-if)#inter fa0/24
Office3(config-if)#switchport mode trunk
Office3(config-if)#switchport trunk allowed vlan all
Office3(config-if)#exit
```

（2）分别在 3 个交换机创建 VTP 域。

办公室一：

```
office1(config)#vtp domain cisco
office1(config)#vtp mode server
office1(config)#vtp password cisco
```

办公室二：

```
Office2(config)#vtp domain cisco
Office2(config)#vtp mode client
Office2(config)#vtp password cisco
```

办公室三：

```
Office3(config)#vtp domain cisco
Office3(config)#vtp mode client
Office3(config)#vtp password cisco
```

（3）使用 show vtp status 命令查看各交换机的域状态。

办公室一：

```
office1#sh vtp status
VTP Version                       : 2
Configuration Revision            : 9
Maximum VLANs supported locally   : 255
Number of existing VLANs          : 9
VTP Operating Mode                : Server
VTP Domain Name                   : cisco
VTP Pruning Mode                  : Disabled
VTP V2 Mode                       : Disabled
VTP Traps Generation              : Disabled
MD5 digest                        : 0xE4 0xF3 0x13 0xF6 0xF6 0x3C 0x57 0xEE
Configuration last modified by 0.0.0.0 at 3-1-93 00:01:17
Local updater ID is 0.0.0.0 (no valid interface found)
```

办公室二：

```
Office2#sh vtp status
VTP Version                       : 2
Configuration Revision            : 9
Maximum VLANs supported locally   : 255
Number of existing VLANs          : 9
VTP Operating Mode                : client
VTP Domain Name                   : cisco
VTP Pruning Mode                  : Disabled
VTP V2 Mode                       : Disabled
VTP Traps Generation              : Disabled
MD5 digest                        : 0xE4 0xF3 0x13 0xF6 0xF6 0x3C 0x57 0xEE
Configuration last modified by 0.0.0.0 at 3-1-93 00:01:17
```

Local updater ID is 0.0.0.0 (no valid interface found)

办公室三：

```
office1#sh vtp status
VTP Version                        : 2
Configuration Revision             : 9
Maximum VLANs supported locally    : 255
Number of existing VLANs           : 9
VTP Operating Mode                 : client
VTP Domain Name                    : cisco
VTP Pruning Mode                   : Disabled
VTP V2 Mode                        : Disabled
VTP Traps Generation               : Disabled
MD5 digest                         : 0xE4 0xF3 0x13 0xF6 0xF6 0x3C 0x57 0xEE
Configuration last modified by 0.0.0.0 at 3-1-93 00:01:17
Local updater ID is 0.0.0.0 (no valid interface found)
```

（4）在服务器模式的交换机上创建 VLAN，并且通过 show 命令查看所有交换机上的同步信息。

```
office1(config)#vlan 2
office1(config-vlan)#name VLAN2
office1(config-vlan)#vlan 3
office1(config-vlan)#name VLAN3
office1(config-vlan)#vlan 4
office1(config-vlan)#name VLAN4
```

（5）分别将计算机加入到相应的 VLAN 并且使用 ping 命令测试。

办公室一：

```
office1(config)#inter fa0/1
office1(config-if)#switchport acce vlan 2
office1(config-if)#inter fa0/2
office1(config-if)#switchport acce vlan 3
```

办公室二：

```
Office2(config)#inter fa0/1
Office2(config-if)#switchport acce vlan 3
Office2(config-if)#inter fa0/2
Office2(config-if)#switchport acce vlan 4
```

办公室三：

```
Office3(config)#inter fa0/1
Office3(config-if)#switchport acce vlan 2
Office3(config-if)#inter fa0/2
Office3(config-if)#switchport acce vlan 4
```

ping 命令测试略。

（6）VLAN 间路由配置。

路由器 Router0：

```
Router(config)#hostname R0
R0(config)#inter fa0/0
R0(config-if)#no IP add
R0(config-if)#no shu
R0(config-if)#inter fa0/0.2
R0(config-subif)#encapsulation dot1Q 2
R0(config-subif)#inter fa0/0.3
R0(config-subif)#encapsulation dot1q 3
R0(config-subif)#inter fa0/0.4
R0(config-subif)#encapsulation dot1q 4
//注意：实际路由器中应该在划分完虚拟子接口之后在全局模式下使用
R0（config）#IP routing
```

6. 实验总结

本小节中讲解的只是 VTP 应用中的一个例子，请大家灵活掌握配置中的接口标识和配置，遇到相同要求不同拓扑时，一定要注意主干端口的配置，同时也希望大家对相关的知识做进一步的复习和扩展。

参 考 文 献

[1] 满昌勇. 计算机网络基础[M]. 北京：清华大学出版社，2010.

[2] 卓文. 计算机网络基础[M]. 上海：上海科学普及出版社，2009.

[3] 阙德隆. 计算机网络基础教程与实训[M]. 武汉：武汉大学出版社，2010.

[4] 王龙. 计算机网络技术[M]. 北京：北京大学出版社，2011.

[5] Andrew S Tanenbaum. 计算机网络[M]. 5 版. 北京：清华大学出版社，2012.

[6] 韩立刚. 奠基：计算机网络[M]. 北京：清华大学出版社，2013.

[7] 沈鑫剡. 计算机网络工程[M]. 北京：清华大学出版社，2013.

[8] 刘忆. Linux 从入门到精通[M]. 2 版. 北京：清华大学出版社，2014.

[9] 百度文库. 计算机网络上机. http://wenku.baidu.com/link?url=KMNZ3BC-3ibBwBYBKDt-zDZnf0T1BQB3EnUA8ywGzp4EsQItD2Ja9n-fQ1EzpCu5cX88XyDiJDVlqiTU6Tf4LT3R9VN5TxLnY5g6PUU3z6u.

[10] 百度文库. 计算机网络实验指导书. http://wenku.baidu.com/view/719a6b34433-23968011c9277.html.